高等学校学前教育专业立体化精品教材

学前心理学

- 杜文秀　秦　瑶 / 主　编
- 熊大权　黄钰莹　尹艺霏 / 副主编
- 杨玉婷　程薪文 / 参编

电子工业出版社
Publishing House of Electronics Industry
北京·BEIJING

内 容 简 介

《学前心理学》一书紧密契合《幼儿园老师专业标准（试行）》要求，将心理学原理与学前教育实践深度融合，深入剖析学前儿童心理发展的多维度特征。全书分为五大篇章，共十二章，结构严谨，内容详实。绪论篇奠定基础，明确学科概念，梳理研究方法，介绍主流理论流派，为后续章节提供坚实支撑。认知发展篇分别阐述了学前儿童的感知觉、注意、记忆、想象、思维等认知发展，帮助读者洞悉儿童认知发展的奥秘。情绪与情感发展篇聚焦儿童情绪世界，界定概念，剖析趋势，传授调节策略，助力培养健康情绪管理能力。人格发展篇则探讨个性发展与社会性成长的轨迹，展现儿童全面发展的图景。心理健康发展篇对学前儿童心理健康问题进行了详细分析，并提供科学指导，强调心理健康的重要性。

本书注重学前心理学基础知识的系统性，也强调应用性，既有丰富的理论知识，又有大量贴近实际生活的实例，强调了实践教学内容，突出了职业素养培养。章末提供幼儿园老师资格考试的历年真题，并配套视频资源，帮助学生更准确地把握学习要点，并运用理论解决实践问题。

总之，《学前心理学》不仅是学前教育专业的核心教材，也是老师等教育工作者及家长的参考书，致力于为学前儿童的全面健康发展贡献力量。

未经许可，不得以任何方式复制或抄袭本书之部分或全部内容。
版权所有，侵权必究。

图书在版编目（CIP）数据

学前心理学 / 杜文秀，秦瑶主编 . —— 北京：电子工业出版社, 2025.1. —— ISBN 978-7-121-49531-1

Ⅰ．B844.12

中国国家版本馆 CIP 数据核字第 20250V71Q6 号

责任编辑：张桂美
印　　刷：天津嘉恒印务有限公司
装　　订：天津嘉恒印务有限公司
出版发行：电子工业出版社
　　　　　北京市海淀区万寿路 173 信箱　　邮编：100036
开　　本：787×1 092　1/16　印张：14.25　字数：342 千字
版　　次：2025 年 1 月第 1 版
印　　次：2025 年 1 月第 1 次印刷
定　　价：49.00 元

凡所购买电子工业出版社图书有缺损问题，请向购买书店调换。若书店售缺，请与本社发行部联系，联系及邮购电话：（010）88254888，88258888。
质量投诉请发邮件至 zlts@phei.com.cn，盗版侵权举报请发邮件至 dbqq@phei.com.cn。
本书咨询联系方式：zhangguimei@phei.com.cn。

前 言
PREFACE

　　学前心理学是一门研究 0～6 岁儿童心理发展规律和特点的科学，是学前教育专业的必修课程。

　　学前期是人一生中发展最迅速、变化最显著的时期，这一阶段的心理发展对个体的终身发展具有重要影响。了解和掌握学前儿童的心理发展特点，不仅对学前教育工作者的专业成长至关重要，同时也为家长和社会各界更好地理解和支持儿童的成长提供了科学依据。

　　学前心理学是一门跨学科的科学。它不仅涉及心理学的基本理论和研究方法，还包括教育学、社会学、生物学和神经科学等多个学科的知识。

　　它通过研究儿童在 0～6 岁的心理变化和发展，探讨了影响儿童心理发展的各种因素，旨在揭示儿童心理发展的规律，为教育实践提供理论支持。学前心理学关注的核心问题包括儿童的认知、情绪、社会性和个性的发展，这些领域的研究不仅帮助我们理解儿童的心理发展过程，还为制定有效的教育策略和干预措施提供了依据。

　　本教材在编写过程中注重理论与实践相结合，不仅系统介绍了学前儿童心理发展的基本理论和研究成果，帮助读者深入理解学前儿童心理发展的规律和特点，还结合实际案例和教学实践，为读者提供了丰富的学习和应用材料。我们希望读者通过学习本教材，能够全面了解学前儿童心理发展的规律和特点，掌握科学的教育方法和策略，更好地支持和促进学前儿童的健康成长。

　　总之，学前心理学不仅是一门学术性很强的课程，也是一门实践性很强的课程。我们希望本教材能够成为读者学习和工作的有力工具，帮助读者在教育实践中不断提升自己的专业水平，为学前儿童的健康成长和全面发展贡献力量。预祝各位读者在学前心理学的学习中取得丰硕成果，为学前儿童的美好未来贡献自己的智慧和力量！

　　本教材由杜文秀、秦瑶担任主编，熊大权、黄钰莹、尹艺霏担任副主编，杨玉婷、程薪文担任参编，具体的编写分工如下：杜文秀统筹安排，开展组会，进行阶段性规划；秦瑶编写第四、十一章；熊大权编写第五、八章；黄钰莹编写第二、三章；尹艺霏编写第九、十章；杨玉婷编写第六、七章；程薪文编写第一、十二章。

编　者

目 录
CONTENTS

篇章一　绪论

第一章　学前心理学概述 ··· 001

　　第一节　学前心理学及其基础概念 ·· 002

　　第二节　学前心理学的研究方法 ·· 007

　　第三节　学前心理学的发展历程 ·· 011

第二章　学前儿童心理发展理论 ·· 017

　　第一节　精神分析学派的心理发展理论 ·· 018

　　第二节　行为主义学派的心理发展理论 ·· 023

　　第三节　认知发展学派的心理发展理论 ·· 026

第三章　学前儿童的身心发展 ··· 032

　　第一节　学前儿童的生理发展 ··· 033

　　第二节　学前儿童心理发展的规律及特点 ·· 039

　　第三节　蒙台梭利的儿童发展敏感期 ··· 040

篇章二　认知发展

第四章　学前儿童的感知觉 ·· 049

　　第一节　引言 ·· 050

　　第二节　感知觉的基本概述 ·· 050

　　第三节　学前儿童感知觉的发展 ·· 052

　　第四节　学前儿童观察力的培养 ·· 059

第五章　学前儿童注意的发展 ········· 064
第一节　学前儿童注意概述 ········· 065
第二节　学前儿童注意的发展规律 ········· 071
第三节　学前儿童常见注意问题及防治 ········· 076

第六章　学前儿童的记忆 ········· 082
第一节　学前儿童记忆概述 ········· 083
第二节　学前儿童记忆的发展 ········· 096
第三节　学前儿童记忆力的培养 ········· 098

第七章　学前儿童的想象 ········· 102
第一节　学前儿童想象概述 ········· 103
第二节　学前儿童想象的发展 ········· 107
第三节　学前儿童想象的培养 ········· 112

第八章　学前儿童的思维 ········· 115
第一节　学前儿童思维概述 ········· 116
第二节　学前儿童思维的发展 ········· 121
第三节　学前儿童思维的培养 ········· 129

篇章三　情绪与情感发展

第九章　学前儿童的情绪 ········· 133
第一节　学前儿童的情绪与情感 ········· 134
第二节　学前儿童的情绪分类 ········· 141
第三节　学前儿童的高级情感 ········· 148
第四节　学前儿童情绪的作用与调节 ········· 151

篇章四　人格发展

第十章　学前儿童的个性 ········· 158
第一节　学前儿童个性的概念与意义 ········· 159
第二节　学前儿童个性的心理特征 ········· 160
第三节　学前儿童个性的心理倾向 ········· 173
第四节　学前儿童自我意识的发展 ········· 177

第五节　个性发展的影响因素与教育策略……179

第十一章　学前儿童的社会性……187

第一节　引言……188
第二节　理论基础……190
第三节　学前儿童社会性发展的内容……196
第四节　学前儿童社会性的影响因素……199
第五节　学前儿童社会性发展的培养策略……202

篇章五　心理健康发展

第十二章　学前儿童的心理健康……205

第一节　学前儿童心理健康概述……206
第二节　影响学前儿童心理健康的因素……208
第三节　学前儿童心理健康的培养策略……211
第四节　学前儿童常见心理健康问题的诊断与应对策略……214

参考文献……221

篇章一

绪　论

第一章　学前心理学概述

思维导图

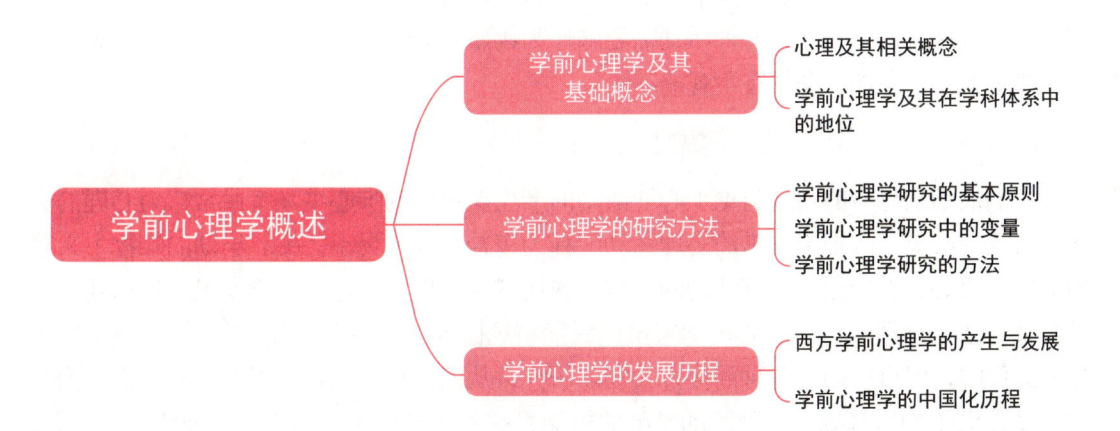

学前心理学概述
- 学前心理学及其基础概念
  - 心理及其相关概念
  - 学前心理学及其在学科体系中的地位
- 学前心理学的研究方法
  - 学前心理学研究的基本原则
  - 学前心理学研究中的变量
  - 学前心理学研究的方法
- 学前心理学的发展历程
  - 西方学前心理学的产生与发展
  - 学前心理学的中国化历程

内容提要

本章主要对学前心理学这门学科进行了总体性的介绍。第一节主要介绍了学前心理学及其基础概念，第二节主要介绍了学前心理学的研究方法，第三节主要介绍了学前心理学的发展历程。

学习目标

1. 知识目标：掌握学前心理学的定义及研究对象。
2. 能力目标：掌握学前心理学的研究原则与方法。
3. 素质目标：掌握学前心理学发展历程中的标志性事件与人物。

第一节　学前心理学及其基础概念

一、心理及其相关概念

（一）心理

心理活动，简称心理，指脑对客观事物做出的主观反映。具体来说，当外部因素或机体内部因素刺激到人的机体或感官时，这些信息会由神经系统加工、处理后传入脑，最终引发人们的心理活动。这些心理活动既包括感觉、知觉、注意、记忆、思考、想象等认知活动，也包括喜、怒、哀、乐等情感活动，还包括坚持、努力和克服困难等意志活动。心理活动的实质有三：第一，心理活动需要脑作为物质基础；第二，心理活动是对客观事物的反映；第三，心理活动具有主观能动性。

1. **心理活动需要脑作为物质基础**

人们最初从思辨的角度讨论了心理活动的产生。古代的唯心主义者通常认为心理的实质是灵魂与心灵，故把不寻常的心理活动解释为鬼神附体或灵魂丢失。早期的唯物主义者则更倾向将心脏看作运行心理活动的器官。现代科学心理学，通过实验发现脑损伤或发展异常会导致心理活动异常。心理学家虽然只能将脑比作"黑箱"，无法将其打开观察它是如何运作的，但可以通过各种间接方式加以研究，从而确定：脑是心理活动的器官，为心理活动提供了物质基础。心理活动是脑的机能，脑的活动产生并制约着心理活动。例如，当孩子看到喜欢的玩具时，他们会表现出愉快的情绪（情感反应），并可能伸手去拿（行为反应），这一系列反应都依赖大脑的处理。

2. **心理活动是对客观事物的反映**

心理活动的所有内容都是对客观事物的反映。客观事物发出的刺激被机体的感受器捕捉后，由中枢神经系统进行一系列信息加工，该事物的表象才会出现在人的意识中。人心理活动的内容是经历过的客观事物，我们难以对经验之外的事物进行思考。即使是最富有想象力的画家，也只能通过拼接和修改记忆中的表象来创作，而不能直接想象出一种完全脱离已有经验的形象。

3. **心理活动具有主观能动性**

首先，心理活动的内容源于客观世界，但心理活动的内容绝非是对客观世界的写实或复刻。心理对于客观世界的反映是一种主观的、能动的反映。例如，人对于新事物的认识过程会受到已有经验、认知偏好、情绪、动机等个人因素的影响，这种影响不仅体现在认知的效率上，还体现在认识的结果上。人不会像计算机一样，输入某种特定的信息就一定会"思考"出另一种特定的结果。思维是主观的、能动的，而非由客观世界提前决定的。

其次，心理活动的主观能动性还体现在它能调节甚至在某些情况下支配人的活动，进而通过人的实践改造客观世界。

总之，人的心理既受到客观规律的影响，又受到主观能动性的影响。同时，人的心理既可以调节或支配自身的认识、情绪情感和动机意志等主观因素，又可以创造或改变生产工具和生活环境等客观事物。

4. 心理具有发展过程

心理的发展，伴随人的实践活动。从个体来看，从受精卵阶段到出生、成熟，直至衰老和死亡，心理在整个生命过程中不断发展。在出生到成熟的阶段，心理发展呈现出从简单到复杂、从低级到高级、从混沌到分化的趋势。在成熟到衰老的阶段，心理发展则表现出从健全到衰退、从灵活到呆板、从清晰到模糊的趋势。

【知识窗】

美国心理学家埃里克森（E.H.Erikson）首先关注到了人从出生到死亡整个生命过程的心理发展，打破了之前心理学界将人的发展分为一个个独立阶段的研究范式，转而将人的心理发展看作一个整体加以研究，解释了人心理发展的阶段性和连续性。

（二）心理现象

心理现象是心理活动的表现形式，心理活动是心理现象的内容，二者有着密切的联系。心理现象是心理活动的结果，是静态的；心理活动是心理现象的过程，是动态的。心理现象包括心理过程、个性心理和心理状态三部分。

1. 心理过程

心理过程是在客观事物作用下，一定时间内心理活动发生和发展的过程。这是正常个体的共性心理现象。具体来说，心理过程包括认知过程、情绪过程和意志过程。

认知过程是个体获得知识及加工应用知识的心理过程，一般需要通过感觉、知觉、记忆、思维、想象等心理活动来完成。

情绪过程是个体在认识或实践活动中所表现出来的内心体验，包括情绪和情感。

意志过程是个体在活动中按照一定的计划、目的或准则排除困难，为达到某特定结果而努力的心理过程。

认知、情绪、意志三者之间既相互制约又相互支持。认知过程是最基本的心理过程，为其他心理过程提供基础；情绪过程是认知过程和意志过程的动力来源；意志过程对认知过程和情感过程起到控制和调节的作用，例如，学前儿童在认知方面常常通过游戏来学习和探索世界，这是一种典型的认知活动。

2. 个性心理

个性心理是个体在遗传、环境和教育等因素影响下形成的，稳定的、异于他人的心理特性。个性心理的差异主要表现在个性心理倾向性、个性心理特征和个性调控三方面。

个性心理倾向性反映了个体对于客观事物心理活动的方向，包括需要、动机、爱好、信念、理想和世界观。

个性心理特征是个体在认识或实践过程中，经常而稳定地表现出来的心理特点的集合。多种心理特点结合在一起可以比较集中地体现人心理面貌的独特性和个别性。个性心理特征包括能力、气质和性格等。

个性调控是指个体在日常生活中对自己心理和行为的调节、控制。在认知和实践过程中，个体不仅需要对自己的行为进行认识，还需要调控自己的行为，以适应客观环境。

3. 心理状态

心理状态是个体在一定时间段内相对稳定的独特心理特征，既有暂时性又有稳定性。例如，疲劳、紧张、轻松、忧伤、喜悦等。

二、学前心理学及其在学科体系中的地位

（一）心理学

心理学是研究心理活动发生、发展和活动规律的科学。由于心理现象的复杂性，心理学界在百余年内爆发了多次纷争和意见分裂，形成诸多派别。心理学家从不同角度探索心理的发生、发展和活动的规律，由此形成了许多心理学分支。动物心理学和比较心理学学派从心理现象的发生与发展的角度对人的心理进行研究；社会心理学学派主要从社会对心理发展的影响的角度进行研究；生理心理学学派从心理现象的神经机制的角度进行研究；行为主义心理学侧重从外显行为去探索个体的心理发展规律；人本主义心理学学派强调人的正面本质和价值，关注人的需要、动机、潜力和自我实现。从人类实践活动的角度出发，心理学的研究提高了人们的生活质量，提升了人们的生活水平，又形成了诸多应用心理学分支。例如，管理心理学、运动心理学、心理测量学、艺术心理学等。在众多心理学流派中，发展心理学从毕生发展的角度研究个体的生理、认知、人格、社会性等方面的发展规律。

（二）发展心理学

发展心理学是心理学的一个分支学科，研究从受精卵开始到个体出生直至个体死亡的终生心理发展的特点和规律。

人的身心发展具有连续性和阶段性，通过身体和心理上一个个微小的变化积累出比较明显的变化，甚至使其性质发生改变。总之，人的身心发展包含质与量两方面的变化。从质的角度，我们可以把人一生的心理发展过程划分为一个又一个的阶段，探寻、总结年龄

特征。从量的角度，我们必须把人的心理发展看作一个连续、渐进的过程，不能把各个年龄段截然地分开。

> **【知识窗】**
>
> ### 广义的心理发展和狭义的心理发展
>
> 广义的心理发展包括心理的种系发展、心理的种族发展和个体心理发展。
>
> 心理的种系发展，是指动物种系演进过程中的心理发展，研究它的学科领域是比较心理学，也称动物心理学。动物心理学是对动物演进过程中从反射活动到心理的出现，由低级动物到高级类人猿心理的不同级别的现存代表进行比较研究，以构成动物心理发生、发展的大致图景。
>
> 心理的种族发展，是指人类历史发展过程中的心理发展，研究它的学科领域是民族心理学。民族心理学是对不同历史发展阶段各民族的心理进行比较研究，以探讨人类心理的历史发展。
>
> 个体心理发展，是指人的个体从出生到成熟，再到衰老死亡，整个生命历程中的心理发展，研究它的学科领域是个体发展心理学。个体发展心理学是对人生命历程各个年龄阶段的心理发展特点进行研究，以揭示现代人心理发展的规律。
>
> 狭义的心理发展仅指个体心理的发展，即人的个体从出生到成熟，再到衰老死亡的生命历程中的心理发展。

（三）学前心理学

1. 学前心理学的概念

学前心理学又称学前儿童发展心理学，是研究个体从形成受精卵、出生到入学前（0~6岁）心理年龄特征和心理发展规律的科学，重点讨论0~6岁学前儿童心理与行为的发生、发展规律和特点。

2. 学前心理学的研究对象

学前心理学研究学前儿童在生理、动作、认知、言语、人格、社会性、情绪情感、心理健康等方面的发展。跨学科性是当今心理学研究的显著特征之一。首先，心理是脑的功能，研究人的心理离不开对其载体的研究。其次，人的心理是一个有机的整体，任何一部分的变化都会牵动其他部分。在学前心理学研究中，不能片面地考虑单一方面的发展。我们要综合考虑目标心理机能变化、发展与其他心理机能之间的相互影响。这使学前心理学研究必须是多元的、整合的，学前儿童的认知、情绪与动机、能力、人格都是学前心理学的研究内容。

3. 学前心理学的研究任务

学前心理学的研究任务包括：描述学前儿童的心理发展规律和年龄特点，解释学前儿童心理现象的发生发展动力及心理特点的形成原因，依据具体情况和一般规律预测学前儿童的心理发展前景和在某类情境下的行为反应，以及在一定程度上控制变量以帮助学前儿童得到更好的发展。四种功能层层递进，对学前儿童行为和心理活动做出准确的描述，才能对心理现象做出合理的解释，进而为预测提供基础。只有对具体情况进行系统分析后得到的预测推论，才对控制和干涉学前儿童发展具有指导意义。

（1）描述

描述研究对象的心理发展规律和年龄特点是学前心理学的基本研究目的。观察、描述、记录学前儿童的行为和心理现象是学前心理学理论研究和对学前儿童进行教育及保育的基础。

（2）解释

解释学前儿童心理现象的发生发展动力及心理特点的形成原因，并对学前儿童心理发展变化和心理各方面相互关系进行说明，这有助于研究者进一步探讨表象背后的本质属性和一般规律。

（3）预测

依据具体情况和一般规律，做出对学前儿童未来发展和在某特定情境下的反应的推断。

（4）控制

控制是学前心理学的最高目标。根据科学理论，在一定程度上控制某些具有重大意义的变量，使学前儿童得到更好的发展环境，促进心理发展，提高发展质量。

4. 学前心理学的研究意义

对于学前儿童心理发生发展规律和特点的研究，既有理论意义又有实践意义。

（1）可以为辩证唯物主义基本原理提供科学依据

辩证唯物主义所阐释的一般规律涉及自然和社会发展的各个领域，在对学前儿童发展的研究中这些一般规律也得到了体现。一直以来，认识论是哲学界绕不开的领域，要谈及世界是什么样的，就必须说明我们是如何认识世界的。研究儿童认知发展的规律可以充实和进一步证实辩证唯物主义认识论关于感性认识和理性认识、认识与实践等基本原理。学前儿童心理发展规律中体现了辩证唯物主义质变与量变关系的命题。认识心理的实质可以帮助我们更好地理解物质与意识的关系。

（2）可以丰富和发展心理学的基本理论

学前心理学作为心理学的一个重要分支学科，是关于发展心理的研究中最先被涉足的领域。从受精卵、出生到学前的这一时期是个体认知、情感和社会性等方面快速发展和变化的时期。同时，学前心理学的研究成果对认识、了解和研究其他年龄段的心理特点和发展规律也有重要意义。所以，对学前儿童心理的研究是发展心理学研究中非常重要的一部分。

（3）可以帮助成人树立正确的儿童观和育儿观

树立正确的儿童观和育儿观对社会发展和儿童保护都有着重要意义。儿童并不是没有思维和情感的肉体，也不是缩小版的成人。儿童拥有活跃的思维和丰富的情感，但同时他们也有自身的心理特点。人们只有认识到了儿童心理发展的特点和规律，才能正确对待学前儿童，从而避免出于好心的错误教育和剥削儿童的社会现象出现。对学前心理学的研究，有助于人们了解学前儿童发展的客观规律，保护社会生产和发展的生力军。

（4）可以帮助学前教育工作者更好地理解和贯彻教育方针

教育制度的建设、教育目的制定及教育方法的选择，除考虑社会发展需要和知识、技能本身特点外，还离不开对学生年龄特点和发展规律的精准把握。学前教育作为教育的奠基性环节，必须在充分尊重学前儿童身心发展特点和规律的基础上，发布教育方针、制定教育目的，以及选择教育方法和手段。学前教育工作者也只有了解了学前儿童心理发展规律和年龄特点，才能贯彻落实国家指定的教育方针、达成教育目标。

（5）可以促进学前儿童心理健康发展

学前心理学除了探讨学前儿童心理发展的一般规律，还关注学前儿童心理健康问题。这门学科可以帮助人们预见学前儿童心理发展的前景，发现学前儿童的心理发育问题，并及时给予适当的干预和引导，以促进学前儿童的心理健康发展。

第二节　学前心理学的研究方法

一、学前心理学研究的基本原则

学前心理学是一门研究学前儿童心理发展规律和年龄特点的科学。学前心理学研究必须遵守科学研究的基本原则，采取科学的方法和态度，并以科学的方法论为指导，才能得出客观、准确的结论。

（一）客观性原则

客观性原则是进行科学研究的前提条件。客观性原则指研究者在进行学前心理学研究时应实事求是，尊重客观事实，使用标准化测试和观察记录，避免研究者主观偏见；应合理地设计研究过程，避免主动或被动地歪曲事实、主观臆断和篡改实验数据。进行学前心理学研究，必须保证数据采集与结论分析的严谨性、精确性，才能得出具有科研价值的成果。

（二）系统性原则

系统性原则指研究者在进行学前心理学研究时应把人的心理作为开放、动态、整体的系统来综合考虑，避免片面性。遵循系统性原则有助于研究者把握学前心理学中各种心理现象的本质及其之间的关系。

人的心理是一个受多重因素影响的复杂、有机的整体。采用孤立、分离的研究方式无法得出心理现象的特性及关于它们的客观规律。

（三）伦理性原则

伦理性原则指研究者在进行学前心理学研究时应注意方法和手段，尽可能促进被试者心理的良性发展。在学前心理学的研究过程中，对于严重危害儿童身心正常发展的因素，研究者应当及早预见并准备好预案和保障措施，竭力避免对被试者造成不良影响。

（四）理论联系实际原则

理论联系实际原则指研究者在进行学前心理学研究时应从实践出发，理论与实践相结合。研究题目要源于实际，研究过程要联系实际，研究结果要服务实际，在解释理论时要增加具体实例。

二、学前心理学研究中的变量

心理现象由客观刺激引起，并通过一系列的内部生理心理变化，最终表现在行为中。在学前心理学研究中，实验者经常会改变外部环境或内部变化机制，然后观察被试者行为反应上的变化，总结出某刺激与某反应之间的特殊关系。其中，被实验者主动改变的因素是自变量，因自变量改变而发生改变的因素为因变量。

（一）自变量

自变量是研究者在研究中操纵、改变的因素，研究者通过操纵和改变自变量来影响被试者的行为反应。在学前心理学研究中，自变量常常被设定为外部刺激、被试者的固有特点（例如，身高、年龄、智力）、被试者的暂时性特点（例如，动机、兴奋、疲劳）、环境。研究者既可以操纵自变量的属性，也可以操控自变量的数量，还可以让多种自变量同时存在。但过多的自变量会让研究变得难以分析，所以通常的实验都会将自变量控制在七种以内。

（二）因变量

因变量是随自变量的改变而变化的因素，是研究者观测的行为反应。进行学前心理学研究时，我们选择的因变量应该是可以被直接或间接观测到并且能转化为数据进行处理的行为反应。这就需要行为反应具有较高的敏感度和信度。

所谓因变量的敏感度，是指因变量对自变量变化的敏感程度。若自变量稍加变化，因变量也随之变化，则敏感度高；若自变量不断改变，因变量仍然比较稳定，则敏感度低。

所谓因变量的信度，是指因变量能在同类情境中表现出稳定一致的结果。若在同一实验条件下，被试者得分总是很高或总是很低，则信度高；若在同一实验条件下，被试者得分有时高有时低，则信度低。

（三）无关变量

无关变量是指除自变量以外的可能影响因变量的因素。无关变量并非由研究者所选择，也不容易被研究者操纵。无关变量可能妨碍研究者探究自变量与因变量之间的联系。

在学前心理学实验中，可通过以下四种方式来减轻甚至控制无关变量带来的影响。

1. 随机化，是控制无关变量性价比最高的方式。无关变量对因变量有正向影响，也有负向影响。只要通过随机处理，使影响同时表现在实验结果中，算出平均值，即可在一定程度上消除无关变量的干扰。
2. 消除，即在某个维度上尽量使用同质的被试者，以消除这个维度的无关变量。
3. 增加变量，即把无关变量纳入研究范围，使它变成自变量。
4. 统计控制，即通过实验设计与统计分析来控制无关变量带来的影响。

三、学前心理学研究的方法

学前心理学与心理学其他分支学科一样，需要收集被试者的外部表现、内部心理状态和生理状态等研究资料，而科学的研究方法是得到可靠资料的保障。学前心理学研究有如下五种方法。

（一）观察法

观察法是学前心理学的研究中运用最普遍的研究方法，具体来说可以分为自然观察法和实验观察法。

自然观察法，是在自然情境中，根据目标和计划，通过感官或仪器设备观察被试者的行为表现，分析心理现象发生和发展的特点及规律的方法。例如，在对儿童的游戏活动不做任何干预的情况下，观察并记录儿童在游戏中的行为、言语、情绪变化，了解儿童的注意力和思维活动特点等。一般来说，运用自然观察法所获取的资料有较强的外在效度，比较容易在不同的情境中得到验证。这意味着该方法得出的结论应用范围较大、可推广程度较高。但自然观察法本身的运用范围有限，不适合过于精细和深化的研究项目。

实验观察法，是在预先设定的实验情境中，根据目标和计划，通过感官或仪器设备观察被试者的行为表现，分析心理现象发生和发展的特点及规律的方法。

例如，皮亚杰（Jean Piaget，1896—1980）为研究幼儿认知发展所做的三山实验。通过引导孩子想象人偶所见的景象，证明了前运算阶段的儿童难以站在对方立场进行思考。运用实验观察法可以人为设置一些在日常生活中不常出现的情境，在实验场景下也可以更好地排除无关变量。但实验观察法一般成本较高，且结论的外在效度不如自然观察法。

（二）个案法

个案法，又叫个案历史技术，是对某一被试者进行深入、多方面、详细的研究，包括他的成长经历、测验数据，以及周围人对他的评价等，以分析和发现某种心理或行为现象（问题）的原因。个案法强调个体之间的差异性。例如，通过对乐感较好的儿童的个案法研究，了解帮助他们形成良好乐感的主客观条件等因素。此外，研究儿童在单亲家庭环境中的心理发展特点、留守儿童的心理发展特点等，我们也可以采取个案的研究方法。

个案法研究在心理学研究中具有重要意义。我们只能通过观察来得到某种心理现象，如我们研究残疾人有什么样的心理缺陷，我们只能通过观察或搜集被试的相关资料来研究，绝不能人为地将被试制造为某种残疾。所以个案的研究是不可或缺的。

（三）调查法

调查法，指针对某一问题用口头询问或书面记录的方式调查研究对象，并通过对其回答的分析，了解他的心理活动。

通过口头提问的调查叫访谈法，采用问卷的方式让被试者回答的方法叫作问卷法。在采用访谈法之前，要明确提问的问题或提纲；在采用问卷法之前，要制定好具有足够信度和效度的问卷。

采用调查法时，问题应该具体而准确，问题本身不能有歧义或让人难以理解；也不能给被调查者任何暗示，让被试者产生"我应该如何作答才是对的"这样的想法，以免影响调查结果的准确性。调查对象的选择一定要遵循随机抽样的原则，否则结果会有片面性，不能反映调查的总体特征。

心理学的研究往往借助心理量表，这是在科学方法的指导下研制的一套标准化问题，用于测量某种特定的心理品质。例如，我们可以通过智力测验来测定被试者的智力发展状况，并对其智力发展状况给出量化的描述；想要了解一个人的人格特点可用人格测验量表来完成等。

（四）实验法

实验法是指根据目标创设一定的情景，或控制一定的条件，引起被试者的某种心理活动并对其进行研究的方法。在研究中，引起被试者心理或行为变化的刺激变量叫作自变量，由这种刺激引发的被试者心理或行为的变化叫作因变量。心理学的实验法分实验室实验法和自然实验法两种方法。

实验室实验法是指借助专门的实验仪器，在实验室内控制一定的条件，研究自变量和因变量之间的关系的一种方法。这种方法便于严格控制各种因素，一般具有较高的信度，通常多用于研究某些心理活动的生理机制等方面的问题，不太适用于研究个性心理和其他较复杂的心理现象。

自然实验法是指在日常生活的自然条件下，根据目标和计划控制一定的条件，观察被试者的行为，探索心理活动和客观条件之间关系的方法。自然实验法易于实施，且具有观察法的特点，是学前心理学、社会心理学研究者常用的方法。

（五）作品分析法

作品分析法是通过分析幼儿的作品（例如，手工、图画、剪纸以及其他形式的创作），发现学前儿童的心理品质和个性特征。作品分析法在正式的学前心理学研究中一般不作为主要研究方法使用。

第三节 学前心理学的发展历程

一、西方学前心理学的产生与发展

（一）科学的学前心理学的准备阶段

学前心理学的准备阶段是一个漫长的过程。科学的学前心理学产生之前，学者一般以思辨的方式研究心理现象。欧洲中世纪，儿童常常被看作成人的附庸或"小大人"。儿童存在的价值和生命的意义完全依附于成人。儿童的兴趣、爱好和需要不受重视，更缺乏对儿童心理特点的专门研究。

文艺复兴时期，新兴资产阶级开始批判陈旧且腐朽的封建制度和教会神权统治。人文主义文化推动了资产阶级思想发展，也解放了大众的意识。在文艺复兴时期，人们的世界观、价值观和人生观都发生了巨大的转变。人挣脱了神造物和上帝仆人的身份，变得独立、自立和自强。人合理的欲望和追求不再被禁止和束缚，同时儿童自身内在价值和独立的生命意义也有了更多的认识和尊重。

脱离宗教统治的人们开始从物质和自然现象的角度重新审视世间万物，自然主义应运而生。人本主义和自然主义都在当时激起了教育思想的浪潮。例如，意大利教育家维多利诺（Vitorino da Feltre，1378—1446）、荷兰思想家伊拉斯谟斯（D.Erasmus，1466—1536）、法国思想家蒙田（M.E.Montaigne，1533—1592）都主张探究儿童的兴趣、爱好和心理发展规律并尊重儿童的个性差异。

英国思想家洛克（J.Locke，1632—1704）提出"白板说"，认为人最初的心灵像一块白板一样无任何观念，后天的教育是儿童心理发展的关键，强调发展儿童独立的能力，培养儿童的兴趣。

法国18世纪启蒙思想家卢梭（J.J.Rousseau，1712—1778）在其哲学著作《爱弥儿》中论述了"自然教育理论"的观点，主张教育应该尊重儿童的自然本性，反对强制儿童接受违反儿童自然发展特点的教育，尊重儿童的自由发展。这些思想作为先导，把人们的目光拉到了对儿童心理的研究上。

瑞士教育家裴斯泰洛齐（J.H.Pestalozzi，1746—1827）正式提出了"教育心理化"的口号。他主张按照儿童的心理发展规律进行教育，以发展儿童的天性。

德国教育家福禄贝尔（F.Frobel，1782—1852）开设幼儿园并依据儿童的心理发展特点组织游戏活动、创制玩教具"恩物"，建立起了一套具有特色的学前教育理论，为儿童心理学的探讨提供了实践依据和理论基础。

（二）科学的学前心理学的萌芽阶段

19世纪生物学家贝尔（K.E.Von baer，1792—1876）致力于解剖学和胚胎学的实证性研究，并归纳出个体发展的一般性原理。贝尔认为，个体的发展是从一般到具体、从同质到分化的顺序进行的。人们应该科学而严谨地研究个体的发展过程，不能单纯靠进化的类比来研究。这是对"复演说"提出的挑战。达尔文（C.R.Darwin，1809—1882）的进化论为探讨人类的发展过程提供了新思路。进化论思想直接推动了动物心理和儿童心理的研究。并且，达尔文本人通过长期观察并记录自己孩子的心理发展，撰写了《一个婴儿的传略》（A Biographical Sketch of an Infant，1876）一书，是早期研究儿童心理的成果之一，对传记法研究具有重要意义。

德国心理学家冯特（Wilhelm Wundt，1832—1920）于1879年在莱比锡大学建立了第一个专门的心理学实验室，这在一定程度上标志着心理学已经发展成为一门独立的学科，现代心理学的发展逐渐进入正轨。

（三）科学的学前心理学的形成阶段

学前心理学诞生于19世纪末至第一次世界大战前夕。在这一时期，关于学前儿童心理发展的研究迅速发展起来。19世纪末已经有了专门的儿童心理研究机构、教科书、学术期刊、协会等。学界对学前心理学具体诞生于哪一年没有达成共识，我们可参考以下四个标志性事件。

1. 普莱尔

普莱尔（W.Preyer，1841—1897）是德国生理学家和实验心理学家。普莱尔在进行生理学研究时发现，人类从孕育到成熟是一个重要而复杂的变化过程，如果没有对儿童发展做出系统的研究，则生物学的科学体系将是不完整的。1882年，他通过观察记录自己孩子0~3岁的生长发展，编写出版了《儿童心理》一书。这标志着学前心理学的诞生。

普莱尔的研究是在生物学的框架内，采用跨学科的方法进行研究的。这种方法启发了后来的研究者，提供了理论研究和研究方法的经验。

2. 霍尔

霍尔（Granville Stanley Hall，1844—1924）创立了美国的心理学会，作为冯特的弟子，霍尔还在美国创立了第一个心理学的实验室。受生理心理学理论的影响，霍尔主张运用"复演说"来解释儿童的心理发展。霍尔的复演说认为，人类在出生前的身体发展是动物演化的再现，出生后的心理发展则是人类文明进步的重演。按照复演说的观点，青少年时期对应着人类历史上动荡、转型的关键时期，是开始一个新阶段的关键节点。所以教育者应该在儿童时期提前为蜕变做好准备，重视儿童期的教育和引导。虽然"复演说"在学术界引起了很大的争议，但这仍然极大地推动了美国学前心理学的发展。

3. 比纳

比纳（Binet Alfred，1857—1911）是法国实验心理学家。他为心理学研究个体的行为提供了重要的方法论基础。1905年，比纳和西蒙共同编制了测量儿童智力发展的量表——《比纳-西蒙量表》。其目的在于筛查弱智儿童并对其进行具有针对性的教育。《比纳-西蒙量表》自诞生以来受到了学术界的高度关注，通过后来的多次修订，现在已成为全球范围内公认度较高的儿童智力测量量表。

4. 施太伦

施太伦（W.Stern，1871—1938）是德国儿童心理学研究的先驱之一。他提出将心理年龄转化为智力商数，并致力于将发展心理学、差异心理学、个性心理学分别建立成三个独立的学科，这推动了学前心理学理论体系的建立。施太伦通过长期而系统地观察自己孩子的成长，编写了著作《6岁以前早期儿童心理学》，他认为对于个体发展的研究需要一个相对统一的视角，个体的心理发展是由内部和外部双重因素决定的。

综上所述，从19世纪末到20世纪初，西方的学前心理学学科逐渐建立起来。在这一时期，各个国家的学者从不同的视角研究儿童心理的发展，这一领域的研究成果各不相同却又相互联系，学前心理学的研究内容已出现了一些共性的主题，例如，意识的发展、智力的发展、行为的发展、天性和教养、道德发展等。

（四）科学的学前心理学的分化和拓展阶段

20世纪初到20世纪60年代中期是西方学前心理学迅速发展的时期，学者在一些心理学基本问题和研究的价值取向上产生了不同的看法，导致了心理学史上出现一次大分裂。这一时期诞生了诸多具有影响力的心理学流派。例如，行为主义、认知主义、人本主义和建构主义等学派。在当时，几乎各个学派都对儿童心理发展有着一定的理论和实验研究，学前心理学也随之分裂出独立的主题和理论。

二、学前心理学的中国化历程

心理学是由西方传入中国的，但在西方心理学传入我国之前，我国已有心理学思想。例如，孔子的"三十而立，四十而不惑，五十而知天命，六十而耳顺，七十而从心所欲，不逾矩。"这般对生命全程心理发展趋势的总结。孟子的性善论、荀子的性恶论、董仲舒的性三品论、韩愈的性情三品论都是对人类心理一般规律的总结和提炼。我国古代学者对于心理现象的探究成果是丰富的。虽然大多成果仅仅停留在描述和总结的层面，甚至有些猜测的成分，却至今闪耀着人类智慧的光辉。

1879年，科学的心理学诞生后，很快被引进中国。自20世纪20年代前后以来，一些西方儿童心理学著作流入我国，推动了国内相关领域的研究。我国最早的儿童心理学研究者是陈鹤琴先生，他根据西方的相关著作在南京高等师范学校教授儿童心理学课程，并观察记录自己的长子陈一鸣的成长发展，撰写了著作《儿童心理之研究》。

20世纪30年代，我国心理学家黄翼先生发表了大量儿童心理学相关论文和专著，例如，《儿童对奇异现象的解释》（1930）、《神仙故事与儿童心理》（1936）、《儿童语言之功用》（1936）、《儿童绘画之心理》（1938）、《儿童心理学》（1942）、《儿童的物理因果概念》（1943）、《儿童泛生论的实验分析》（1945）等。黄翼先生1924年毕业于清华大学，后赴美国斯坦福大学、耶鲁大学学习心理学，获哲学博士学位。在美国师从格赛尔（Arnald Gesell），学习研究儿童心理学，并协助格式塔心理学家考夫卡（Kurt Koffka）进行心理学实验研究。1930年，黄翼先生回国任浙江大学心理学教授，主要讲授儿童心理学、教育心理学、实验心理学、变态心理学等课程长达15年。

新中国成立后，我国学前儿童心理研究取得重大进展。20世纪60年代，我国成立了"儿童教育心理学专业委员会"，这是中国心理学会成立的第一个专业委员会。该委员会翻译出版了一批国外的儿童心理发展研究著作，极大地促进了国内儿童心理实验研究。这些研究著作主要集中在幼儿期、儿童期的心理研究，例如，儿童方位知觉、时间知觉、思维能力、左右概念的研究等。1962年，我国出版了第一本儿童心理学教科书——《儿童心理学》（朱志贤）。

自1978年以来，我国的学前心理学又迎来了一轮繁荣期。我国学者就儿童学习与发展的关键期、语言发展、早期教育、道德发展等领域展开研究，国外越来越多的研究成果也被介绍到国内。1980年，72岁的朱志贤先生主编的《儿童教育心理学讲话》由北京师范大学出版社出版。1983年，朱志贤先生承担了国家重点科研课题《中国青少年心理发展与教育》的科研任务，组织了国内200多位儿童心理学相关领域研究人员进行了历时7年的研究。1985年，77岁高龄的朱志贤先生创建了北京师范大学儿童心理研究所并出任所长，还创办了期刊《心理发展与教育》。1988年，80岁高龄的朱志贤先生与其学生林冲合著的《儿童心理学史》由北京师范大学出版社出版。自20世纪90年代以来，国内关于学前心理学研究更加细化，并出现了一批优秀的论著。例如，《婴儿心理学》（孟绍兰）、《学前儿童发展心理学》（陈帼眉等）等教材。这一时期的研究领域包括儿童的认知、语言、自我意识、道德观、社会性等领域的发展及学前心理学的跨文化研究等。

进入21世纪后，我国学前心理学研究有了进一步发展，主要研究领域包括对比国内外个体心理发展的异同、在传统文化影响下我国民众心理发展的特点、心理学旧概念的修正和新概念的创立等。我国目前已建立起科学的研究体系，对于儿童心理发展的研究已经取得了一些成果。但与西方发达国家的研究相比，我国的心理学研究仍存在一定差距。研究者需致力于推进学前心理学的中国化，一方面与国际的学前心理研究保持同步；另一方面应立足本土，有所创新，将理论研究和我国的教育实践更紧密地结合起来。

【真题演练】

一、选择题

1. （　　）是指脑对客观事物做出的主观反映。
   A. 心理活动　　B. 心理发展　　C. 心理特点　　D. 心理问题
2. 发展心理学是研究从（　　）开始，到个体成熟直至死亡的终生心理发展的科学。
   A. 婴儿期　　B. 无意识　　C. 童年期　　D. 出生
3. （　　）指研究者在进行学前心理学研究时应实事求是，尊重客观事实。
   A. 系统性原则　　　　　　　B. 客观性原则
   C. 伦理性原则　　　　　　　D. 理论结合实际原则
4. 19世纪的德国生理学家和实验心理学家（　　）是学前心理学的创始人。
   A. 霍尔　　B. 比纳　　C. 施太伦　　D. 普莱尔
5. 1882年，普莱尔通过观察和记录自己孩子在0～3岁的生长发展，编写出版了（　　）一书，这标志着学前心理学的诞生。
   A.《比纳－西蒙量表》　　　　B.《儿童心理》
   C.《大教学论》　　　　　　　D.《6岁以前早期儿童心理学》

二、简答题

1. 请简述观察法。
2. 请简述如何避免无关变量对实验研究的干扰。
3. 请简述学前心理学研究的基本原则。

三、案例分析题

　　一天，沈老师带领班级幼儿开展绘画活动。沈老师请幼儿根据之前认识的小动物——蛇，在纸上画出自己喜欢的小蛇。

　　活动开始了，有的孩子画了扭来扭去的小蛇，有的孩子画了笔直笔直的小蛇。这时沈老师发现，莹莹拿着画笔，皱着眉头，坐在小凳子上，面前的画纸一片空白，什么也没有画。沈老师走上前问道："莹莹，你为什么不画呢？"莹莹小声地回答："老师，我不太会。"沈老师听后将小蛇的色卡拿过来，想到莹莹很喜欢听故事，便对莹莹说："那你听老师讲个故事吧。小蛇是一个调皮的小朋友，你看它伸长了脖子，还有长长的肚子，最后戴了一顶小帽子。"沈老师和莹莹一起又念了一遍，莹莹跟着沈老师故事里的描述，在纸上画了一条歪歪扭扭的线。沈老师表扬了莹莹，又指着这条线问莹莹："你觉得这个像什么呢？"莹莹回答道："像毛线！"沈老师说："那请你在画纸上再画一画吧，还可以给这条毛线涂上你喜欢的颜色。老师相信你一定能画好！"莹莹开心地点了点头，开始画画。

根据材料，完成观察记录表。

观察日期：　　　　年　　　　月　　　　日
观察对象：
观察环境：
观察目标：
观察记录表：

时间：
事件：
事件起因：
在场人员：
事件结果：
评论：

第二章　学前儿童心理发展理论

思维导图

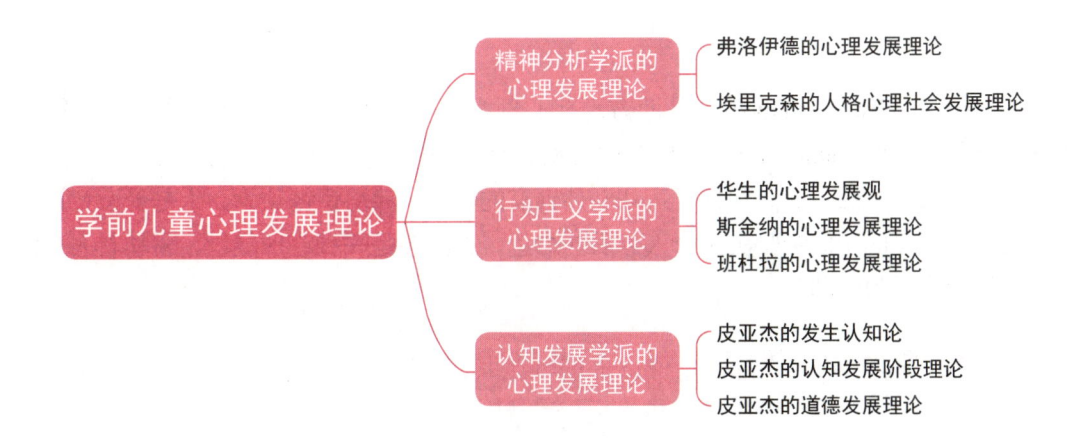

- 学前儿童心理发展理论
  - 精神分析学派的心理发展理论
    - 弗洛伊德的心理发展理论
    - 埃里克森的人格心理社会发展理论
  - 行为主义学派的心理发展理论
    - 华生的心理发展观
    - 斯金纳的心理发展理论
    - 班杜拉的心理发展理论
  - 认知发展学派的心理发展理论
    - 皮亚杰的发生认知论
    - 皮亚杰的认知发展阶段理论
    - 皮亚杰的道德发展理论

内容提要

本章主要对儿童心理学发展时期的各种理论流派进行介绍。第一节主要介绍了以弗洛伊德和埃里克森为代表的精神分析学派的心理发展理论；第二节主要介绍了以华生、斯金纳、班杜拉为代表的行为主义学派发展思想；第三节主要介绍了皮亚杰的认知发展学派的心理发展理论。了解这些理论观点，将有助于人们认识现代儿童心理发展的研究现状和发展趋势。

学习目标

1. 知识目标：了解各流派的学前儿童心理理论思想。
2. 能力目标：分辨不同流派的异同，运用所学理论解释现象。
3. 素质目标：树立科学的儿童发展观。

20世纪初到20世纪60年代中期是西方学前心理学迅速发展的时期，这一时期也形成了多种多样的心理发展理论，促进了儿童发展心理学的学科发展。

第一节　精神分析学派的心理发展理论

精神分析（Psychoanalysis）是西方现代心理学的主要流派之一，代表人物为西格蒙德·弗洛伊德（Sigmund Freud，1856—1939），首次提出了"力比多"的概念。这里的性并非生殖意义上的性，而是包括了一切身体器官的快感。弗洛伊德认为，人是受潜意识本能驱动的，幼年的生活经验决定个人今后的命运，力比多是一种心理能量，驱动着人个体的心理发展和行为活动。

一、弗洛伊德的心理发展理论

（一）弗洛伊德的人格理论

弗洛伊德在初期区分了意识、前意识和潜意识，在后期引进了本我、自我和超我的概念。其中，"本我"是人格最原始的我，类似于"潜意识"概念，位于人格结构最底层，由欲望、本能组成，例如，渴、饿、性等，遵循快乐原则。"自我"是从本我中分化出来的，位于意识结构的中间层，主要功能在于调节自我和超我之间的矛盾，遵循的是现实原则。"超我"是人格结构的最高层级，既能关注到自我的需要，又能认识到现实的要求，将伦理道德、社会规范、价值观内化，其遵循的是道德原则。

弗洛伊德认为，在人格结构中，本我、自我、超我遵循着不同的原则，有着不同的目标，只有保持平衡状态，才能使人格正常发展。

【知识窗】

弗洛伊德简介

西格蒙德·弗洛伊德，奥地利精神病医师、心理学家、精神分析学派创始人。1873年进入维也纳大学医学院学习，1881年获医学博士学位。1882—1885年在维也纳综合医院担任医师，从事脑解剖和病理学研究，然后私人开业治疗精神病。1895年正式提出精神分析的概念。1899年出版《梦的解析》，被认为是精神分析心理学的正式形成。1919年成立国际精神分析学会，标志着精神分析学派最终形成。

视频2-1 精神分析心理学

（二）弗洛伊德的心理发展阶段理论

弗洛伊德认为，不同发展阶段的性快感集中于躯体的不同部位，并将儿童的心理发展分为五阶段：口唇期、肛门期、性器期、潜伏期、生殖期。

1. 口唇期（0~1岁）

这一时期的力比多集中在婴儿口唇的位置，婴儿会本能地吮吸手指，或者将触碰到的物品放到嘴里以获得快感。婴儿从出生到8个月，主要通过嘴唇的吮吸和舌吞咽的动作来获取快感；婴儿在约8个月到1岁时长出了牙齿，这时的快感主要来自撕咬和吞咽等动作。口唇期以后，婴儿通过撕咬或咀嚼的快感会在一定程度上延续下去，表现为吃手指、嚼口香糖、抽烟或喝酒等。如果口唇需要没有被满足或被过度满足，都会在这一发展水平上引起固着，在成年后形成所谓的"口腔期人格"，影响其心理的健康发展。例如，入学的儿童喜欢咬铅笔、吃手指头，一些成年人过度饮酒抽烟，性格悲观、过分轻信或依赖他人，都有可能源于口腔期发展受阻。教育启示：不要随便制止宝宝吃东西的欲望，并采用准确的喂养方式，注意饮食卫生。

2. 肛门期（1~3岁）

这一时期的力比多主要分布区域在肛门，婴儿通过排泄粪便或小便以获得快感。在这一阶段，婴儿应逐渐学会正确大小便的方式方法，以此来培养自控能力。学会控制自己的大小便让婴儿迈出了重要的一步：独立。这样发展了婴儿的自信，并逐渐学会了放弃。如果这一阶段的性心理发展受阻，即强迫婴儿排便或过分严格要求排便的时间、卫生等则可能会产生肛门期发展的固着，孩子长大后可能会出现极度吝啬、保守的人格，或出现强迫型人格障碍：过分在意卫生、洁癖。若不注重排便习惯的训练，则容易形成散乱、浪费、无条理的人格特征。教育启示：不要压抑宝宝的个性；树立规则，科学训练其大小便。

3. 性器期（3~5岁）

这一时期的力比多主要分布于生殖器区域。儿童发现了两性生殖器的不同。弗洛伊德认为，此时的儿童对双亲中的异性产生了性的依恋关系，男孩出现了恋母情结（Oedipus Complex），女孩产生了恋父情结（Electra Complex），即孩子对父母异性的一方产生了爱慕之情，对父母同性的一方产生了仇恨。由于害怕自己的同性父母惩罚自己，便压抑这种情节，被迫认同他们。由此，儿童产生了超我。

在这一阶段，儿童产生了对性的好奇。男孩在一开始的时候认为男性和女性的生殖器是一样的，通常在玩耍的时候，男孩发现女孩每次小便时都是蹲着的，随之便发现女孩没有和自己一样的生殖器。此时的男孩会产生恐惧，以为女孩的生殖器被切掉了，害怕自己的器官被成人阉割掉，这种恐惧被称为阉割焦虑（Castration Anxiety）。相应地，这一时期的女孩由于发现自己没有但男孩却拥有的生殖器，既羡慕又嫉妒，这被称为阴茎嫉妒（Penis Envy）。弗洛伊德认为，这个时期也很容易发生停滞，导致后期产生停滞和性偏离等现象。教育启示：在这一时期，父母应该用健康、正面的态度来看待孩子们的这些问题，让他们逐渐明白男女身体构造上的差异。与此同时，家长应该带孩子去接触更多的事物，从而转移儿童的注意力。

4. 潜伏期（5～12岁）

由于儿童的超我（美感、道德感、羞耻感等）发展，这一阶段儿童的性冲动受到了压抑，进入了暂时停止活动的时期，且经历的时间较长。这一时期的儿童不再像以前一样对异性充满兴趣，而是倾向和同性朋友们玩耍。虽然如此，儿童的力比多并没有消失，而是为了一些替代性的活动被移置，例如，课程的学习、体育运动、艺术活动、游戏活动等。总体来说，该时期发展较为平静。教育启示：要特别关注孩子，多沟通多交流，成为孩子的朋友。

5. 生殖期（约11～13岁开始）

这一时期是性本能发展的最后阶段，儿童在经历了较为风平浪静的潜伏期之后，进入了青春期，力比多重新在身体中活跃起来。该时期力比多的能量逐渐涌动出来，主要分布在生殖器上。女孩比男孩约早两年进入生殖期，个体希望与异性建立两性关系。另外，此时的青少年希望摆脱父母的束缚，建立自己的生活，所以会出现"逆反心理"。教育启示：正确引导孩子认识早恋问题，鼓励孩子多参加课外活动或其他活动，转移孩子的注意力。

弗洛伊德认为，个体人格的不同正是由于以上各个性心理发展阶段的进展情况不同所致。在任何一个阶段，如果性心理满足受阻或过分满足都会产生固着，在其人格的发展中留下特定的印记。成年人的人格特征或心理问题，其原因都可以追溯到童年时期。

【知识窗】

冰山理论

弗洛伊德用冰山来比喻意识的三个层次。露出水面的是意识，也叫显意识，意识是指当下正在被我们关注的内容，但这只是冰山一角。再往下是前意识，前意识是指我们所有可以从记忆中想起来的内容。最下方是最重要的区域，那就是潜意识，也叫无意识。潜意识才是推动人们大多数行为的核心动机。就像冰山浮在水中一样，头脑中最重要的部分是我们看不见的那部分。意识是指人们可察觉到的想法；前意识是指介于意识和潜意识之间的想法，在必要情况下进行回忆时会进入意识层面；潜意识是指压抑在内心的想法、欲望、记忆等，是内心想法的主体内容。

二、埃里克森的人格心理社会发展理论

埃里克森（Erik.H.Erikson，1902—1994）是美国发展心理学家、新精神分析学说的重要代表人物。他接受了弗洛伊德的人格结构理论，但并不主张将一切活动和人格发展动力归结于生物学。埃里克森认为，人格的发展由机体成熟、社会关系、自我成长三部分组成，

分为八阶段，每个阶段的发展都有其特殊的目标、任务和冲突。冲突解决后，前一阶段方可向后一阶段转化，成功解决危机会增强自我的力量以及更加适应周围的环境。反之则会削弱自我的力量，不利于个体适应环境。具体阶段划分如下。

第一阶段：婴儿期（0～1.5岁）。这一阶段的发展任务是满足生理需要，发展信任感，克服不信任感，体验实现希望。基本信任即婴儿的需要与外界对其需要满足保持一致。例如，当婴儿饥饿或哭泣时，父母立即出现则有利于满足婴儿的需要。父母对于婴儿的爱抚和合理照料是满足婴儿生理需要的重要方法，婴儿体验到舒适的环境和身体的康宁从而获得安全感，进而产生信任感。如果父母没有给予足够的关爱和照料，则会让婴儿产生不信任感。埃里克森认为，虽然一定的不信任感是必要的，有助于婴儿躲避危险，但婴儿的信任感应该超过不信任感。这一原则也同样适用于其他阶段。成功获得信任感后，希望的品质便会形成于婴儿的人格中。这样的儿童在以后的生活中不怕失败，敢于尝试，容易成为易于信赖的人。如果这一时期没有获得信任感，则会让儿童的人格形成胆小、恐惧的特质，难以对别人建立起信任感。

第二阶段：儿童早期（1.5～3岁）。这一阶段的发展任务为获得自主感，克服羞怯和怀疑感，体验到自己能够实现自己的意志。在这一时期，儿童的行为能力有所发展，掌握了爬、走、说话等技能，儿童开始有了意志去做自己想要做的事。此时，父母一方面要尊重儿童的意愿；另一方面要引导儿童，使其行为符合社会规范。例如，训练儿童不随地大小便、按时吃饭、养成节约的习惯等。在这一阶段，儿童会出现第一个反抗期（第二个反抗期即青春期），会运用"我""我们""不"等词来反抗父母的控制。父母不能溺爱儿童，放任自流，否则不利于儿童养成良好的生活习惯；也不能对孩子要求过分严厉，这样会伤害孩子的自主感。

第三阶段：学前期或游戏期（3～6岁）。这一阶段的发展任务为获得主动感，克服自卑感、内疚感。这一时期，儿童的肌肉运动和语言能力飞速发展，并逐渐学会了跑、跳、骑自行车等活动，并对周围的事物充满了好奇心，行为也更具主动性。父母不应该阻挠孩子的探索行为和好奇心，应在合理范围内鼓励孩子去自由地探索周围事物，耐心倾听并解答他们的问题，这样才能使孩子的主动性、积极性、进取心得到进一步发展。反之，如果父母对孩子的好奇心、探索欲望持否定、压制态度，则会让孩子觉得"我提出的问题是愚蠢的""父母是讨厌我的"，并产生内疚感、失败感。

第四阶段：学龄前期（6～12岁）。这一阶段的发展任务是获得勤奋感，避免自卑感。儿童在这一时期进入了小学阶段的学习，逻辑思维能力开始迅速发展，并且会提出一些有深度的问题。儿童对周围事物有了更进一步的探索欲望，父母应该合理地鼓励、支持孩子们探索周围事物，给予帮助和赞扬，这样使孩子获得自信心、勤奋感。埃里克森告诫家长，不要将孩子的探索行为视为调皮捣乱，这样会让孩子产生自卑感，应该引导、鼓励孩子去完成任务，获得成就感。不仅如此，父母还应该鼓励孩子参加社会交往活动，提升社交能力。总之，学业上的成功、老师和父母的认可、同伴的接纳和认可都是这一时期所需要的，有助于提升孩子的勤奋感，避免自卑感。

第五阶段：青春期（12～18岁）。这一阶段的发展任务是建立自我同一性，避免角色混乱。"同一性"概念是埃里克森自我发展理论中的一个重要概念，其含义非常广泛，主要指个人与社会的统一，即个体对于自己有一个较为清醒的认识，明白自己是谁、自己需要什么、自己有哪些责任、自己的社会角色是什么、遇到突发事件是否能及时做出判断与决定等问题。同一性的建立伴随个体的毕生发展。个体在青少年时期对于周围世界有了新的看法与认识，经常会思考"我"是一个怎样的人、别人是怎样看待"我"的、我的社会角色应该是怎样的等问题。这一阶段的青少年逐渐摆脱对父母的依赖，与同伴建立友谊，进一步认识自己，明确自己的角色定位。同一性的建立可以使自己更好地与周围的人建立关系，顺利进入成年期。同一性的混乱则会让个体不能给自己一个准确的定位，遇到问题不能很快做出决断，缺乏主见，难以承担责任与义务。

第六阶段：成年早期（18～25岁）。这一阶段的发展任务是获得亲密感，克服孤独感。亲密感即个体与他人建立的比较亲密的关系，例如，友谊或爱情。埃里克森认为，只有建立起良好的同一性，青年男女才能与异性建立起亲密关系。两个人可以就生活中的重要事件相互沟通交流才能获得真正的亲密感。如果个体的同一性没有建立起来，在恋爱中就会过分关注自己，不能真正站在对方的角度去思考问题，难以产生感情上的共鸣，进而产生孤独感。

第七阶段：成年中期（25～65岁）。这一阶段的发展任务是获得繁殖感，避免停滞感。个体在成年中期已经建立了家庭，其关注度已经逐渐转移到下一代及自己的工作和生活。这里的"繁殖"含义广泛，不仅包括生孩子、培养下一代，还包括在工作生活中迸发新的思想、创造新的事物。埃里克森认为，虽然有的人没有孩子，但他们可以在事业上充分发挥自己的聪明才智，有所作为，实现自我价值，这样也能避免孤独感，获得繁殖感。

第八阶段：成年晚期（65岁以后）。这一阶段的发展任务是获得完善感，避免失望感。在人生的最后阶段，人们的身体机能逐渐衰退，离开了工作岗位，配偶、朋友相继离世。此时，老年人需要调整自己的心理状态，以适应现实生活中的变化。如果前七个阶段心理发展的积极成分多于消极成分，则会让老年人觉得自己的一生有意义、有价值，自己的人生是完满的。如果在前七个阶段留下太多遗憾，想要重新开始却为时已晚，老年人可能会产生失望感、厌倦感。

埃里克森人格心理社会发展八阶段理论如表2-1所示。

表2-1 埃里克森人格心理社会发展八阶段理论

时期	年龄	阶段	任务
婴儿期	0～1.5岁	基本信任对不信任感	发展信任感，克服不信任感
儿童早期	1.5～3岁	自主性对羞怯感和怀疑感	获得自主感，克服羞怯和怀疑感
学前或游戏期	3～6岁	主动感对自卑感、内疚感	获得主动感，克服自卑感、内疚感
学龄前期	6～12岁	勤奋感对自卑感	获得勤奋感，避免自卑感
青春期	12～18岁	同一性对角色混乱	建立自我同一性，避免角色混乱
成年早期	18～25岁	亲密感对孤独感	获得亲密感，克服孤独感
成年中期	25～65岁	繁殖感对停滞感	获得繁殖感，避免停滞感
成年晚期	65岁以后	完善感对失望感	获得完善感，避免失望感

第二节 行为主义学派的心理发展理论

行为主义是20世纪上半叶欧美心理学界风靡的主要理论流派之一。行为主义认为心理的本质是行为，其创始人是美国心理学家华生，代表人物还有斯金纳、班杜拉等。

一、华生的心理发展观

华生（Watson，1878—1958）是行为主义心理学学派的创始人，主张心理学的研究对象应该是行为而非意识。华生反对心理学研究的内省法，提倡采用观察法、实验法，并把这种研究方法拓展到了儿童发展研究、动物研究、广告等方面。华生关于儿童心理发展的理论主要体现在《儿童心理教养法》（1928）和《行为主义的心理学》（1919）这两本著作中。华生关于儿童心理发展的理论可概括为"环境决定论"。

华生否认遗传对于儿童心理发展的影响，理由如下：第一，行为是刺激与反应形成的过程，刺激来源于环境，并非来源于遗传，所以遗传的影响不大。第二，个体的机体构造虽然来自遗传，但机能并非来自遗传，而是受制于后天环境。第三，通过控制刺激可以控制机体的行为，这是遗传所不能控制的。所以后天环境的刺激才是行为的决定因素。虽然华生的理论过于夸大后天环境和教育对儿童心理发展的影响，有一定局限性，但他采用实证研究的方法客观而真实地研究儿童心理，推动了儿童心理学的发展。

【知识窗】

小艾伯特实验

小艾伯特实验（Little Albert Experiment）是一个显示人类经典条件反射经验证据的实验，也是一个刺激泛化的例子。于1920年由约翰·布罗德斯·华生和他的助手罗莎莉·雷纳在约翰霍普金斯大学进行，华生和雷纳从一所医院挑选了9个月大的艾伯特进行实验研究。在实验前，小艾伯特首次短暂地接触以下物品：白鼠、兔子、狗、猴子、有头发和无头发的面具、棉絮、焚烧的报纸等。结果发现，小艾伯特对这些物品均不感到恐惧。

大约2个月后，当小艾伯特刚超过11个月大，华生和他的同事开始进行实验。开始时，实验室白鼠放在靠近艾伯特处，这时儿童对白鼠并不恐惧。在后来的测试中，当艾伯特触摸白鼠时，华生和雷纳就在小艾伯特身后用铁锤敲击悬挂的铁棒，制造出响亮的声音。经过几次这样将两个刺激配对，当白鼠再次出现在小艾伯特面前时，他对白鼠出现在房间里感到非常痛苦。他哭着转身背向白鼠，试图离开。显然，这名男婴已经将白鼠（原先的中性刺激，现在的条件刺激）与巨响（非条件刺激）建立了联系，并产生了恐惧或哭泣的情绪反应。

视频2-2 行为主义心理学

二、斯金纳的心理发展理论

斯金纳是美国心理学家,新行为主义代表人物之一,操作性条件反射理论的奠基者,代表作有《沃尔登第二》《超越自由与尊严》《言语行为》等。

通过大鼠学会按压杠杆获得食物的实验,斯金纳说明了操作性条件反射形成的过程,认为学习实质上是一种反应概率的变化,而强化是增强反应概率的手段,其理论主要体现在以下几方面。

强化作用是塑造行为的基础。了解强化效应和操控好强化技术才能控制行为反应,就能塑造出期望的行为,消除儿童的不适应行为,例如,儿童学习说话期间,当他想要得到一个很喜欢的玩具时,只有他发音正确才把玩具给他。强化还可以分为正强化和负强化,正强化是指一种刺激增加了一种操作反应发生的概率,例如,儿童表现得好,老师奖励小红花,那他今后可能一直表现优秀。负强化是指一种刺激的排除增加了一种操作反应发生的概率,例如,放学后小明主动写作业,妈妈就免除了他不喜欢的家务活,那么他以后放学也会主动写作业。强化与惩罚理论如表 2-2 所示。

表 2-2 强化与惩罚理论

类型		条件	行为发生概率
强化	正强化	呈现愉快刺激	增加
	负强化	撤销厌恶刺激	
惩罚	正惩罚	呈现厌恶刺激	减少
	负惩罚	撤销厌恶刺激	
消退		无强化物	减少

强化程式是指反应受到强化的时机和频次。强化程式可以分为连续强化程式和间隔强化程式。连续强化程式是指对每一次或每一阶段的正确反应给予强化,间隔强化又分为定时强化、变时强化、定比强化和变化强化。斯金纳认为,在儿童心理发展中,欲使强化达到最佳效果,必须遵循下列原则:在儿童学习新的行为时应该遵循即时强化原则,例如,如果要培养儿童良好的行为习惯,就要在看到他们遵守规则和讲礼貌后立即给予奖赏。

> 【知识窗】
>
> **斯金纳的经典实验：迷箱实验**
>
> 实验1：将一只很饿的小白鼠放入一个有按钮的箱中，每次按下按钮，则掉落食物。
> 结果：小白鼠自发学会了按按钮。
> 实验2：将一只小白鼠放入一个有按钮的箱中。若小白鼠不按下按钮，则箱子通电。
> 结果：小白鼠学会了按按钮。
>
> 斯金纳通过实验发现，动物的学习行为是随着一个起强化作用的刺激而发生的。斯金纳把动物的学习行为推而广之到人类的学习行为上，人的一切行为几乎都是操作性强化的结果，人们有可能通过强化作用的影响去改变别人的反应。在教学方面，老师充当学生行为的设计师和建筑师，把学习目标分解成很多小任务并且一个一个地予以强化，学生通过操作性条件反射逐步完成学习任务。
>
> 总而言之，斯金纳认为学习实质上是一种反应概率上的变化，而强化是增强反应概率的手段。

三、班杜拉的心理发展理论

阿尔伯特·班杜拉（Albert Bandura）是美国当代心理学家，新行为主义的主要代表人物之一，其发展观主要体现在其社会学习理论中，具体可体现为以下几方面。

（一）交互决定论

班杜拉认为，个体、环境和行为三者都是作为相互决定的因素而起作用的，它们彼此之间的影响是相互的。他强调在社会学习过程中行为、认知和环境三者的交互作用。

（二）观察学习

观察学习与刺激反应学习有所不同，刺激反应学习是学习者感受自己行为带来的后果而完成的学习，观察学习则是通过观察他人的某种行为带来的正面或负面后果而完成的学习。班杜拉认为，在观察学习中，除了直接强化（通过外界因素对学习者的行为进行直接干预），强化还可以分为替代性强化和自我强化。替代强化是指学习者看到榜样受到强化而受到的强化，例如，在幼儿园，老师表扬了某位儿童讲卫生的行为习惯，其他儿童就会模仿他；反之，如果某位儿童的行为受到了责备，其他儿童就不会模仿其行为。自我强化是指儿童以个人的标准来强化自己的行为，例如，儿童学习有进步，就奖励自己一个喜欢的玩具。

班杜拉认为，学习过程受注意、保持、动作再现和动机四个子过程的影响。

注意过程是指观察者对示范活动的探索和知觉；保持过程是指观察者记住从榜样情景了解的行为，以表象和言语形式将他们在记忆中进行表征、编码及存储；动作再现过程是将内部表征中的符号转变为行为的过程；动机过程是指观察者因表现所观察到的行为而受到激励。

除此之外，班杜拉还提出了自我效能感，即人们对自身能否利用所拥有的技能去完成某项工作行为的自信程度。影响自我效能形成的主要因素有个人自身行为的成败经验、替代性经验、言语劝说、情绪唤醒。

【知识窗】

波波玩偶实验

班杜拉的实验是将儿童置于两组不同的成人模特当中，一组是具有攻击性的模特，另一组是非攻击性的模特。在观察了成人的行为之后，让他们进入一个没有模特的房间，观察他们是否会模仿先前所见到的模特行为。

第三节 认知发展学派的心理发展理论

让·皮亚杰（Jean Piaget，1896—1980）是瑞士儿童心理学家、日内瓦学派（又称皮亚杰学派）的创始人。1905年，皮亚杰发表了《发生认知论导论》3卷集，这是发生认知论体系建立的标志。1955年，皮亚杰创立了发生认知论国际中心。皮亚杰的主要贡献在于对儿童心理发展的研究，例如，儿童的几何、能量守恒、因果、时空、运算等概念，其发生认知论理论体系是当代儿童心理发展最具影响力的儿童心理发展理论体系之一。皮亚杰的主要著作有《儿童的判断和推理》（1924）、《智慧心理学》（1947）、《发生认识论原理》（1950）、《发生认知论》（1970）等。

一、皮亚杰的发生认知论

皮亚杰认为，主体通过动作对客体的适应是儿童心理发展的根本原因。这个过程并非单向的，在客体作用于主体的同时，儿童作为主体也在主动认识并适应客体，皮亚杰把这个双向的认识过程称为建构。他用图式、同化、顺应和平衡四个概念来解释儿童的建构过程。

（一）图式

图式是指儿童用来适应环境的认知结构，是个人用来对付环境中的情境时所运用的心理结构和思维模式。它最先来自先天遗传，后与环境相互作用，在适应环境的过程中不断发展变化和逐渐丰富。随着个体年龄和经验的增长，图式的种类、数量和质量都会得到提高。从发展的角度来看，儿童最初的图式是遗传带来的一些本能的反射行为，例如，吮吸反射、定向反射等。

（二）同化

同化是指儿童将新的刺激纳入已有图式中的认知过程，以加强和丰富机体的动作，引起图式量的方面的变化，不能引起图式的质变，但会影响图式的生长。简单来讲，就是使用当前图式解释外部世界。例如，儿童认为会飞且有翅膀的都是鸟，就会觉得飞机也是鸟。

（三）顺应

顺应是指儿童通过改变已有图式（或形成新的图式）来适应新刺激的认知过程。简单来讲，就是调整原有的动作或认知图式以适应外部世界。顺应是图式发生质变的过程，通过顺应，儿童的认知能力达到一个新的水平。例如，老师告诉儿童："飞机不是鸟，鸟必须是生命会呼吸的生物。"儿童就在头脑中重新修正关于鸟的认知。

（四）平衡

平衡是指同化和顺应之间的均衡，指个体内部图式与外部环境的一种相对稳定状态。个体成长发展的过程中，会不停地遇到外来刺激，需要同化和顺应机制，但在儿童认知发展的过程中，同化和顺应需要平衡。儿童的认知就是通过平衡→不平衡→平衡循环的过程，从低级向高级水平发展。平衡是一种非静止、非固定的状态，是一个持续地调节行为的动态过程。

【知识窗】

皮亚杰简介

皮亚杰（Jean Piaget，1896年8月9—1980年9月16日），瑞士人，近代著名的儿童心理学家。他的认知发展理论成为这个学科的典范。一生留给后人60多本专著、500多篇论文，他曾到过许多国家讲学，获得几十个名誉博士、荣誉教授和荣誉科学院士的称号。

皮亚杰出生于瑞士的纳沙特尔。1907年，10岁的皮亚杰在公园发现一只患有白化病的小麻雀，随即写了一篇关于白化病麻雀的文章，并寄给纳沙特尔自然科学史杂志《冷杉树》刊登出来。1915年，19岁的皮亚杰获生物学学士学位。随后，他继续攻读生物学博士学位，并同时攻读哲学博士学位。1918年，他获生物学和哲学双博士学位。同年，皮亚杰去苏黎世在烈勃斯和雷舒纳的心理实验室工作，并在布鲁勒精神病诊疗所学习精神分析学说。1925—1929年，皮亚杰在纳沙特尔大学任心理学、社会学和哲学教授。

视频2-3 认知主义

二、皮亚杰的认知发展阶段理论

皮亚杰认为，认知发展是一种建构的过程，是在个体与环境的相互作用中实现的，儿童和青少年的认知发展按照先后顺序分为四个阶段：感知运动阶段、前运算阶段、具体运算阶段、形式运算阶段，每个阶段都有它主要的行为模式。

（一）感知运动阶段（0～2岁）

这一阶段是儿童思维的萌芽阶段，适应环境。这个时期感觉和动作分离，儿童通过探索感知觉与运动之间的关系来获得动作经验，形成了一些低级的行为图式。在这一阶段，儿童主要通过动作（口尝、抓握等）去感知周围世界，这个时期的儿童喜欢练习性游戏，又称"机能性游戏""探索性游戏"，例如，反复地抓、丢玩具。客体永恒性是指当物体从儿童的视野中消失或者儿童脱离了对物体的感知时，儿童仍然知道物体是客观存在的。客体永恒性是更高层次认知活动的基础，儿童在9～12个月时获得了"客体永恒性"的概念。

【知识窗】

小白象实验

皮亚杰通过小白象实验说明了客体永恒性，即在婴儿面前放一个小白象，之后再在其与婴儿中间放一张白纸，婴儿如果能够绕过白纸将小白象拿出则具有了客体永恒性，如果只是认为小白象消失了则还没有获得客体永恒性。

（二）前运算阶段（2～7岁）

在这一阶段，儿童将感知到的内容内化为表象，可以借助一定的心理符号进行逻辑思维，例如，用"牛""羊"来代表真正的牛和羊等。前运算阶段的儿童不能很好地将自己和外部世界区分开来。在前运算阶段，儿童的思维特点包括泛灵论、自我中心主义、不可逆、不守恒、集中化/单维思维。泛灵论是指儿童认为世间万物都是有生命的，儿童往往会把他们当作生活中的伙伴，与他们游戏、交谈，儿童认为地球知道自己在转动，自己玩耍的布娃娃也是有生命的。该阶段的儿童具有自我中心意识，即儿童还不能站在别人的角度去思考问题，或者说还不能意识到别人思考问题的方式方法和自己是不一样的，例如，该阶段的儿童喜欢自言自语，也是自我中心主义的体现。另外，这一阶段的儿童暂时不具备抽象思维运算的能力，思维具有不守恒性，即事物变化后不能回想起本来的样子，或意识不到物体的形状虽然改变了，但质量并没有发生变化。

【知识窗】

三山实验

三山实验材料是一个包括三座高低、大小和颜色不同的假山模型，实验首先要求儿童从模型的四个角度观察这三座山，然后要求儿童面对模型而坐，并且放一个玩具娃娃在山的另一边，要求儿童从四张图片中指出哪一张是玩具娃娃看到的"山"。结果发现，幼童无法完成这个任务。他们只能从自己的角度来描述"三山"的形状。皮亚杰以此来证明儿童的"自我中心主义"。

（三）具体运算阶段（7～11岁）

在这一阶段，儿童的思维获得了守恒性，思维可逆性的出现是儿童思维获得守恒性的标志，也是这一阶段开始的标志。儿童逐渐意识到，物体的质量或其本身的属性并不会因为物体外形的变化而变化。皮亚杰认为，儿童在7～8岁时获得质量守恒的概念，9～10岁时获得重量守恒的概念，11～12岁时获得体积守恒的概念。质量守恒概念的出现是这一阶段的开始，体积守恒概念的出现是这一阶段的结束或下一阶段开始的标志。此外，这一阶段儿童的"自我中心主义"开始逐渐下降，他们逐渐学会从不同的角度思考问题、理解他人的观点。

【知识窗】

量杯实验

首先给儿童呈现A和B两杯等量的水（杯子的形状一样），然后当着儿童的面，把B杯中的水倒入一个高瘦的C杯中，问儿童A和C哪个杯子的水多（或一样多）。六七岁的儿童只会根据杯子里水的高低深浅判断水的多少而不考虑杯子的口径。但是六七岁的孩子对于这个问题一般都能做出正确的回答，说两个杯子里的水是一样多的。

（四）形式运算阶段（11～12岁开始）

在这一阶段，儿童的抽象逻辑思维能力逐渐开始发展，能够理解符号的意义，可以进行抽象的逻辑思维运算，即思维活动已经超越了对具体的可感知事物的依赖，使形式从内容中解脱出来。该阶段的儿童可以根据概念、假设等进行逻辑推理与演绎，这是形式运算的基础，也是衡量这一阶段儿童智力高低的重要标准。

三、皮亚杰的道德发展理论

皮亚杰将儿童的道德发展划分为四个阶段。

（一）"自我中心阶段"或前道德阶段（2～5岁）

该阶段儿童缺乏按规则来规范行为的自觉性，其特点是单向、不可逆的自我中心主义，片面强调个人存在及个人的意见和要求。

（二）"权威阶段"或他律道德阶段（6～8岁）

该阶段儿童表现出对外在权威绝对尊重和顺从，以他律的、绝对的规则及对权威的绝对服从和崇拜为特征。

（三）"可逆性阶段"或初步自律道德阶段（8～10岁）

该阶段儿童的思维具有了守恒性和可逆性，他们已经不把规则看成一成不变的东西，公正感不再权威，而是以"平等的观点"为主要特征，逐渐从他律转入自律。

（四）"公正阶段"或自律道德阶段（10～12岁）

该阶段的儿童继可逆性之后，公正观念或正义感得到发展，儿童的道德观念倾向主持公正、平等，平等应该符合每个人的特殊情况。

【知识窗】

对偶故事法

这是皮亚杰研究道德判断时采用的一种方法。利用讲述故事向被试者提出有关道德方面的难题，然后向儿童提问。利用这种难题测定儿童是依据对物品的损坏结果还是依据主人公的行为动机做出道德判断。由于皮亚杰每次都是以成对的故事测试儿童，因此，此方法被称为对偶故事法。

【真题演练】

一、选择题

1. 根据埃里克森的心理社会发展理论，1～3岁儿童形成的人格品质是（　　）。【2018年上《保教知识与能力》真题】

　　A. 信任感　　　B. 主动性　　　C. 自主性　　　D. 自我同一性

2. 小强很讨厌洗碗，也不喜欢吃蔬菜，于是小强妈妈规定，小强如果吃饭时能做到多吃蔬菜不挑食，饭后就可以不用洗碗。妈妈运用的手段是（　　）。

　　A. 正强化　　　B. 惩罚　　　C. 负强化　　　D. 代价

3. 萌萌怕猫，当她看到青青和小猫一起玩得很开心时，她对小猫的恐惧也降低了。从社会学习理论的视角看，这主要是哪种形式的学习？（　　）【2020年下《保教知识与能力》

真题】

A. 替代强化　　　　　　　　B. 自我强化

C. 操作性条件反射　　　　　D. 经典条件反射

4. 4岁的瑞瑞不小心把小碗里的葡萄干撒在桌子上后，很惊奇地说："哦，我的葡萄干变多了！"这说明他的思维处于（　　）。【2022年上《保教知识与能力》真题】

A. 感知运算阶段　　　　　　B. 前运算阶段

C. 具体运算阶段　　　　　　D. 形式运算阶段

二、案例分析题

桌子上放了一个三座山的模型，工作人员从各个方向给模型拍了照片，请幼儿坐在桌子一边，在他对面放一个布娃娃，让幼儿从所有照片中找出从布娃娃角度看到的模型照片，结果幼儿选出的是自己位置上看到的模型照片。【2024年上《保教知识与能力》真题】

问题：

（1）这个实验反映了幼儿思维怎么样的特点？

（2）请列举2个日常生活中反映幼儿这种思维特点的事例。

第三章　学前儿童的身心发展

思维导图

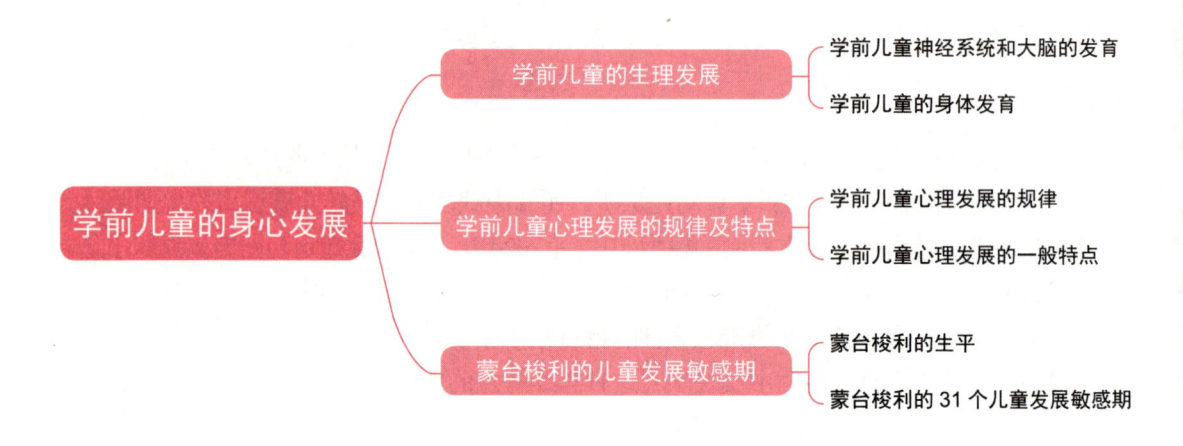

学前儿童的身心发展
- 学前儿童的生理发展
  - 学前儿童神经系统和大脑的发育
  - 学前儿童的身体发育
- 学前儿童心理发展的规律及特点
  - 学前儿童心理发展的规律
  - 学前儿童心理发展的一般特点
- 蒙台梭利的儿童发展敏感期
  - 蒙台梭利的生平
  - 蒙台梭利的31个儿童发展敏感期

内容提要

本章主要介绍了学前儿童神经系统、大脑、身体的发育，学前儿童心理发展的规律及特点，以及蒙台梭利儿童发展敏感期的理论。第一节主要介绍了神经系统的构造及功能、婴儿神经系统和大脑的发育、幼儿大脑的发育、婴幼儿的身体发育；第二节主要介绍了学前儿童心理发展的规律及一般特点；第三节主要阐述了蒙台梭利的儿童发展敏感期理论。

学习目标

1. 知识目标：学前儿童身心发展的规律及特点，了解蒙台梭利的儿童发展敏感期的相关内容。
2. 能力目标：把握学前儿童发展关键期，运用科学方法实施保育和教育。
3. 素质目标：树立科学的儿童发展观。

第一节　学前儿童的生理发展

一、学前儿童神经系统和大脑的发育

（一）神经系统的构造及功能

神经系统由中枢神经系统和周围神经系统组成。中枢神经系统由脑和脊髓组成，是大量神经系统集中的地方。周围神经系统是连接中枢神经与人体的运动器官、感觉器官、内脏之间的神经。神经系统是由神经元组成的。

1. 神经元及其功能

神经元包括三部分：细胞体、树突、轴突。细胞体和树突呈灰色，轴突外由白色的髓鞘薄膜包裹。这是一层绝缘膜，让轴突之间的电位不相互干扰。树突将外界刺激转化为神经冲动，或者接收上一个神经元的神经冲动，传至细胞体，再由轴突传到其他神经元。神经元之间由突触连接，神经冲动传至突触后会产生神经递质变化，神经冲动于是传到下一个神经元。

2. 外周神经系统及其功能

诸多神经元的轴突聚在一起形成了神经纤维，外周神经遍布全身，把中枢神经与各感觉器官、运动器官连接起来。

从功能上看，外周神经系统可分为自主神经系统、躯体神经系统。中枢神经系统通过躯体神经支配着感觉器官和运动器官，所以我们可以感受到感觉器官接收到的刺激，也可以支配运动器官的运动。自主神经支配着内脏器官，又叫植物神经。自主神经分布于人体的内脏感觉器官，例如，心脏、呼吸器官等。自主神经包括交感神经、副交感神经。交感神经的作用在于唤醒有机体，调动能量；副交感神经的作用在于恢复或维持有机体安静的状态，储备能量，维持平衡。在一般情况下，自主神经不受意识的支配，但与个体的情绪有着密切的关系，调配生理变化。

3. 中枢神经系统及其功能

中枢神经系统包括脑和脊髓，是大量神经细胞集中的地方。脑包括脑干、间脑、小脑、端脑。

脑干位于颅腔内，与脊髓相连接，是脑中最古老的部位，维持着生命的基本活动。脑干由延脑、桥脑、中脑组成。延脑与脊髓相连接，是上下行神经纤维的通道，同时也是支配个体呼吸和心跳的中枢。桥脑位于延脑、小脑之间，是神经纤维上下行的通道，也是端脑与小脑间神经纤维的通道。中脑位于桥脑的上方，也是上下行神经纤维的通道，包含着支配眼动和瞳孔反射的中枢。此外，脑干的大部分区域分布着像渔网一样的网状结构，调节个体的睡眠与觉醒，维持注意，激活情绪。

间脑位于脑干的上方，包括丘脑、上丘脑、下丘脑、底丘脑四部分。丘脑是大脑皮层下所有感觉的重要中枢（除嗅觉外）；上丘脑参与嗅觉并调节某些激素；下丘脑是大脑皮层下自主神经系统的重要中枢，调节内脏系统的活动；底丘脑起调节肌肉张力的作用，保持机体正常运作。

小脑位于桥脑和延脑后部。小脑的表层为灰质，深层为白质。小脑的功能为调节肌肉紧张度，保持身体平衡，实现随意和不随意运动。

端脑即大脑，位于脑干、间脑、小脑上方。大脑可分为颞叶、顶叶、枕叶、额叶四部分，每个区域都有其各自的机能。其中，颞叶负责听觉功能、顶叶负责躯体感觉功能、枕叶负责视觉功能、额叶负责躯体运动功能。

（二）婴儿神经系统和大脑的发育

1. 神经系统和大脑的发育是婴儿发展的基础

婴儿出生时，其体内神经元的数量在1000亿～2000亿个。在婴儿出生前，神经元以惊人的速度分裂。产前的婴儿以每分钟250000个神经元的速度进行分裂。

这个时期，大脑中很少有神经元与其他神经元相连结。在出生的头两年内，婴儿大脑中逐渐建立起几十亿个新连结，连结的复杂性也在持续增加。对于成年人来讲，单个神经元与其他神经元或身体部位至少有5000个连结相连。

婴儿刚出生时，其体内所拥有的神经元数量要多于所需要的数量，随着大脑的发育，多余的神经元会被去掉，以提升神经系统的运作效率。如果婴儿在成长过程中没有刺激某些神经的连结，这些连结就会像多余的神经元一样逐渐被消除，这个过程被称为"突触修剪"，这种修剪可以使已有神经元之间建立起的网络更加完善。

婴儿出生后，神经元的体积随着婴儿的成长持续增加，树突持续生长，轴突也会覆盖上髓鞘，这是一种类似于脂肪的物质，有绝缘的作用，保护并加速神经冲动的传递。神经元的体积逐渐增大，复杂性增强，大脑的重量在婴儿的头两年增长了三倍，两岁儿童的大脑已经能达到成年人大脑体积和重量的四分之三。

神经元在生长的过程中会不断重新定位和重组。部分神经元进入大脑皮质，其他的神经元则发展为皮质下组织，调节个体的呼吸和心率等基本活动，这些在婴儿出生时基本上已发育完善。随着儿童的成长，皮质中负责高阶过程（例如，思维、推理等）的细胞逐渐发展起来，相互连接。

2. 环境对婴儿大脑发展的影响

受遗传预定模式的影响，婴儿大脑的很多方面都自动发展起来，环境同样也能影响大脑的发育。大脑的发育具有可塑性，婴儿在成长过程中的经历会影响神经元的大小和彼此之间的连接，在丰富环境中抚养起来的婴儿和在受限制的环境中抚养起来的婴儿相比，其大脑的重量明显不同。

科学家往往借助动物来研究大脑的可塑性，相关研究显示，在丰富的视觉环境刺激中长大的老鼠和在单调乏味的环境中长大的老鼠比起来，前者的视皮层发育更加厚重。相关实验表明，贫乏的或受限制的环境会阻碍大脑的发展。

个体诸多机能的发展存在敏感期，这种敏感期通常在生命早期，是特殊的、有时间限制的时期。在这一阶段，环境对有机体的发展有着深远的影响。敏感期的议题引起了一些重要的争论。例如，婴儿是否必须在敏感期时期接受过某些环境刺激才能在后天发展出某些能力？如果在婴儿敏感期时期给予某些方面高水平的刺激，其后天的发展一定会优于给予这些方面普通水平的刺激吗？这些问题都有待进一步的科学证实。科学家认为，父母在照料婴儿时可以用很多简单的方式给婴儿提供丰富的刺激，以促进婴儿的发展。例如，对着婴儿说话、唱歌，和婴儿一起玩耍等，这样能够让婴儿的成长环境变得丰富。

3. 婴儿期的生活周期

婴儿出生后，主要的活动（例如，睡觉、吃奶、排泄等）并没有固定的时间，这些基本的活动由不同的身体系统所控制，婴儿需要花费时间和精力来整合这些不同的行为。事实上，对于新生儿来讲，一个重要的任务便是能够协调自己的单个行为，例如，让自己能睡一晚上的觉。

（1）婴儿的节律和状态

婴儿在出生后，需要逐渐习得反复的、周期性的行为模式，这便是节律的发展。一些节律能够立刻显现，例如，熟睡和清醒之间的转变。有的节律相对来说要复杂一些，例如，呼吸与吮吸的配合。还有一些需要仔细观察才能发现的节律，例如，在某一时期，婴儿的腿每隔几分钟会有规律地抽搐。有的节律在婴儿出生时就已显现，有的则需要依靠神经系统的发展逐渐出现。

状态是婴儿主要的身体节律之一，也就是婴儿对其内在和外在刺激的觉知程度。例如，警觉、慌乱、哭闹等都是不同程度的觉醒状态。婴儿在一天里会有不同状态的转变，引起其注意的刺激量也会发生变化。婴儿体验到的不同状态可以用脑电波反映出来，从出生到3个月左右，婴儿的脑电波相对不规律。3个月以后，婴儿的脑电波开始逐渐变得规律起来。

（2）婴儿的睡眠

睡眠是占据婴儿时间的主要状态，这也让精疲力竭的父母得到暂时的解脱。一般情况下，婴儿每天的睡眠时间为16～17小时，但这一指标在不同的个体之间会有差异，有的婴儿每天的睡眠时间在20小时以上，有的则只需要10小时。婴儿每次睡眠不会持续很长时间，例如，睡2小时，醒来后玩一会儿再睡。所以，婴儿的睡眠节律与外部世界并不一致，大部分婴儿会持续几个月晚上不睡觉，父母的睡眠则会在夜里被婴儿的饥饿或需要安抚的哭声所打断。

一般情况下，随着婴儿的成长，晚上的睡眠时间和白天的清醒时间都逐渐增加，大约在 16 周时，婴儿能够在夜里连续睡 6 小时，白天的睡眠逐渐成为有规律的小睡。大约在 1 周岁时，婴儿能够完整熟睡，每天的睡眠总量约 15 小时。

（三）幼儿大脑的发育

学前儿童大脑的发育速度是惊人的。5 岁儿童大脑的重量已经达到了成年人大脑重量的 90%，而体重只有成年人的 30% 左右。学前儿童大脑发育迅速的原因在于细胞之间连结数量的增多，这样能让神经元之间传递更为复杂的信息，促进认识水平的发展。除此以外，髓鞘数量的增加，提高了细胞之间电流传递的速度，也增加了大脑的重量。

1. 大脑的功能优化

随着儿童的成长，大脑两个半球出现了功能的差异并不断增大，出现了"功能侧化"，即某些功能逐渐集中于某一半球。大脑的左半球主要负责言语、阅读、推理等任务。右半球主要负责非语言领域，例如，音乐、绘画、空间关系等领域。尽管大脑的左右半球负责不同的领域，但它们相互依存，在完成某些任务时也并非绝对的功能侧化。大脑的功能侧化也存在个体和文化差异，例如，在左利手和两手同利的人中，约 10% 的人的语言中枢在右脑，甚至没有特定的语言中枢。

2. 大脑发育和认知发展之间的关系

学前儿童的大脑在飞速发展的同时，其认知能力也在飞速提升。研究发现，儿童在 1 岁半到 2 岁的时期脑电波非常活跃，而这一阶段儿童的语言能力也在飞速发展。认知发展的关键阶段，也出现了一些脑电活动的活跃期。有研究显示，髓鞘的增加与学前儿童认知能力的发展呈显著的正相关性。例如，儿童大约在 5 岁时完成大脑网状结构的髓鞘化，而网状结构是负责个体专注力的区域，这与学前儿童注意力广度的发展特征相吻合。就目前而言，科学家还不能确定是大脑的发展促进了认知的发展，还是认知水平的提升促进了大脑的发展，但对儿童大脑发展的研究将有助于我们更好地教育引导孩子。

二、学前儿童的身体发育

（一）婴儿的身体发育

0～2 岁的婴儿处于身体发育的快速阶段。一般而言，5 个月大的婴儿体重约为出生时的两倍。1 岁时，婴儿的体重约为出生时的 3 倍。接近 3 岁时，婴儿的体重约为出生时的 4 倍。

婴儿的体重随身高增加。约 1 岁末时，婴儿的身高达 75 厘米左右。2 周岁时，儿童的身高约 90 厘米。儿童身体的其他部分并非以相同的速率生长。例如，新生儿头部的大小约为整个身体的四分之一，2 岁时约为五分之一，成人期约为八分之一。

1. 婴儿身体发育的四个原则

（1）头尾原则

头尾原则是指婴儿身体的发展遵循从头部和上半身开始，进行至身体的其他部位。"头尾"即从头到尾，例如，视觉能力先发展，行走的能力后发展。

（2）近远原则

近远原则是指婴儿的身体中央部位先发展，外围部位后发展。例如，婴儿的躯干先发展，四肢末端后发展。婴儿在出生前，胳膊和腿部先生长，手指和脚趾后生长。婴儿出生后，手臂使用的能力先发展，使用手指的能力后发展。

（3）等级整合原则

等级整合原则是指婴儿先学会简单的技能，在此基础之上才能学会复杂的技能。婴儿先独立发展出一些简单的技能，再将简单的技能整合为复杂的技能。例如，婴儿先发展出控制每个手指的技能，然后学会如何去抓握物品。

（4）系统独立性原则

系统独立性原则是指婴儿的各身体系统有着不同的发展速率。婴儿的各身体系统的发展是相对独立的，一个系统在发展并不代表其他系统也在以同样的速度发展。

2. 婴儿的反射

婴儿出生时就有一些与生俱来的反射行为，这是感受到外界的某些刺激后的自动发生的反应，这有助于婴儿保护自己，适应环境。婴儿的基本反射包括以下几种。

定向反射：当物体触碰到新生儿的脸颊时，婴儿会把头转向该物体。这种反射可以帮助婴儿摄取食物，约在3周后消失。

踏步反射：当扶着婴儿站立时，他们的脚会有迈步的动作，约在2个月后消失。

游泳反射：当婴儿的身体在水里、脸朝下时，会做出双手划水和双腿蹬水的类似于游泳的动作。这种反射可以帮助婴儿避免危险，在4～6个月的时候消失。

巴宾斯基反射：当婴儿的脚掌受到击打时，脚趾会张开。这种反射在8～12个月的时候消失。

惊跳反射：当婴儿面对突然的噪声时会伸出手臂张开手指，背部成弓形。婴儿的这种反射有自我保护的作用，且会随着婴儿的成长以不同的形式保留下来。

眨眼反射：当婴儿面对强烈的光线时会快速眨眼。这种反射可以保护婴儿的眼睛避免光线直射，且会随着婴儿的成长以不同的形式保留下来。

吮吸反射：当物体触碰到婴儿的嘴唇时，婴儿会转过头去吮吸。这种反射有助于婴儿摄取食物，会随着婴儿的成长以不同的形式保留下来。

3. 婴儿粗大运动技能的发展

虽然婴儿还不能熟练地运动，但他们还是可以完成一些动作。例如，当婴儿趴下时，他们的手臂和腿会摆动，或许还会努力抬起头部。婴儿的力量不断增加，逐渐开始撑起自己的身体并向不同的方向挪动。大约到了 6 个月时，婴儿开始可以向特定的方向挪动。这是婴儿学会爬行的基础，婴儿可以通过这种动作来协调自己的手部和腿部。婴儿的爬行一般出现在 8 ～ 10 个月的时候。

大约在 9 个月时，婴儿开始能够借助桌椅来行走。约一半的婴儿 1 岁前就能够走路。

婴儿在学会移动的同时也逐渐学会了坐立。一开始，婴儿可以在支撑物的帮助下坐在位置上。到了 6 个月左右，没有支撑物婴儿也可以坐在地上。

4. 婴儿精细运动技能的发展

婴儿刚出生时就有伸手抓取物体的能力，但这种能力不精确、不完善。3 个月大的婴儿，双手已经可以明显张开，并能够抓住拨浪鼓。随着身体的生长，婴儿精细运动的复杂性也在发展。约 11 个月大的婴儿可以恰当地抓住蜡笔，并能够从地上捡起弹球等物体。婴儿约 2 岁时，已经可以拿起画笔在纸上模仿画画。婴儿抓握技能的发展遵循着一定规律，一开始他们可以用整只手来抓握物品，后来逐渐开始使用"钳形抓握"，即拇指和食指像钳子一样形成一个圈。这样进一步提升了婴儿的抓握能力。

（二）幼儿的身体发育

1. 幼儿粗大运动技能的发展

幼儿大约在 3 岁时已经掌握了蹦跳、跑步等技能。4 ～ 5 岁时，他们的肌肉控制能力飞速发展，运动技能更为精细化。例如，4 岁的幼儿已经可以接到同伴扔来的球并准确地扔给对方。5 岁的幼儿已经可以学会骑自行车、爬梯子等技能。

男孩和女孩的粗大运动发展有着性别差异，男孩的肌肉强度更大，更有力一些。例如，男孩一般跳得更高，将球扔得更远。女孩的肢体协调能力优于男孩。例如，5 岁时，女孩的单脚平衡能力要优于男孩。

2. 幼儿精细运动的发展

和粗大运动相比，幼儿的精细运动更为灵敏，身体活动幅度较小。例如，使用刀叉、弹钢琴、系鞋带等。

幼儿需要大量的练习才能提升自己的精细运动技能。幼儿在 3 岁时已经能够使用蜡笔画出圆圈、方块等形状，能够自己脱衣服，能完成简单的拼图、将木块放入对应形状的孔中。但此时幼儿的精细运动技能可能会缺乏精确性，例如，幼儿可能将木块硬塞到某个孔中。

幼儿在 4 岁时，精细运动技能已有明显提升，他们已经能够学习画画并画出相似的物体，能将纸折叠成三角形。5 岁的幼儿已经可以熟练地使用铅笔。

在婴儿早期，许多儿童就已经习惯更多地使用某一只手，这便是利手。在学前期的末尾，大多数儿童已经明显地表现出利手的倾向，左利手只占 10% 左右，且男孩多于女孩。在过去，一些家长会试图让左利手的孩子改为右利手，但现在，更多的家长或老师会鼓励孩子使用他们习惯使用的手。

第二节 学前儿童心理发展的规律及特点

一、学前儿童心理发展的规律

心理学家通过长期、大量的研究揭示出学前儿童心理发展历程的趋势是：从简单到复杂、从具体到抽象、从被动到主动、从零乱到成体系。

（一）从简单到复杂

学前儿童的心理活动呈现出简单到复杂的发展趋势，又具体表现在以下两方面。

1. 从不齐全到齐全

学前儿童的各种心理过程是在发展过程中逐步形成的，例如，学前儿童刚开始只会模仿语言，逐渐能用语言表达出自己的情感，后面逐渐出现想象和思维各种心理过程。

2. 从笼统到分化

学前儿童最初的心理活动是简单的，后来逐渐复杂和多样化。例如，婴儿的情绪最初只有笼统的喜怒，后面逐渐分化出愉快、喜爱、惊喜、厌恶等各种各样的情绪。

（二）从具体到抽象

学前儿童的心理活动最初是非常具体的，以后越来越抽象和概括化，学前儿童思维的发展过程就典型地反映了这一趋势。学前儿童对事物的理解是具体形象的，例如，学前儿童在早期只能认知具体的苹果、梨、橙子；后面逐渐向更抽象的概念转化，例如，知道水果的概念。

（三）从被动到主动

学前儿童心理活动最初是被动的，以后主动性逐渐得到发展，这种趋势主要表现如下。

1. 从无意向有意发展

新生儿的原始反射是本能活动，对外界刺激的直接反应完全是无意识的。随着年龄的增长，学前儿童逐渐开始出现自己能意识到的、有明确目的的心理活动，逐渐发展到不仅意识到活动目的，还能够意识到自己的心理活动进行的情况和过程。例如，大班幼儿不仅能知道自己要记住什么，而且知道自己是用什么方法记住的，这就是有意记忆。

2. 从主要受生理制约发展到自己主动调节

随着生理的成熟，学前儿童心理活动的主动性也逐渐增强，例如，四五岁的孩子在某些活动中注意力集中，而在某些活动中注意力容易分散，表现出个体的主动选择与调节。

（四）从零乱到成体系

学前儿童的心理活动最初是零散杂乱的，心理活动之间缺乏有机的联系，例如，在看到瓶子倒了水洒了的情况下，幼小儿童可能只能认识到两个单独的事件，但随着年龄增长，他们开始意识到二者之间的联系，即因为瓶子倒了，所以水洒了。

二、学前儿童心理发展的一般特点

（一）心理活动及行为的无意性

学前儿童不能很好地控制和调节自己心理活动和行为的能力，容易受到外界的影响，因而行为表现出很大的不稳定性。

（二）认识活动的具体形象性

学前儿童主要是通过感知和表象来认识事物的具体形象。例如，如果离开实物，仅仅依靠语言向学前儿童讲述一种他们从未接触过的水果，学前儿童则会不能理解。

（三）开始形成最初的个性倾向

3岁前学前儿童已有个性特征，但这些特征是不稳定的，容易受到外界的影响而改变。学前儿童个性表现的范围也比以前广阔，在兴趣爱好、行为习惯、才能方面及对人对己的态度方面，都开始表现出自己独特的倾向，这时的个性倾向虽然还是比较容易被改变，但已为人一生的个性奠定了基础。

第三节　蒙台梭利的儿童发展敏感期

一、蒙台梭利的生平

玛利娅·蒙台梭利（Maria Montessori）是杰出的幼儿教育思想家和改革家，1870年8月31日出生于意大利安科纳地区的基亚拉瓦莱小镇。父亲是贵族后裔，也是一名性格平和保守的军人，母亲是虔诚的天主教徒且博学多识。蒙台梭利从小接受到了良好的教育，从小自律自爱、乐于助人。5岁时，蒙台梭利举家搬到罗马。蒙台梭利的父母并不溺爱她，要求她守纪律，同情和帮助穷苦儿童。因此，年幼的蒙台梭利非常具有同情心。上小学时，蒙台梭利已经开始对老师轻视儿童人格尊严的行为表现出反感。

13岁时，蒙台梭利进入米开朗基罗工科学校就读，并选择了学习数学。中学毕业后，她进入国立达·芬奇工业技术学院，学习现代语言与自然科学。蒙台梭利于16岁进入大学专攻数学，1890年进入罗马大学读生物。因为学习了生物学，蒙台梭利对医学产生了浓厚的兴趣，并决定学习医学。女孩子学医学在当时的社会是一件荒谬的事情，但蒙台梭利不顾周围人的反对，终于获准进入医学院研读。她时常一个人在实验室与死尸独处。虽然家人反对，但这并没有阻碍蒙台梭利前进的步伐，所以练就了惊人的毅力，为她日后献身儿童教育，打下了坚实的基础。26岁时，蒙台梭利获罗马大学医学博士学位，首开女博士之先河。毕业后，她任职罗马大学附属医院精神病临床助理医生，治疗对象为有心理缺陷的儿童，她对儿童的研究也由此开始。

1900年，蒙台梭利担任罗马国立启智学校校长。1904—1908年任罗马大学教育学院自然科学与医学课程教授。1909年，蒙台梭利出版重要著作《蒙台梭利教学法》意文版。1911年，意大利与瑞士的公立学校正式采用蒙氏教学法。巴黎成立了蒙台梭利示范学校，英国也成立学校与蒙台梭利协会。1912年，《蒙特梭利教学法》英译本出版。1914年，荷兰成立了儿童之家，著作《蒙特梭利手册》出版。1917年，两册《高级蒙特梭利教学法》出版。1922年，蒙台梭利受意大利政府任命为学校督导，维也纳成立儿童之家。1926年，蒙台梭利前往南美洲阿根廷演讲。阿姆斯特丹成立蒙特梭利中学。1933年，墨索里尼下令关闭所有蒙特梭利学校。蒙台梭利定居于西班牙，1936年，西班牙内战，蒙台梭利转往荷兰，并出版了《童年的秘密》。国际蒙特梭利协会总部由柏林迁至阿姆斯特丹。1946年，蒙台梭利出版了《新世界的教育》一书。1948年，蒙台梭利出版了《吸收性心智》《了解你的小孩》《发现儿童》等著作，1949—1951年，连续三年被提名为诺贝尔和平奖候选人，1952年5月6日逝世于阿姆斯特丹，享年82岁。

视频3-1 蒙台梭利

二、蒙台梭利的31个儿童发展敏感期

蒙台梭利最伟大的贡献之一，是发现了人的发展也存在敏感期。通过对幼儿自然行为的细致、耐心、系统地观察后，她指出儿童在每一个特定的时期都有一种特殊的感受能力，这种感受能力促使他对环境中的某些事物很敏感，对有关事物的注意力很集中、很耐心，而对其他事物置若罔闻。这种能力与印刻现象十分相似，蒙氏将其称为敏感期。在孩子成长过程中，如果我们对任何一个敏感期进行压抑，都会成为孩子性格成长发育中的缺陷，甚至演变成人性缺点。

儿童敏感期的定义：儿童敏感期是指儿童在连续相接短暂的时间里，会有某种强烈的自然行为。在这期间，孩子对某一种知识或技巧有着非常感觉。敏感期的出现使孩子对环境中的某个层面有强烈的兴趣，几乎掩盖了其他层面，并且会出现大量的、有意识性的活动。在敏感期内施教，事半功倍，可以迅速提高孩子心智的发展。

敏感期很短暂，并且在这特定的时期内，孩子只对一种特定的知识或技能感兴趣，然

后过了这个时期就会消失，不会出现在另一个时期对相同的兴趣点有同样强烈的兴趣。孩子成长过程中的某些时间范围内，他会只对环境中的某一项特质专心，而拒绝接受其他特征的事物，他还会不需要特定的理由而对某种行为产生强烈的兴趣，不厌其烦地重复，直到突然爆发出来某种新的动机为止。下面，我们就细数一下孩子成长过程中有哪些敏感期。

（一）光感的敏感期：0～3个月

特点：刚出生的宝宝对光感非常敏感，这时宝宝需要适应白天和晚上的光线差异，所以白天要拉开窗帘，晚上要关灯睡觉，让宝宝适应自然的光线变化。

建议：可以给宝宝多看黑白图。

（二）味觉发育的敏感期：4～7个月

特点：宝宝自己的口腔可以感觉到甜、咸、酸等味觉。

建议：添加辅食的开始，一定要注意饮食的清淡，保护好宝宝味觉的敏感程度。

（三）口腔的敏感期：4～12个月

特点：这时宝宝喜欢吃手，他在用口进行尝试感觉一些抽象的概念。

建议：请妈妈们给宝宝口腔发育的机会，让宝宝吃个够，不要无情地把宝宝的手从他嘴里拿开。

（四）手臂发育的敏感期：6～12个月

特点：这个时候孩子喜欢扔东西，这是最早的手眼协调发育的标准。

建议：请看护者不要管制宝宝这个行为，让他扔个够。

（五）大肌肉发育的敏感期：1～2岁；小肌肉发育的敏感期：1.5～3岁

特点：喜欢扶、站、努力行走。

建议：2岁的孩子已经会走路，是活泼好动的时期，此时给予他充分的空间，在保证安全的前提下，让他熟悉更多的肢体动作，和他一起做许多游戏运动，使肌肉得到训练，增进亲子关系，并且还能使左右脑均衡发展。在动作敏感期，精细动作的训练不仅有助于养成良好的动作习惯，还可以增长智力。

（六）对细微事物感兴趣的敏感期：1.5～4岁

特点：忙碌的大人常会忽略周围环境中的微小事物，但是孩子常能捕捉到个中的奥秘。他常常会做出一些我们不理解的细小动作，例如，捏起一片掉落的叶子不停地往花盆里插，或是摆弄着花手绢怎么看也不烦，我们不明白的他们却能从中看到更多的奥秘。

建议：此时期正是我们培养孩子对事物学会观察入微的好时机，带着疑问和想法去认知世界。

（七）语言敏感期：1.5～4岁

特点：语言的启蒙始终伴随着婴幼儿，甚至是胎儿期。

建议：大自然赋予了孩子这种能力，从观看爸爸妈妈说话的口型直到突然开口说话，这个过程就是语言敏感期积攒的力量。有些孩子说话晚，如果不是病症，就有可能是环境的影响所致，不管他会不会说话，我们都要不断给他注入"养分"，多和他说话、讲故事，当他需要表达自我感受时，自然就开口说话了。同样，良好的语言教育会使幼儿的表达能力增强，学会与人交往。

（八）自我意识的敏感期：1岁6个月～3岁

特点：区分我的和你的、我和你的界限。主要表现：从开始说"我的"到开始说"不"，到开始打人、咬人，再到模仿他人，渐渐地孩子有了自我意识。这时的孩子出现最多的现象是划分"我的"，以便清除你的，同时通过说"不"使用自我的意志的感觉，"我说了算"是最重要的。如果发生不符合他心思的事情就会大哭大闹，孩子的表现是完全以自我为中心，出现在2～3岁。

建议：当孩子打人咬人时，我们只需制止孩子的行为。对孩子来说，"打死你"这句话只是排除的意思。不要去谴责，也不要去说教，我们要让孩子在不违反规则的情况下形成他的自我。自我意识是所有敏感期中最重要的一个敏感期，因为我们将来要成为什么样的人，我们未来是不是很强大，是否具备一个强大的能力，首先就来自自我意识形成的敏感期，所以保护这个自我意识形成的敏感期，就等于保证了这个孩子未来人格的强大、和谐。

（九）社会规范敏感期：2.5～4岁

特点：开始喜欢结交朋友，喜欢参与群体活动，这就说明孩子进入了社会规范的敏感期。社会规范敏感期的教养有助于孩子学会遵守社会规则、生活规范，以及日常礼节。抓住时机教养，有利于孩子将来遵守社会规范，拥有自律的生活，和他人轻松交往。

建议：和更多的孩子接触。一般孩子2岁半，家长就可以准备让其入园了。幼儿园就是良好的交友环境。

（十）空间的敏感期：3～4岁

特点：喜欢垒高高、三维、钻箱子等。

建议：可以多提供类似的玩具，同时可以趁这个机会学习各种几何图形，为日后学习几何学奠定兴趣基础。

（十一）色彩敏感期：3～4岁

特点：开始对色彩产生感觉和认识，开始在生活中不断寻找不同的色彩。人类认知的发展正是从感觉训练开始的。

建议：给孩子提供多彩的颜料及相关书籍，例如，绘本《中华德育故事》，为日后绘画兴趣奠定基础。

（十二）逻辑思维敏感期：3～4岁

特点：不断追问"为什么""天为什么黑了""为什么会下雨""小朋友为什么要上幼儿园"等。这些问题总是让家长感到应接不暇，可是孩子却不管不顾地打破砂锅问到底。当我们一次一次地给孩子解答时，孩子开始出现了逻辑思维。孩子正是通过这样一问一答，认识客观世界的同时也发展了思维能力。

建议：保护好孩子这份珍贵的好奇心，如果家长不能回答的问题，那么可以和孩子一起学习，这时家里有一套百科全书是非常重要的，因为这时的认知速度是事半功倍的。

（十三）剪、贴、涂等动手敏感期：3～4岁

特点：孩子从这时开始真正有意识地使用工具，这也是大多数孩子建构专注品格的最好机会。无论在教室里还是家里，只要有充分的材料，孩子都非常乐意选择剪、贴、涂等这些工作。从身体发展的角度来看，这也是孩子训练小手肌肉和手眼协调的一项重要工作。

建议：家长要做的，就是给孩子提供所需的材料，并尽量不要打扰专心工作的孩子。

（十四）藏、占有敏感期：3～4岁

特点：开始强烈地感觉占有、支配自己所属物的快乐。孩子只有在完全地拥有物质并可以自由支配时，才可能去探索物质背后的精神，才可能超越对物质的占有。而当这些物品的所有权完全属于孩子自己时，交换就开始了。与此同时，也就拉开了人际关系的序幕。

建议：给孩子提供一个独立的空间，例如，一个属于孩子自己的房间或者区域。在你进入他的房间或者区域时，一定要征得孩子的同意，尊重孩子的空间。

（十五）执拗的敏感期：3～4岁

特点：3～4岁的幼儿进入执拗的敏感期，有些孩子在将要3岁时就提前进入这一敏感期。表现为事事得依他的想法和意图去办，否则情绪会产生剧烈变化，发脾气、哭、闹。这时家长和老师要给孩子足够的耐心和关照，也要学会一些安抚的技巧。

儿童执拗的敏感期，可能来源于秩序感。在建构秩序感这一特殊品质时，儿童的过分需求常常被认为是"任性"和"胡闹"，但我们觉得，用"执拗"这一概念更准确一些。儿童在这一时期常常难以变通，有时会到难以理喻的地步。我们并不知道它的真正原因，但确切地知道，儿童的心理活动一定是有秩序的，当他没有超越这种秩序时，就会严格地执行它。

建议：解决儿童的执拗问题，一是要理解，二是要变通，三是要成功。理解不是特别难，但变通需要智慧和技巧。只有变通得好，才能成功解决问题，才有随之而来的快乐。怎样

掌握变通的技巧是我们一直研究的课题。

要注意的是，幼儿对秩序的要求起初并未达到执拗的程度，一开始他会不安、哭闹，随着自我的逐渐形成，他将这一秩序上升到意识层面，才开始变得执拗、不妥协。

（十六）追求完美的敏感期：3.5～4.5岁

特点：孩子做事情要求完美，端水时洒出一滴就很痛苦、吃的苹果上不能有斑点、厕所白色的便盆不能有任何黄渍、衣服不能少扣子等。接着又上升到对规则的要求：我遵守规则你也必须遵守，人人都要遵守；香蕉皮必须扔到垃圾桶里，没有垃圾桶就必须拿着；红灯亮了，即使马路上一辆车、一个人没有也不能过马路，已经过了必须退回来，退回来也不行，谁叫你这样做了！

建议：尊重孩子，不对孩子做绝对化要求。

（十七）诅咒的敏感期：3～5岁

特点："坏妈妈""打死你"，这些听上去既不文明又有些可怕的言辞，总是出自这个年龄段孩子的嘴里。因为孩子在这时发现语言是有力量的，而最能表现力量的话语就是诅咒，而且成人反应越强烈，孩子就越喜欢说。

建议：忽略、淡化，不要在意孩子的语言，这并不是他真的想表达的，慢慢等待这个阶段过去。

（十八）打听出生敏感期：4～5岁

特点：孩子往往在这个时期开始询问自己从何处来，并且一遍又一遍地问。成人的回答不能有一丝的马虎，因为这是孩子安全感最早的来源，也是人类最古老的一个哲学问题：我从哪里来？

建议：家长认真地拿出百科全书，将生命形成的全部过程科学地讲给孩子听。

（十九）人际关系敏感期：4.5～6岁

特点：从一对一交换玩具和食物开始，到寻找相同情趣的伙伴并开始相互依恋，从和许多小朋友玩到只和一两个小朋友交往，孩子自己经历了人际交往的全过程，而这种交往智能是与生俱来的。

建议：家长可以给一些人际关系相处方法的引导，不过身教大于言传。

（二十）婚姻敏感期：4～5岁

特点：在人际关系敏感期后，孩子便真正展开了婚姻的敏感期。最早的时候孩子会想要和爸爸、妈妈"结婚"。之后，他们就会"爱上"自己的老师或者其他的成人。一直到5岁左右，他们才会"爱上"一个小伙伴，例如，只给自己喜欢的孩子分享好吃的东西，而且经常在一起玩,产生矛盾时也不愿意让其他人干预等。总之，他们想拥有属于自己的空间。

建议：无论孩子想结多少次婚，喜欢多少朋友，家长都一定要给孩子自由的空间。

（二十一）审美敏感期：5～7岁

特点：审美是对自己的形象有了自己的愿望和审美标准，尤其女孩子，对自己的衣着和服饰产生起浓厚兴趣。

建议：孩子到了审美敏感期时总是喜欢化妆。当然，在成人眼里这些"妆"化得很离谱，但女孩子总是热情不减，并且总在人面前走来走去展示，直到得到你的夸奖之后，她们才会带着满足的神情离开，转身又会到别的人面前展示。除了化妆，女孩子还喜欢漂亮的裙子和鞋子，并且要按照自己的想法穿着和打扮。在这个时候，孩子需要的是成人的肯定。我们无须对美做任何评判。

（二十二）身份确认敏感期：4～5岁

特点：孩子们会给自己一个又一个身份。这种现象是因为孩子开始崇拜某一偶像，希望自己就是那个偶像。在幼儿园里，经常有穿着白雪公主服装的小朋友，你必须叫她白雪公主她才答应你。在这个身份确认的过程中，我们可以观察到他们开始透过自己的偶像来表达自己。

建议：可以在家里进行角色扮演游戏，孩子会很感兴趣，说不定你就培养出一个艺术家呢！

（二十三）性别敏感期：4～5岁

特点：大概4岁的孩子最重视的就是谁是男孩谁是女孩。如果有人去洗手间，他们一定要跟着去，原因是想观察到底是男孩还是女孩。

建议：孩子对身体的探索和认识来自观察，成人在给孩子解释时，态度必须客观和科学，就如同认识自己的眼睛、鼻子、嘴一样。当然百科全书这时是最好的工具了。

（二十四）数学概念敏感期：4.5～7岁

特点：孩子到了4岁多时，总是喜欢问：这是几个，现在是几点，有几个人？这是因为孩子对数名、数量、数字产生了浓厚的兴趣。但是这时的孩子还不能完全理解逻辑，他们只能够将数名、数字、数量配上对。

建议：这是孩子数学智能的最初发展，而只有三位一体地掌握，才算掌握了数的概念。这时可以让孩子帮助家里买一些日用品，通过花钱锻炼数字能力及经济能力。

（二十五）认字敏感期：5～7岁

特点：这是孩子第一次接触符号，我们的方法是给孩子一些文字卡片，让孩子把动作和看到的文字配合起来去学习文字。

建议：在这个阶段，孩子只能宏观地认识文字，也就是一个整体的形象，还不能够分解字的笔画，也达不到书写。孩子也会对自己熟悉的某些文字感兴趣，例如，他们会发现自己名字里的字在别的地方出现。

（二十六）绘画和音乐敏感期：4～7岁

特点：这是人生来俱有的智能。绘画是孩子最会使用的一种语言，他们从涂鸦开始一直到可以表达自己的感受，整个过程都是一种自然的展现。而孩子在妈妈的肚子里就开始了听觉的发展，1岁多的孩子就能够跟着音乐的节奏扭动自己的身体，音乐是人类的语言，孩子天生就具有最高级的艺术欣赏能力。

建议：在这个敏感期的发展上，我们只要能够给孩子提供一个高品质的环境，就可以帮助孩子的发展。

（二十七）延续婚姻敏感期：5~6岁

特点：5岁以后的这个敏感期是前一个婚姻敏感期的延续。这时的孩子选择伙伴的倾向性非常明显，并且知道了一些简单的婚姻规则，例如，只有相爱的人才能结婚等。

建议：给予孩子一个包容、自由的成长环境，加以积极引导。

（二十八）社会性兴趣发展的敏感期：6~7岁

特点：孩子0~6岁的发展是一个人宏观发展的微观缩影，到了6岁他们就开始积极地了解自己和他人的基本权利，喜欢遵守和共同建立规则，形成合作意识。例如，选举班长，实现自我管理，监督上课的时候谁没有进教室，吃饭前谁没有洗手，哪个孩子没有遵守幼儿园的规则……这些都是他们十分关心的事情。

建议：可以让孩子多参加一些社会活动，包括公益性的活动，例如，捡垃圾活动、自己做手工义卖捐助活动等。这个时期是培养孩子社会责任感的良好时机。

（二十九）数学逻辑的敏感期：6~7岁

特点：数学逻辑的敏感期和数学概念的敏感期是有区别的。孩子在完成了对数字、数名、数量的认识之后，开始对数的序列、概念及概念间的关系产生兴趣。

建议：可以通过蒙特梭利的数学教具让孩子学习加减乘除法，这种方法学习的是数学的逻辑而不是简单的记忆。

（三十）动植物、科学实验、收集敏感期：6~7岁

特点：孩子开始热烈地吸收一切来自自然界的知识。孩子们对自然的探索兴趣比我们想象的要强烈得多。孩子在6岁前，总是能保持好学、好奇的品质。

建议：给孩子创造更多的机会观察大自然。

（三十一）文化敏感期：6~9岁

特点：幼儿对文化学习的兴趣，起于3岁；而到了6~9岁则出现想探究事物奥秘的强烈需求。因此，这个时期孩子的心智就像一块肥沃的土地，准备接受大量的文化播种。

建议：家长可在此时提供丰富的文化资讯，以本土文化为基础，延展至关怀世界的大胸怀。

以上31个敏感期基本可以涵盖孩子成长中的主要阶段。

经历敏感期的小孩，其身体正受到一种神圣命令的指挥，小小心灵也受到鼓舞。敏感期不仅是幼儿学习的关键期，也影响其心灵、人格的发展。因此，成人应尊重自然赋予儿童的行为与动作，并提供必要的帮助，以免错失一生仅有一次的特别机会。

> **【知识窗】**
>
> ### 印刻实验
>
> 关键期的研究始于奥地利动物习性学家劳伦兹（洛伦兹）。劳伦兹在研究刚出生的小鹅的行为时发现，小鹅在刚出生的20小时以内，会追随第一次见到的活动物体，并把它当成"母亲"。当小鹅第一个见到的是鹅妈妈时，就跟鹅妈妈走；而当小鹅见到的是劳伦兹时，就会跟劳伦兹走，并把他当成"母亲"。后来，劳伦兹又发现，如果在出生后20小时内不让小鹅接触活动物体，过了一两天后，无论是鹅妈妈还是劳伦兹，小鹅都不会跟随，即小鹅这种认母行为丧失。劳伦兹把这种无须强化的，在一定时期容易形成的反应叫作"印刻"现象。"印刻"现象发生的时期叫作"发展关键期"。

【真题演练】

一、选择题

1. 下列符合儿童动作发展规律的是（　　）。【2018年上《保教知识与能力》真题】
   A. 从局部动作发展到整体动作　　B. 从边缘部分动作发展到中央部分动作
   C. 从粗大动作发展到精细动作　　D. 从下部动作发展到上部动作
2. 大班幼儿认知发展的主要特点是（　　）。【2020年下《保教知识与能力》真题】
   A. 直觉行动性　　　　　　　　　B. 具体形象性
   C. 抽象逻辑性　　　　　　　　　D. 抽象概括性
3. 某一时期，儿童学习某种知识和形成某种能力比较容易，心理某个方面的发展最为迅速，儿童心理发展的这个时期称为（　　）。【2022年下《保教知识与能力》真题】
   A. 反抗期　　　B. 敏感期　　　C. 转折期　　　D. 危机期

二、案例分析题

"敏感期"现在已成为幼儿教育领域一个很重要的概念，被越来越多的幼儿园老师所熟悉甚至运用。张老师是某幼儿园的副园长，她认为敏感期是婴幼儿成长阶段中身心的某方面发展非常迅速的关键时期，具有重要的意义和价值，如果错过了敏感期，就意味着婴幼儿身心的某方面不能再发展了。

问题：请你结合相关学前儿童发展理论，对张老师的观点进行评析。

篇章二

认知发展

第四章　学前儿童的感知觉

思维导图

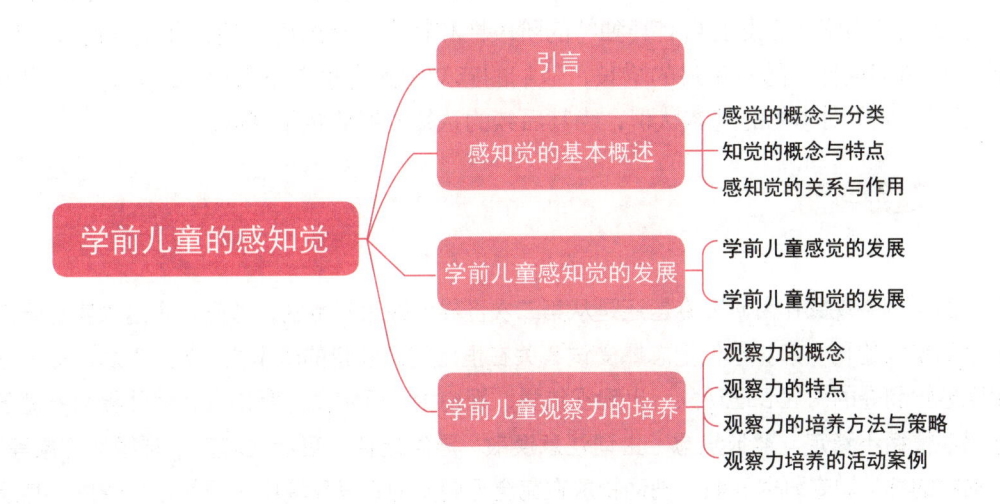

```
                                        ┌─ 引言
                                        │
                                        │                    ┌─ 感觉的概念与分类
                                        ├─ 感知觉的基本概述 ──┼─ 知觉的概念与特点
                                        │                    └─ 感知觉的关系与作用
                学前儿童的感知觉 ───────┤
                                        │                      ┌─ 学前儿童感觉的发展
                                        ├─ 学前儿童感知觉的发展┤
                                        │                      └─ 学前儿童知觉的发展
                                        │
                                        │                        ┌─ 观察力的概念
                                        │                        ├─ 观察力的特点
                                        └─ 学前儿童观察力的培养 ─┤
                                                                 ├─ 观察力的培养方法与策略
                                                                 └─ 观察力培养的活动案例
```

内容提要

感知过程是个体产生和个体成熟的最早的心理过程，个体通过这一过程来认识自身和外部世界，本章讲述学前儿童的感知觉。

学习目标

1. 知识目标：了解感知觉的含义。
2. 能力目标：掌握学前儿童各个年龄阶段感知觉发展的特点。
3. 素质目标：了解感知觉的分类。

第一节 引　言

学前儿童期，是生命旅程中一段充满好奇与探索的时期，也是感知觉能力迅猛发展的黄金阶段。感知觉，作为儿童认知世界的门户，不仅是他们获取外界信息的主要途径，更是其思维、情感、社会性发展的基石。因此，深入了解学前儿童感知觉发展的规律与特点，对于促进其全面发展具有至关重要的意义。

感知觉，简单来说，就是人脑对直接作用于感觉器官的客观事物的反映。它包括感觉和知觉两个过程。感觉是人脑对事物个别属性的反映，例如，视觉、听觉、嗅觉、味觉、触觉等；而知觉是人脑对事物整体属性的反映，它是在感觉的基础上形成的。学前儿童的感知觉发展，不仅影响他们对世界的认识和理解，更对其后续的学习、生活产生深远影响。

学前儿童的感知觉发展具有其独特的阶段性和特点。从出生开始，儿童就通过各种感觉器官来感知世界，随着年龄的增长，他们的感知觉能力也在不断提高。在这一过程中，儿童逐渐形成了对事物的基本认识，为其后续的认知发展奠定了基础。

【知识窗】

感觉剥夺实验

感觉剥夺现象作为研究专题还是从第二次世界大战后开始的，首先从事这项实验研究的是加拿大的科学家。他们把志愿受试者关在恒温密闭隔音的暗室内。7天之后，受试者出现感觉剥夺的病理心理现象：出现视错觉、视幻觉，听错觉、听幻觉；对外界刺激过于敏感，情绪不稳定，紧张焦虑；主动注意涣散；思维迟钝；暗示性增高；神经症征象等。对动物的感觉剥夺研究表明，把动物放在完全无刺激的寂静环境中，损伤动物健康，甚至引起死亡。

本章将围绕学前儿童感知觉发展的重要性、基本概述、具体发展及学前儿童观察力的培养等方面展开阐述，以期为学习者提供一份全面、深入的学前儿童感知觉发展指南。

第二节　感知觉的基本概述

在深入探讨学前儿童感知觉发展之前，我们先对感知觉这一概念进行基本的概述，以便更好地理解其在儿童成长过程中的作用。

一、感觉的概念与分类

感觉，作为心理活动的基础，是人类通过感觉器官（例如，眼、耳、鼻、舌、身等）接收外界刺激，并在大脑中产生对客观事物的个别属性的反映。根据感觉器官的不同，我们可以将感觉分为外部感知觉和内部感知觉两大类。

外部感知觉：主要包括视觉、听觉、嗅觉、味觉和触觉，它们分别对应着我们的眼睛、耳朵、鼻子、舌头和皮肤等感觉器官。这些感觉器官接收来自外部环境的刺激，例如，光线、声音、气味、味道和触觉信息，并将其转化为神经信号传递给大脑进行处理。

内部感知觉：包括平衡觉和本体觉。平衡觉主要依赖内耳的前庭器官，负责感知身体的平衡状态和运动方向；本体觉则通过分布在肌肉、关节和内脏中的感觉神经末梢，感知身体的姿势、运动状态和内部器官的变化。

二、知觉的概念与特点

知觉是在感觉的基础上产生的，是大脑对客观事物的整体属性的反映。与感觉相比，知觉具有更高的组织性和概括性，能够形成对事物的整体印象和认识。知觉的特点主要有以下几个。

整体性：知觉是对事物整体的反映，而不是对事物个别属性的简单相加。例如，当我们看到一张桌子时，我们不仅会感知到桌子的颜色、形状和质地等个别属性，还会将这些属性整合在一起，形成一个完整的桌子形象。

选择性：知觉具有选择性，即人们会根据自己的需要和兴趣，从众多刺激中选择出对自己有意义的刺激进行加工和处理。例如，在嘈杂的环境中，我们能够选择性地听到自己感兴趣的声音或谈话内容。

恒常性：知觉的恒常性是指当客观事物的某些属性在一定范围内发生变化时，我们的知觉映象仍然能够保持不变。例如，一个红色的苹果在不同的光线下看起来颜色可能会有所不同，但我们的知觉映象仍然会将其识别为红色苹果。

适应性：知觉的适应性是指人们能够根据环境的变化调整自己的知觉方式，以适应新的环境刺激。例如，在黑暗的环境中，我们的眼睛会逐渐适应低光环境，提高暗适应能力，以便更好地感知周围环境。

三、感知觉的关系与作用

感知觉是相互依存、密不可分的。感觉是知觉的基础，为知觉提供必要的信息；知觉则是对感觉信息的整合和加工，形成对事物的整体认识。感知觉共同构成了儿童对世界的认识基础，对儿童的思维、记忆、情感等发展具有重要影响。

具体来说，感知觉发展对儿童的影响主要表现在以下几方面：

思维发展：感知觉是儿童思维发展的基础。儿童通过感知觉获取外界信息，逐渐形成对事物的认识和理解。感知觉的发展水平直接影响儿童思维的深度和广度。

记忆发展：感知觉是儿童记忆形成的重要途径。儿童通过感知觉活动将外界信息存储在大脑中，形成长期记忆。感知觉的发展水平影响儿童记忆的准确性和持久性。

情感发展：感知觉是儿童情感发展的基础。儿童通过感知觉活动体验外界事物带来的情感刺激，逐渐形成对事物的情感态度和情感反应。感知觉的发展水平影响儿童情感的丰富性和稳定性。

在学前儿童教育中，我们应充分重视感知觉的发展，通过提供丰富的感知觉刺激和活动机会，促进儿童感知觉能力的全面发展。

第三节　学前儿童感知觉的发展

一、学前儿童感觉的发展

（一）视觉的发展

1. 视敏度

视觉敏锐度是指学前儿童分辨细小物体或远距离物体的细微部分的能力，也就是人们通常所称的视力。

有人认为学前儿童年龄越小视力越好，事实上并非如此。幼儿前期到幼儿晚期，儿童的视觉敏锐度由低到高发展着。例如，研究者对4~7岁的学前儿童进行了调查，应用一种视力测试图，图上有许多带有小缺口的圆图，测量学前儿童站在什么距离可以看出圆图上的缺口。调查的结果是：4~5岁学前儿童平均距离2.1米才能看出缺口，5~6岁学前儿童则可距2.7米看出缺口，6~7岁学前儿童则可距3米看出缺口。如果把6~7岁学前儿童的视觉敏锐度的发展程度作为100%，则5~6岁学前儿童为90%，而4~5岁学前儿童为70%。可见，随着年龄的增长，视觉敏锐度也在不断提高。不过，发展速度是不均衡的，5~6岁和6~7岁的学前儿童视觉敏锐度的水平比较接近，而4~5岁和5~6岁学前儿童的视觉敏锐度的水平相差较大。因此，为学前儿童准备读物教具时，应当注意视觉敏锐度的发展。例如，年龄越小，字、画应该越大，不要让学前儿童看画面或字体很小的图书，上课时，也不要让他们坐在离图片或实物太远的地方，以免影响学前儿童的视力和教育效果。

有实验证明，学前儿童通过有兴趣的活动（例如，"猜中"类型的游戏），可以有效地提高视觉敏锐度。学前初期可以平均提高 15%～20%，学前晚期可以提高 30%。

2. 辨色能力

幼儿初期的学前儿童已经能够初步辨认红、黄、绿、蓝等基本色。但在辨认混合色与近似色，例如，橙与紫、橙与黄、蓝与天蓝等，往往出现困难。同时，他们也难以完全正确地说出颜色的名称。

幼儿中期的大多数学前儿童已能区分基本色与近似色，例如，黄色与淡棕色。他们能够经常地说出基本色的名称。

幼儿晚期的学前儿童不仅能认识颜色，画图时还能运用各色颜料调出需要的颜色，而且能经常正确地说出黑、白、红、蓝、绿、黄、棕、灰、粉红、紫、橙等颜色名称。

我国研究者应用配对（按具体的颜色样本去找出相同颜色）、指认（按主试说出的色名称去找出具体的颜色）、命名（说出颜色的名称）三种辨认方式，研究学前儿童辨色能力，结果如下：

（1）学前儿童正确辨认颜色的百分率和正确辨认颜色数，随年龄班升高而增长。

（2）学前儿童正确辨认颜色的百分率，因年龄班、颜色、辨认方式不同而有差异。

（3）学前儿童辨认颜色主要在于能否掌握颜色名称，假如混合色有明确的名称，例如，淡棕、橘黄，学前儿童同样可以掌握。

（4）学前儿童辨认颜色之所以发生错误，可能是因为辨色能力没有很好地发展，也可能是因为"注意力不集中"或"不仔细区辨"等。

（5）学前儿童对某些颜色，例如，群青、天蓝、古铜等，之所以不能认或不善辨认，并非完全是因为缺乏辨色能力，主要是因为在生活中接触机会少，成人也没有做有意识的指导。

研究者根据实验结果，建议在教育中要注意指导学前儿童掌握明确的颜色名称：通过近似色的对比指导学前儿童辨认，使学前儿童多接触各种颜色，并经常教育学前儿童做精确辨认。学前儿童辨色能力的发展，对学前儿童的生活、学习都有影响。我国研究表明，幼儿前期的学前儿童认识物体，百分之百地按照物体的形状选择。进入幼儿后期，逐渐按照物体的颜色选择，学前儿童认识物体首先注意的不再是形状，而开始转为颜色。直到 6 岁后，学前儿童比较两个物体时才同时注意颜色和形状两种属性，两个物体必须颜色和形状都相同才算相同。以上可以表明，颜色的感知在幼儿期的重要作用，老师必须重视学前儿童辨色能力的发展。

幼儿园必须为学前儿童提供色彩丰富的环境。在教学和游戏中，老师应指导学前儿童认识和辨别各种色彩并调配各种颜色，同时把颜色名称教给学前儿童。这样对学前儿童辨色能力的发展将有直接的促进作用。

（二）听觉的发展

听觉是个体对声音的高低、强弱、品质等特性的感觉。现代心理研究发现，新生儿具有明显的听觉能力，而且胎儿也有明显的听觉反应。一般来讲，婴儿在刚出生时，听觉的发展水平高于视觉。

一般来说，婴儿听力的发展可以分为三个阶段。0～4个月为第一个阶段。科学家沃夫（Warf）曾做过实验，结果发现出生2周的婴儿，听到大人的声音会停止哭喊，但听到摇铃声音却不会停止哭喊。这说明孩子已经能分辨出人的语音和一般声音了。孩子到3个月就可以区别男声和女声，听到和蔼可亲的话语会发出微笑，或发出呜呜声表示满意，听到严厉的语调会显出害怕的表情。到了4个月，婴儿就会转头用眼睛来寻找说话的人，有时还会安静地倾听母亲的娓娓细语。对于孩子来说，这是一种很好的享受。

5～8个月是听力发展的第二个阶段。婴儿开始把语言和具体说话的人联系起来，能辨认出父亲、母亲及其他人的声音，并对不同声音做出不同的反应。更重要的是，这一阶段的孩子已经能把一定的语音和一定的实物联系起来。大人说"灯灯、椅椅、电视"，孩子会转头看这些物品，有的还能用手指，这说明孩子已经能听懂某些词语了。

9～12个月是孩子全面理解语言的阶段。家里常见的物品，他们都可以根据大人的声音加以辨认；家里常来的客人，他们也可以根据名称来辨认。这说明孩子能听懂的词越来越多了。同时，孩子对简单的句子也能理解了。大人说"再见"，他就会招手；大人说"望月亮"，他就会抬头看月亮；大人说"狗狗来了"，他就会赶快把头埋在人怀里。这段时间里，有的孩子还能理解比较复杂的句子。

婴儿的言语听觉敏锐度随年龄而提高，听觉影响婴儿言语和思维的发展，应注重保护婴儿的听觉器官，注重训练婴儿的听觉辨别能力。

（三）嗅觉的发展

嗅觉感受器位于鼻腔顶端一个很小的部位，新生儿能区分好几种气味。有研究者把婴儿放在一个记录活动水平的稳定性量器上，婴儿肚部有测量呼吸的呼吸描记器，然后用棉花签粘上有气味的物质放在婴儿鼻下10分钟，新生儿闻到气味后，呼吸就会加快，动作也会增多。该实验表明，新生儿已能分辨这种气味。还有一些研究告诉我们，新生儿对气味的空间定位也相当敏感，他们回避令人不愉快的气味的次数要多于朝向这种气味的次数。另外有研究表明，出生1周的婴儿已能识别母亲的气味和其他人的气味。实验者把两个吸奶母亲用过的胸垫分开放在婴儿头部的上方，结果发现婴儿转过头来注视他们母亲用过的胸垫的次数多于陌生母亲用过的胸垫。这就是说，在出生后短短的几天内，婴儿已会认识自己母亲的气味。灵敏的嗅觉有其重要的生物学意义，它可以保护婴儿免受有害物质的伤害。同时，早期发达的嗅觉还可以指导婴儿了解周围的人和事物，而且嗅觉的发展会相当稳定，一个人在6～94岁期间嗅觉保持了相当高的一致性，少有嗅觉下降的证据。

（四）触觉的发展

触觉是婴儿第一个"程"过来的感觉。每个婴儿都会通过对轻重、尖钝、冷热等感觉刺激的体会来探索世界。

婴儿的触觉表现包括触觉辨识和触觉防御两种。触觉辨识能力能够让婴儿累积软硬、冷热不同材质的经验；触觉防御能力则可以帮助婴儿了解环境的安危，进而保护自己。

0~2个月：新生婴儿的触觉已经很敏感，在嘴边、眼睛、前额、手掌和脚底等部位尤其明显，所以当母亲用乳头或手等轻触婴儿口唇或口周皮肤时，他马上就会出现吸奶动作并将脸转向被触碰的一侧寻找乳头或手。当母亲试图用手翻开婴儿眼皮时，他就会使劲把眼闭得紧紧的。

3~6个月：婴儿嘴上的神经末梢发育要多于指尖，探测物品的灵敏度也最高。因此，在婴儿6个月之前，会更多地利用嘴来感觉周围的环境，例如，不断地啃自己的小拳头，喜欢安抚奶嘴等。不得不承认，很多人有喜欢咬指甲、笔头之类的坏习惯，都和这个时期有很大关系。

7~12个月：婴儿开始进入自主爬行期，因为会经常使用手掌到处探索，所以手的触觉锐度会得到极大加强。婴儿会喜欢伸手拿玩具，触摸不同形状、不同质感的东西，并慢慢记住它们之间的不同。母亲可以用各种不同质地的布，例如，灯芯线、麻布、丝等做成一块块小垫子，让婴儿用手摸一摸。过不了多久，婴儿就能对号入座了。

触觉在3岁前儿童的认识活动中占主导地位，随后触觉逐渐与视听觉紧密结合。到幼儿期，触觉在认识发展中的地位逐渐下降，并让位给视觉和听觉。

（五）味觉的发展

味觉是选择食物的重要手段，是婴儿出生时最发达的感觉。婴儿能以面部表情和身体活动等方式对甜、酸、苦、辣四种基本味道做出反应。这表明，他们已具有了辨别的能力。早在1932年，詹森（K.Jensen）就利用吸吮反应的变化研究新生儿的味觉，发现新生儿对水、葡萄糖和各种盐溶液的吸吮反应跟对牛奶的反应并不相同，并且他们的吸吮反应还伴随盐溶液浓度的变化而变化。近年来，有些心理学家进一步确定新生儿还能区分不同浓度的糖溶液，他们为了品尝甜的味道甚至还放慢吸吮频率。婴儿在出生最初几天就存在味觉的性别差异，女婴比男婴更喜欢甜味。人类味觉在婴儿期最发达，以后逐渐衰退。味觉是新生儿最发达的感觉，因为它具有保护生命的价值。

（六）运动觉的发展

婴儿在感知世界时，除了依靠人们常说的"五官"，即视觉、听觉、触觉、味觉、嗅觉，还有一个不易被察觉到的"第六感官"，即运动觉。运动觉也称动觉，是主体辨别自身姿势和身体某一部位的运动状态的内部感觉，与其他感觉系统都有着密切的联系。视觉运动系统的建立是视觉的根本保证，没有运动觉与其他感觉的结合来协调活动，就不可能形成清晰的视觉映象；言语运动觉对声带、舌的调节是正常言语活动的重要保证，否则人便无法感知语音；四肢的随意运动更是离不开运动觉的信息反馈调节。父母经常抱着婴儿轻轻摇晃或者将婴儿依靠在肩上进行安抚，这比让他们躺在婴儿床上更容易接收周围的信息，进而更容易获得运动觉的早期经验。然而，有些父母将婴儿抱在手里不停地招晃，或将婴儿放在招篮里不停地晃动，甚至将婴儿抛向空中的举动都是不可取的。过度地摇晃会使婴儿大脑受伤，变得反应迟钝。刚吃饱奶的婴儿被摇晃还会吐奶，甚至呛入气管。因此，父母切忌过度摇晃婴儿，以免对他们造成不必要的伤害。

（七）平衡觉的发展

平衡觉又称静觉，是由于人体重力方向发生变化刺激前庭感受器而产生的感觉。它和人体的位置、身体的平衡状态密切相关。人们对自身头部和身体的移动、上下升降及翻身、倒置等运动的辨别，都是依靠平衡觉进行的。平衡觉对保持身体平衡有重要作用，尤其是在乘船、乘车、乘飞机和跳伞、跳水的时候。当前庭器官受到强烈刺激时，人们会产生恶心、呕吐等现象，平衡能力主要来自骨架和中枢（脊）神经的功能，并在中耳的半规管组成辨识神经体系，以协调身体和地心引力之间的平衡。学前儿童这种能力的发展是从母体的胎位变化开始的，新生儿由平躺、翻身、七坐八爬，直至站立起来，以及能够灵活地运动大小肌肉，都是在平衡觉的调节下进行的。

（八）机体觉的发展

身体内部的机体觉不属于人体的某一器官，机体觉通过关节、肌肉、肌腱、内脏和运动系统获得。有了机体觉，个体就能知道自己的位置，知道自己处于运动状态还是静止状态，知道自己身体所处的方向，还具有重量的感觉等。总的来说，机体觉的感觉是多种多样的，例如，饥渴感、舒适感、厌倦感、身强或体弱感、轻松或疲惫感、兴奋感、压抑感，以及其他各种难以用具体言语来表达的感觉。不过，与机体觉有关联的各种感觉并不都是机体觉自己接收到的，大部分感觉还是通过听觉、视觉和触觉获得的。婴儿一出生就具有了机体觉。

二、学前儿童知觉的发展

婴儿出生的前半年，主要是通过各种感觉去认识事物，以后随着动作的发展，视觉、听觉、触觉等之间会建立多种联系。到 1 岁时，他们产生了对复合激的反应，这就是知觉。知觉是对感觉信息的解释过程，即对感觉输入的信息赋予意义。学前儿童知觉的发展可分为空间知觉的发展与时间知觉的发展。

（一）空间知觉

空间知觉指对客体的空间位置、空间特性及空间关系的知觉。学前儿童空间知觉的发展主要表现在方位知觉的发展、深度知觉的发展、大小知觉的发展和形状知觉的发展等方面。

1. 方位知觉的发展

方位知觉是人们对自身或客体在空间的方向和位置关系的知觉，是借助一系列参考系或仪器，靠视、听、嗅、动、触摸、平衡等感觉协同活动来实现的。上下两个方向以天地位置为参考，东、南、西、北的方向以太阳的升落、地球磁场、北极星为定向依据，而前、后、左、右完全以知觉者自身的面背朝向为定向依据。在正常情况下，人主要靠视听进行方向定位。

新生儿一出生就有听觉定位能力，他们能够对来自左边的声音向左侧看或者转头，对来自右边的声音则向右侧看或者转头，这是辨别空间方位的开始。研究发现，6 个月以前的婴儿在黑暗中能够依靠听觉指导去抓物体。例如，让婴儿坐在黑暗的房间里，在他面前放一个发出响声的东西,婴儿能准确地抓住它。如果东西在他的正前方,他的抓握则更为准确,原因是正前方发出的声响同时到达双耳。学前儿童对上下、前后、左右等方位的认识要经历一个较长的发展过程。一般来说,3岁能正确辨别上下方位,4岁能正确辨别前后方位,5岁开始能以自身为中心辨别左右方位。但仍有部分学前儿童6岁不能准确辨别以自身为中心的左右方位,7~8岁才能够以客体为中心辨别左右。5岁时学前儿童的方位知觉有跃进倾向,并且学前儿童方位知觉发展早于方位词的掌握。当学前儿童还不能很好地掌握左右方位的相对性和方位词时,幼儿园老师往往把左右方位词与实物结合起来。例如,在一次游戏活动中,小班的李老师对小朋友们说,"请你们举起右手",小朋友们都不知所措。王老师见状忙说,"请你们举起拿勺子的那只手",小朋友们马上做到了。左右知觉的困难可能会给学前儿童的学习带来麻烦,所以方位知觉的发展是学前儿童入学准备的重要内容。由于幼儿园的学前儿童只能辨别以自身为中心的左右方位,幼儿园老师面向学前儿童做示范动作时,其动作要以儿童的左右为基准,这就是俗称"照镜子式"的示范。

2. 深度知觉的发展

深度知觉是对同一物体的凹凸程度或者不同物体的远近程度的知觉,是距离知觉的一种。为了了解婴幼儿深度知觉的发展状况,吉布森和沃克设计了"视崖"实验。实验表明,6个月大的婴儿有深度知觉,9个月的婴儿已经能够分辨深浅。坎波斯和兰格(Campos & Langer,1970)采用更灵敏的技术研究婴儿的深度知觉。他们选取了2~3个月大甚至更小的婴儿作为实验对象。结果发现,当把幼小的婴儿放在深滩边时,婴儿的心率会减慢,而放在浅滩边则不会有此现象。这表明,婴儿是把悬崖作为一种好奇的刺激来辨认。但如果把9个月的婴儿放在悬崖边,婴儿的心率会加快。这是因为经验已经使他们产生了害怕的情绪,并说明深度知觉的发展受经验的影响比较大。婴幼儿的深度知觉是随着经验的丰富而逐步发展的。

【知识窗】

视崖实验

视崖实验,是用来评估婴儿深度知觉的一种能够产生深度幻觉的平台式装置。美国心理学家沃克和吉布森(R.D.Walk & E.J.Gibson)设计首创的视觉悬崖是一种用来观察婴儿深度知觉的实验装置,如图4-1、图4-2所示。

图4-1　　　　　　　　　图4-2

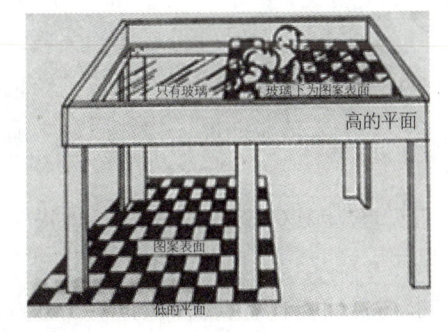

3. 大小知觉的发展

婴儿已经有知觉大小的能力和大小知觉的恒常性。2～3岁的学前儿童已经能够按语言指示拿出大皮球或小皮球，3岁以后判断大小的精确度有所提高。据研究，1～3岁的学前儿童是辨别平面图形大小能力急剧发展的阶段。对图形大小判断的正确性要依赖图形本身的形状而定，学前儿童判断圆形、正方形和等边三角形的大小比较容易，而判断椭圆形、长方形、五边形等大小有困难。

经韩凯、林仲贤的实验证实，不同感觉渠道在学前儿童大小知觉中的作用是不同的。实验表明，各个年龄组的学前儿童"视一视"及"触一触"的大小知觉结果都比较差。实验结果还表明，学前儿童的视觉、触觉、大小知觉有其发展变化的特点。单一感觉渠道"视一视""触一触"的大小知觉的准确性随着年龄的增长而提高，交叉不同感觉渠道"视一触""触一视"的大小知觉的准确性在5岁阶段为高峰期，6岁后便开始有所下降。

4. 形状知觉的发展

形状知觉是对物体的轮廓及各部分的组合关系的知觉，学前儿童很小就能分辨不同的形状。范兹的视觉偏好研究表明，3岁学前儿童基本上能够根据范样找出相同的几何图形，并且当视觉、触觉和动作相结合时，学前儿童对几何图形的感知效果比较好。对于学前儿童来说，不同几何图形辨别的难度有所不同，由易到难的顺序是：圆形→正方形→半圆形→长方形→三角形→五边形→梯形→菱形。学前儿童形状知觉能力的发展主要呈现以下趋势：一是形状辨别能力逐渐增强，不仅能区分形状明显不同的物体，而且开始区分形状相似或者仅有细微差别的事物；二是开始认识基本的几何图形，并逐渐掌握几何图形名称；三是将所掌握的几何图形概念运用于知觉过程，使形状知觉概括化。

（二）时间知觉

时间知觉是对客观现象的延续性和顺序性的反应。人类没有专门的感知时间的分析器，对时间的衡量是通过一定的标准来反映的。这些衡量标准既来自外部，也来自内部。外部信息包括钟表、日历等计时工具，也包括自然界的周期性变化，例如，太阳的升落、昼夜的交替、季节的变化等。内部标准可以是机体内部的有节奏的生理过程和心理活动，例如，有规律的心跳、有节奏的呼吸等。3岁之前的学前儿童主要依靠生理上的变化来体验时间，例如，婴儿到了吃奶时间会自己醒来或开始哭喊，这就是婴儿对吃奶时间的条件反射。此后，学前儿童逐渐开始借助具体的生活经验（作息制度、有规律的生活事件等）和环境信息（自然界的变化等）来体验时间；再往后，学前儿童开始借助计时工具或其他反映时间的媒介认识时间。

学前儿童进入幼儿园这一活动本身，能促进学前儿童时间知觉的发展。学前儿童知道要快些吃饭，早些去幼儿园，星期天不上幼儿园等。但学前儿童时间知觉的发展水平比较低，原因是时间知觉没有直观的物体供分析器去直接感知，不像空间知觉那样有具体的依据。另外，表示时间的词又往往具有相对性，这对于思维能力尚未发展完善的学前儿童来说是较难掌握的。

幼儿初期，学前儿童已有一些初步的时间概念，但往往和他们具体的生活相联系。例如，他们理解的"早晨"就是指起床的时候，"下午"就是指妈妈来接的时候。他们对于一些带有相对性的时间概念，例如，"昨天""今天""明天"，就难以正确掌握。一般地说，他们只懂得现在，不理解过去和将来。

幼儿中期，学前儿童可以正确理解"昨天""今天""明天"，也能运用"早晨""晚上"等词，但对较远的时间（例如，"前天""后天"等）还不能了解。

幼儿晚期，学前儿童可以辨别"昨天""今天""明天"等一些时间观念，也开始能辨别"大前天""前天""后天""大后天"，分清上午、下午，知道今天是星期几，知道春、夏、秋、冬，但对更短的或更远的时间观念就难以分清。学前儿童对时间单位不能正确理解。6岁学前儿童还不能真正了解"一分钟""一小时""一个月"的意义。

第四节 学前儿童观察力的培养

一、观察力的概念

观察是一种有目的、有计划、比较持久的知觉过程，此过程和思维、注意等心理活动密切相连，是知觉的高级形态。学前儿童经过正确的教育，其在观察过程中表现出的稳定品质和能力就是观察力。观察力是智力中的重要部分，对儿童认识世界有着非常重要的意义。

二、观察力的特点

（一）观察的目的性

学前初期，幼儿常常不能进行自觉的、有意识地观察。他们的观察或事先无目的，或易在观察中忘记了目的，很容易受外界刺激和个人情绪、兴趣的影响。例如，有一张图片，画面上有几个小朋友在玩，其中一个小朋友的衣服扣扣错了，鞋也掉了一只，请幼儿从画上把这个小朋友找出来。小班幼儿常常不能完成任务，他们会被画上那些有趣的玩具所吸引，而完全忘记观察的目的。中、大班幼儿的观察目的性有较大提高，在观察中，有78%的中班幼儿和93%的大班幼儿可以完成观察任务。

（二）观察的精确性

学前初期，幼儿的观察不够仔细，常常粗枝大叶、笼统、片面，精确性偏低。他们能看见颜色鲜艳、位置突出、有变化的物体，看不见虽然能代表事物实质但不显眼、不突出、比较细致的部分，有时甚至发生错误。例如，小班幼儿分不清蜜蜂和苍蝇、绵羊和山羊的事常有发生。通过教育，中班幼儿能逐渐精确地观察事物，能发现众多小朋友中哪位小朋友唱错歌了，动物园里一共有几只猴子、几只熊猫、几只松鼠，就是躲在树上、藏在山后的小动物也能被找出来。

（三）观察的持续性

学前儿童，特别是小班幼儿的观察常常不能持久，很容易转移注意的方向和对象。到中班特别是大班，幼儿的观察持续时间才能逐新增加。有实验表明，3～4岁的幼儿对图片的平均持续观察时间只有6分8秒，5岁的幼儿增加到7分6秒，6岁的幼儿达到12分3秒。可见，学前儿童观察的持续时间是随着年龄的增长而逐步提高的，特别是6岁的儿童，观察的持续时间有明显的增加。

（四）观察的概括性

学前初期，幼儿观察事物时常常不能把事物的各个方面联系起来加以考查，因而也不能发现各事物或事物各组成部分之间的相互联系。当你给幼儿看两盘萝卜头，其中一盘泡在水里，萝卜头长出了小绿叶，一盘无水，萝卜头萎缩了。小班幼儿通常看不出萝卜头的变化与水分之间的关系。如果再给幼儿看两幅图画，其中一幅画着小孩玩球，另一幅画着球把玻璃打碎了，小班幼儿也往往说不出这两幅图画之间的因果关系。中班幼儿观察的概括性稍有提高，但也只有部分幼儿能答出比较令人满意的回答。到大班，才有多数幼儿能做出正确回答。

（五）观察的组织性

学前儿童在观察中常常不能按照一定的顺序，从左到右、从上到下、从整体到部分再到整体地，有组织、有条理地进行观察，时常是一会儿看东，一会儿看西，杂乱无章，甚至还不会有条理地区别两个物体或图片的异同，不会将两个物体或两张图片中的相应部分逐一进行比较。在这方面，中班与大班的幼儿相比小班幼儿有较大的进步，但即使到了大班，多数幼儿也不能按照一定的顺序有条理地观察事物。

三、观察力的培养方法与策略

（一）提供丰富的观察材料

实物：为学前儿童提供不同种类的实物，例如，植物、动物、玩具等。让他们通过触摸、观察、比较等方式，了解物体的形状、颜色、大小、质地等特点。

图片和视频：选择高质量、教育意义丰富的图片和视频资源，例如，科普动画、动物世界等。这些资源能够激发学前儿童的兴趣，拓展他们的视野。

自然环境：经常带领学前儿童到户外进行自然观察活动，例如，公园、动物园、植物园等。让儿童亲身感受大自然的魅力，观察各种生物和自然现象。

（二）引导学前儿童有目的地观察

明确观察目的：在观察前，向学前儿童明确观察的目的和任务。例如，在户外探索时，可以让他们寻找不同形状的树叶或不同颜色的花朵。

掌握观察方法：教授学前儿童一些基本的观察方法，例如，从整体到局部、从静态到动态等。同时，鼓励学前儿童运用多种感官进行观察，例如，听、看、摸、闻等。

鼓励提问：在观察过程中，鼓励学前儿童提出问题，并引导他们思考问题的原因和解决方法。这有助于培养他们的好奇心和探究精神。

（三）鼓励学前儿童表达观察结果

语言表达：鼓励学前儿童用语言描述自己的观察结果和感受。可以组织小组讨论或分享会，让学前儿童互相交流自己的观察心得。

绘画表达：提供绘画材料，让学前儿童通过绘画表达自己的观察结果。这有助于培养他们的想象力和创造力，同时也有助于巩固他们的观察成果。

四、观察力培养的活动案例

（一）自然观察活动

户外探索：组织一次户外探索活动，让学前儿童在公园或自然保护区内观察各种植物和动物。可以让他们寻找不同形状的树叶、不同颜色的花朵及不同种类的昆虫等。活动结束后，组织学前儿童分享自己的发现，并讨论这些发现背后的原因。

植物种植：为学前儿童提供种子和花盆等材料，让他们亲自种植植物。在种植过程中，引导学前儿童观察植物的生长过程，例如，发芽、长叶、开花等。同时，鼓励他们记录植物的生长情况，并与其他学前儿童分享自己的种植经验。

（二）图画观察活动

细节寻找：选择一些细节丰富的图片，例如，迷宫图、找茬图等。让学前儿童在规定时间内找出图片中的隐藏物品或人物。这有助于锻炼他们的观察力和注意力。

绘画创作：为学前儿童提供一张图片作为参考，让他们根据图片进行绘画创作。在创作过程中，鼓励他们观察图片中的细节，并尝试在自己的作品中表现出来。完成后，可以组织一个绘画展览，让学前儿童互相欣赏和评价彼此的作品。

（三）日常生活观察活动

超市购物：在超市购物时，引导学前儿童观察商品的种类、价格、包装等。可以让他们比较不同品牌或不同种类的商品之间的异同点，并讨论这些异同点背后的原因。这有助于培养他们的生活观察能力和消费意识。

　　交通观察：在交通路口观察车辆和行人。引导学前儿童注意交通规则和安全知识，例如，红绿灯、斑马线等。同时，让他们观察不同车辆的形状、颜色、速度等特点，并讨论这些特点背后的原因。这有助于培养他们的交通安全意识和观察能力。

【真题演练】

一、选择题

1. 学前儿童对哪种颜色的感知通常是最先的？（　　）
   A. 红色　　　　B. 蓝色　　　　C. 绿色　　　　D. 紫色
2. 学前儿童对形状的感知，通常首先能识别的是哪种形状？（　　）
   A. 圆形　　　　B. 三角形　　　C. 正方形　　　D. 长方形
3. 学前儿童听觉发展的一个重要里程碑是（　　）。
   A. 能听到所有声音　　　　　　B. 听觉敏感度达到成人水平
   C. 能对声音进行定位　　　　　D. 能区分不同的语音
4. 学前儿童味觉发展的特点不包括（　　）。
   A. 对甜味和咸味敏感　　　　　B. 对苦味和酸味敏感
   C. 能区分不同食物的味道　　　D. 味觉敏感度达到成人水平
5. 学前儿童对大小的感知，一般先能识别的是（　　）。
   A. 相同大小　　　　　　　　　B. 较大与较小
   C. 精确的大小差异　　　　　　D. 所有大小关系
6. 学前儿童对声音的辨识能力通常在（　　）年龄阶段有显著发展。
   A. 1岁以前　　B. 1～2岁　　　C. 3～4岁　　　D. 5～6岁
7. 学前儿童对距离的感知，下列描述正确的是（　　）。
   A. 始终能准确感知　　　　　　B. 随年龄增长而提高
   C. 始终不能准确感知　　　　　D. 与成人无差异
8. 学前儿童触觉发展的一个重要表现是（　　）。
   A. 能识别所有物体的质地　　　B. 对温度有敏感反应
   C. 对疼痛无反应　　　　　　　D. 对所有刺激无感觉
9. 学前儿童对时间的感知特点通常表现为（　　）。
   A. 精确到秒　　　　　　　　　B. 精确到分钟
   C. 精确到小时　　　　　　　　D. 不太精确，多为模糊感知
10. 学前儿童视觉发展的一个关键期是（　　）。
    A. 出生时　　　B. 3个月　　　C. 6个月　　　D. 1岁
11. 学前儿童对空间方位的感知，通常首先能理解的是（　　）。

A. 上下　　　　B. 左右　　　　C. 前后　　　　D. 远近

12. 学前儿童对声音的敏感度通常在（　　）岁时达到成人水平。
    A. 1　　　　　B. 2　　　　　C. 4　　　　　D. 6
13. 学前儿童对味道的偏好通常表现为（　　）。
    A. 偏好所有味道　　　　　　B. 偏好甜味和咸味
    C. 偏好苦味和酸味　　　　　D. 偏好辛辣味
14. 学前儿童对物体大小的判断，通常依赖（　　）。
    A. 视觉　　　　B. 听觉　　　　C. 触觉　　　　D. 嗅觉
15. 学前儿童对光线的感知特点通常表现为（　　）。
    A. 对强光无反应　　　　　　B. 对弱光敏感
    C. 对颜色敏感　　　　　　　D. 对光线强弱有敏感反应

二、简答题

1. 感知觉的含义。感知觉的关系是什么？
2. 感知觉的分类。
3. 如何培养学前儿童的观察能力？

三、材料分析题

材料分析题一

小明是4岁的学前儿童，他在幼儿园里表现出对颜色和形状的极大兴趣。他特别喜欢红色和圆形的物体，能够准确地识别并命名这种颜色和形状。然而，对于其他颜色和形状，他的识别能力相对较弱。

问题：

根据材料分析，小明在感知觉发展方面表现出哪些特点？为什么？

材料分析题二

小红是5岁的学前儿童，她对音乐的感知能力特别强，能够准确地识别不同的乐器声音和旋律，并经常随着音乐节奏摇摆身体。然而，在视觉方面，她对细节的观察能力相对较弱，经常无法注意到图画中的小细节。

问题：

根据材料分析，小红在感知觉发展方面有哪些优势和不足？为什么？

第五章 学前儿童注意的发展

思维导图

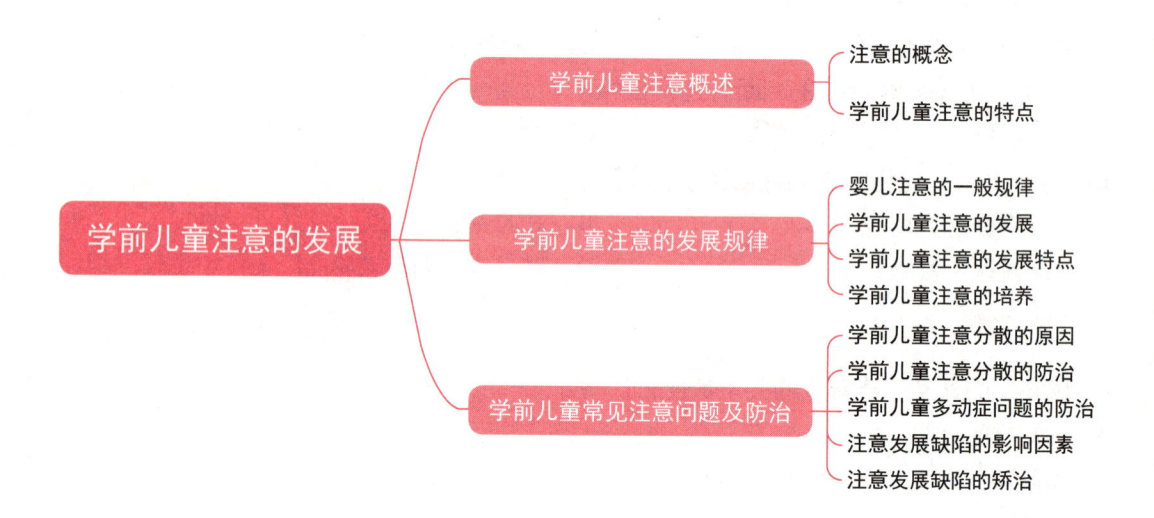

学前儿童注意的发展
- 学前儿童注意概述
  - 注意的概念
  - 学前儿童注意的特点
- 学前儿童注意的发展规律
  - 婴儿注意的一般规律
  - 学前儿童注意的发展
  - 学前儿童注意的发展特点
  - 学前儿童注意的培养
- 学前儿童常见注意问题及防治
  - 学前儿童注意分散的原因
  - 学前儿童注意分散的防治
  - 学前儿童多动症问题的防治
  - 注意发展缺陷的影响因素
  - 注意发展缺陷的矫治

内容提要

本章对学前儿童的注意进行了总体性介绍，着重介绍了注意的概念、分类，以及特点和在学前儿童心理发展中的作用，还介绍了学前儿童注意分散的原因，以及对此采取的有效策略。

学习目标

1. 知识目标：理解注意的概念、对象和种类。
2. 能力目标：掌握学前儿童注意发展的一般规律和特点；初步具备培养学前儿童注意品质的能力，并掌握测评学前儿童注意的标准和方法。
3. 素质目标：理解学前儿童注意品质的变化。

第一节 学前儿童注意概述

一、注意的概念

（一）注意的概念

注意是人的心理活动对一定对象的指向和集中。指向性和集中性是注意的基本特征。指向性是指心理活动或意识在某个瞬间选择了某个对象，而忽略了另一些对象。集中性是指心理活动或意识在某个方向上活动的强度和紧张度，心理活动或意识的强度越大，紧张度越高，注意也就越集中。

（二）注意的内涵

注意不是一种心理过程，是伴随感知觉、记忆、思维、想象等心理过程而存在的一种意识状态或心理特征。注意虽然不是一个独立的心理过程，但与其他心理过程紧密相连。注意伴随着心理过程的产生而产生，同时一切心理过程的产生都离不开注意，没有注意就不会产生感知觉、记忆、思维、创造力、想象力等心理过程。把握住学前儿童注意的发展规律，就能够更好地培养他们的注意，为他们今后的工作和生活打下良好的基础。

指向性和集中性是同一注意状态的两方面，是密切联系、不可分割的统一体。指向性表现为对出现在同一时间的许多刺激的选择，集中性表现为对干扰刺激的抑制。

（三）注意的品质

1. 注意的稳定性

注意的稳定性是指一个人在一定时间内，比较稳定地把注意力集中于某一特定的对象与活动的能力。一个学生的注意力稳定性较差，那么直接影响到的就是听课质量。例如，学生在听课时，大部分时间处在"走神"状态或者偶尔会出现"走神"状态，注意力呈现不稳定状态，这会导致知识点断层较多，就会直接影响到其听课质量。

2. 注意的广度

广度，就是范围，注意的广度是指人们对于所注意的事物在一瞬间清楚地觉察或认识的对象的数量。研究表明，在一秒内，一般人可以注意到 4~6 个相互间联系的字母，5~7 个相互间没有联系的数字，3~4 个相互间没有联系的几何图形。

当然，个体是具有差异性的，不同的人注意广度也会不同。一般来说，学前儿童的注意广度要比成年人小。但是，随着学前儿童的成长及不断地有意识训练，注意广度就会不断得到提升。

3. 注意的分配性

注意的分配是指一个人在进行多种活动时能够把注意力平均分配于活动当中。例如，小朋友能够一边看书，一边记忆书中的精彩语言；小朋友能够一边画画，一边和大人分享交流。

人的注意力的分配是有限的，不能什么东西都关注得到。在注意的目标熟悉或不是很复杂时，可以同时注意一个或几个目标，并且不忽略任何一个目标。当然，能否做到这一点，还和注意力能够持续的时间有关，所以要根据自己的实际能力，逐渐培养有效注意力的能力。

4. 注意的转移性

注意的转移性是指一个人能够主动地、有目的地及时将注意力从一个对象或者活动调整到另一个对象或者活动。注意力转移的速度快慢是思维灵活性的体现，注意力转移速度快也是快速加工信息、形成判断的基本保证。例如，在孩子看完一个有趣的视频后，让家长带领孩子进行拼图游戏。我们可以对孩子的行为表现进行观察，如果孩子能迅速地把注意力从视频转到拼图当中，孩子的注意转移性就不错。

注意力集中和转移注意力是一个事物的两方面。孩子每天都在这两种状态下学习或生活，每天要上不同的课，每节课的内容都有所不同。例如，上手工课时全神贯注，等到上算术课时，无法让注意力从手工课转移到算术课上，那么算术课的学习效果就会大打折扣。可见，对于学生来说，学会转移注意力和注意力集中对提高学习成绩同样有益处。

5. 注意的对象

注意的对象包括外部注意和内部注意，外部注意是指人作为主体，意识以外的事物。人们能够通过对外部注意进行注意，才能认识世界、改造世界。内部注意是指主体自身的思想、情感、思维等。人们能够对内部注意进行注意，才能进行自我观察、自我分析、自我评价与自我监督。

外部注意与内部注意是相互制约的。因为一个人很难同时既集中注意于外部世界又集中注意于自己的内部世界。例如，当解决一道数学难题时，往往要排除外部刺激物的干扰，或闭上眼睛，或捂住耳朵，从而使外部世界不在感受之中。同时，外部注意与内部注意也是相辅相成的。有时，简单的外部动作有助于维持内部注意。例如，小朋友进行算术时，通过手部动作进行加减法，或者沉思时，看着窗外的风景，都有助于内部注意的顺利进行。

（四）注意的分类

注意包括无意注意、有意注意和有意后注意，学前儿童发展起来的注意形式往往就是无意注意和有意注意两种基本形式。

1. 无意注意

无意注意是指没有预定目的，也不需要意志、努力的注意。例如，学前儿童正在专心致志地听老师讲故事，突然飞进来一只蝴蝶。这时，包括老师在内，大家都会不由自主地跟着蝴蝶望去。这种注意就是无意注意，是个体不需要意志、努力就能自发进行的活动，所以说无意注意是被动的，是对环境变化的应答性反应。

2. 有意注意

有意注意是指有预定目的，必要时需要一定意志努力的注意。例如，一个学前儿童正在做手工，听到其他小朋友说去搭积木时，仍能不受干扰并坚持把手工做完，说明这名学前儿童在积极地对做手工进行有意注意。有意注意是积极的、主动的，与无意注意有着质的不同。

（五）注意的功能

1. 选择功能：注意的首要功能，确定心理活动的方向

注意使人们在某一时刻选择有意义的、符合当前活动需要和任务要求的刺激信息，同时避开或抑制无关刺激的作用。简单来说，选择功能更加强调选择有关活动，排除无关活动。例如，非常喜欢汽车的小男孩在商场逛街时，只关注汽车玩具而忽略其他类别的玩具。

2. 保持功能：注意的集中功能，维持一定强度

注意可以将选取的刺激信息在意识中加以保持，以便心理活动对其进行加工，完成相应的任务。如果选择的注意对象转瞬即逝，心理活动无法展开，也就无法进行正常的学习和工作。例如，小朋友一直将注意维持在搭积木上，边搭积木边寻找下一块积木，非常认真。简单来讲，保持功能更加强调将注意保持在目标活动上。

3. 调节功能：注意的监督和调节功能

注意可以提高活动的效率，这体现在它的调节和监督功能。注意集中的情况下，错误减少，准确性和速度提高。另外，注意的分配和转移保证活动的顺利进行，并适应变化多端的环境。例如，想要取得好成绩的同学，会监督自己，将注意放在听课上，一旦出现走神等干扰听课的情况，就赶紧调整状态，继续认真听课。简单来说，调节和监督功能更加强调监督自己发现问题，调节自己解决问题。

（六）注意的外部表现

1. 适应性运动（感官趋向活动）

人在注意时，有关感官会朝向刺激物。这种朝向反应既可能是人的有意识反映，也可能是人的下意识活动的结果。例如，在和对方交谈时，如果被对方的谈吐所吸引，就会不

由自主地将身体朝向对方稍稍倾斜,似乎这样可以听得更清楚。

2. 无关动作停止

表现为静止状态,一切多余动作都停止。听演讲时,如果被演讲人的精彩言辞所吸引,就会专心致志、聚精会神地听讲,肢体的无关动作也会停止。如果觉得演讲人的言语索然无味,就会东张西望,希望演讲早点结束。一个认真听讲的学生不会总是东张西望,交头接耳,或者玩一些与学习无关的东西。

3. 呼吸运动的变化

人在集中注意时呼吸变得格外轻缓而均匀,有一定的节律。但在紧张状态下,高度集中注意时,会出现"屏息静气",甚至咬紧牙关、双拳紧握、心跳加快。

二、学前儿童注意的特点

(一) 0~3岁学前儿童注意的特点

1. 0~3个月新生儿的注意

注意只能发生在觉醒状态下。新生儿大部分时间处于睡眠状态,他们觉醒的时间非常短暂。在短暂的觉醒状态下,新生儿表现出某些先天的前注意模式。有研究发现,新生儿已经具有了对外部世界进行扫视的能力,无论在光亮环境还是黑暗环境中,都能进行有规律的扫视。例如,面对无形状的物像时,新生儿会进行广泛扫视,似乎在搜索物像的边界;而在面对有形状的物像时,其视线遇到物像边界会停下来,并试图跨越边界,沿着物像的轮廓移动。除此之外,新生儿还表现出对大的声响的正向反应,例如,在吃奶时,如果有大的声音,他们会停止动作,似乎是要关注一下发生了什么事情。严格来说,上述这些活动难以算得上是真正的注意,但是注意发生的基础。

新生儿稍大点时,听到声音后会向声源转头,听觉刺激引导了他们的视觉活动,同时他们的视觉可以集中到某些物体,例如,母亲的面孔,持续一定时间,这些就是早期注意的表现。

在3个月时,新生儿会表现出视觉上的偏好。我国学者孟昭兰从很多研究中总结出了3个月左右新生儿的视觉偏好有如下特点:①更偏好复杂的刺激物;②偏好曲线多于直线的图形;③偏好不规则图形多于规则图形;④偏好密度大的图形多于密度小的图形;⑤偏好具有同一中心的刺激物多于无同一中心的刺激物;⑥偏好对称的刺激物多于不对称的刺激物。这种偏好反映了新生儿注意选择上的倾向。3个月之前,新生儿的偏好更多是某些先天的神经活动式的作用,而很少是经验影响的注意选择的结果。

2. 3~6个月学前儿童的注意

3个月之后的学前儿童注意发展有了新的变化,觉醒时间变长,动作显著发展,头部转动已经很协调，手部触摸和抓握更加精细和灵活，对信息的捕捉和搜索能力有了较大发展，他们对周围世界的关注显著增多。同时，日益增长的经验开始影响注意的选择。

【知识窗】

贝格的一项研究中，在先测验了学前儿童对点子和格子模式的注意之后，分三组对学前儿童进行了训练。第一组在8～10周时看4×4的格子板，在10～12周时看6×6的格子板；第二组只看最复杂的24×24的格子板；第三组看灰色无格子的图板。最后向三个组的学前儿童出示24×24的格子板时，发现第三组比其他两组注意的时间少得多，同时发现，8～10周的学前儿童偏好8×8的格子板，10～12周的学前儿童偏好24×24的格子板。据此，格林贝格得出结论：即便在很小的年龄，学前儿童认知的发展也是可以训练的。这就是后天经验对注意发展的影响。

同样，科恩采用格子图板进行的研究发现，影响学前儿童转向格子图板的反应时的主要因素是格子的大小、突然变化的亮度，以及声音等刺激；影响注意时间的则主要是格子图板的复杂性，对格子数量越多的图板，学前儿童注意持续的时间越长。

学前儿童早期的注意活动及注意偏好表明，学前儿童脑中具有某些先天因素影响注意选择的模式，这一时期的注意选择主要受刺激物特性的影响。随着年龄的增长，经验开始发挥作用。在注意的选择上，经验与大脑对刺激物信息加工具有重度差距的刺激物，更容易引起学前儿童注意的持续性。在注意持续时间上，刺激物和经验差距越大或越复杂，大脑对它进行编码和学习所需的时间越长，注意持续时间也就越长。

随着年龄增长，经验对注意活动的影响越来越显著。根据研究观察发现，6个月左右的学前儿童会对环境中某些超出其经验的事物产生好奇的表情。好奇是影响学前儿童注意的内部驱动力，学前儿童因为好奇而引发的关注会越来越多，他们会主动地捕捉环境中的变化。观察还发现，3～6个月的学前儿童会对环境中人的活动产生更多的注意，尤其是母亲的存在和活动，最吸引他们的注意。

3. 6～12个月学前儿童的注意

半岁以后，学前儿童的觉醒时间进一步增长，其认识及交往活动会变得更加活跃、丰富，学前儿童渐渐学会了坐、爬、站立、扶物行走，看世界的视角发生了变化，能够按照自己的意图完成身体的位移运动，手部活动更加灵活，能够对物品进行抓握，能够把东西放到口腔进行探索。这些变化使他们的认知和探索的时间变长，范围变大，尤其是他们能够通过动作、表情、声音等手段与别人交往。

在此阶段，经验对注意的作用进一步提高。"客体永恒性"的获得对这个时期学前儿童的注意产生了显著影响。所谓"客体永恒性"，就是认识到一个物体不会因为消失在我们的视野里，它就真的消失了。例如，当我们想要拿的一个玩具滚到其他物品后面，消失在我们视野里了，但我们会绕过或移开障碍物去寻找它，这就是因为我们知道客体永恒性。根据皮亚杰的观察，8个月之前的学前儿童不会这样寻找，他们只是简单地把注意力转移到别的东西上。皮亚杰对此的解释是，幼儿不知道此物体仍然存在。而 8 个月之后的学前儿童已经开始获得对"客体永恒性"的认识，在 8～12 个月，学前儿童即开始在障碍物后面寻找物体，但他们又会犯另一个有趣的错误：如果他们看到一个东西连续两次被放到同一个容器中，他们可以成功从容器中找出东西；如果这个物品先后被放到不同的两个容器中，他们只会从第一次藏物品的容器中寻找。这种现象也表明，至少到 8 个月时，学前儿童才能够在头脑中形成并保存知觉到的物体的较为完整的形象。

4. 1～3 岁学前儿童注意的发展

在 12～18 个月时，学前儿童不会再犯 8～12 个月时所犯的错误，而是在最后隐藏物体的地方进行寻找。这也表明，他们对隐藏过程持续注意能力的提高。成人在 18 个月左右的学前儿童面前，把目标物在两手间传来传去，然后藏在一只手中，让他们猜目标物在哪只手里。当在其中的一只手中找不到目标物时，学前儿童会马上从另一只手中去找。这表明，他们的注意活动受到了自己意愿的支配，但他们还是不能处理目标物不能被看到时的变化问题。例如，首先把玩具用覆盖物覆盖，然后把玩具和覆盖物藏在枕头下边，再把覆盖物拿走，玩具仍在枕头下边，最后让学前儿童寻找玩具。此阶段的幼儿并不能找到玩具。而到了 18～24 个月时，他们就能理解其中相对较为复杂的变化，并且立即成功地找到目标物。这表明，内在的认识过程对他们的注意发挥了调节作用。上述的这些现象可以被看作有意注意发生和发展的最初表现。

1 岁后的学前儿童在发展上出现的最重大变化就是语言的发展，语言不仅是学前儿童和他人交流、互动的外部工具，而且成了用来编码信息和调节行为的重要心理工具，自此，学前儿童的心理发展进入了一个更高的层次。语言发展对学前儿童注意的影响主要表现在两方面：一是学前儿童运用语言和交往对象互相调节注意活动，形成对某种事物的共同注意；二是语言逐渐成为学前儿童调节和维持自己注意活动的工具，促进学前儿童有意注意的出现和发展。

综上所述，早期注意是在先天定向探究反射的基础上发展起来的；学前儿童注意活动是对刺激物的初期捕捉倾向，持续而稳定地取决于先天的神经模式，而经验对学前儿童注意的后期选择和保持过程的作用会逐渐增强；学前儿童认知能力和语言的发展促进了对注意的自我调控的形成和发展，最初的有意注意发生于 1 岁半前后，但在随后的几年会一直处于很低的发展水平。

（二）3～6 岁学前儿童注意的特点

3 岁以后，学前儿童的自我调控能力有所发展，但水平不高，他们的注意过程仍然较多地受外界环境和自身兴趣的影响。在各种活动中，他们的无意注意占优势，有意注意的发挥较少，并且在活动中表现出的注意稳定性、注意广度、注意的分配及主动调节注意指向的能力较差。

第二节　学前儿童注意的发展规律

一、婴儿注意的一般规律

胎儿时期，个体就开始对声音有了定向反射。选择性注意是胎儿期注意发展的一种主要表现形式。胎儿在母体里感受到多种复杂的、不同强度的声音刺激，例如，母亲的心跳、呼吸、内脏运动等内部声音和来源于外界环境的各种声音。心理研究表明，胎儿已经会对不同的声音刺激做出不同的反应，即对不同的声音刺激有选择性注意。

满月以后的婴儿，每天清醒的时间会迅速延长，觉醒状态与昏睡状态之间的转换也逐渐变得有规律。随着神经系统的发育成熟，婴儿对外界事物的反应也更加积极主动，婴儿的注意也迅速发展，并表现为无意注意的选择性发展。

1～3个月婴儿的注意有所偏好。例如，偏好复杂的刺激物多于简单刺激物，偏好熟悉的刺激物，偏好新奇的刺激物。

随着婴儿的成长，虽然其身体尚未发育成熟，但已经能支持婴儿进一步探索外部世界，因此婴儿增强了对日益扩展的外部世界探索的驱动力。这个阶段各种基本感知觉的能力日趋成熟且在很多方面已达到成人水平，他们对物体的观察和操作能力不断得到发展，从而提高了注意的质量。

【知识窗】

奥尔森和费尔德的研究表明：①婴儿头部运动自控能力加强，视角扩大，双手的触摸和抓取技能更加精细和稳定，从而扩展了获得信息的能力；②婴儿的视觉注意更加发展，视觉搜索平均时间变短，更加偏好复杂的、有意义的视觉图像；③婴儿增长了对日益扩展的外部世界的好奇心、探索欲和学习欲；④对物体的观察和操作能力得到发展，提高了注意的质量；⑤大量的新信息扩大了婴儿的知识基础，注意日益为婴儿对世界事物的认识所控制，尤其在社会性事件方面更为明显。

半岁以后，婴儿觉醒的时间不断增长，这也是大脑逐渐成熟的标志，此时的婴儿有更长的时间去探索事物和获得更多新信息的机会。随着婴儿能够独立地坐、爬行、站立和行走，其活动的范围和视野明显扩大，其注意的对象更加广泛。他们通过抓取、吸吮、倾听、操作和运动等活动，更广泛地选择自己注意的对象，但是婴儿的注意选择性受到经验的支配。他们对熟悉的事物更加注意，这在社会性方面尤为突出，例如，婴儿对照顾他们的母亲就会特别注意。

1岁以后，婴儿开始逐步掌握语言，"客体永恒性"日趋完善，记忆和模仿能力迅速发展，这一系列认知方面的发展使婴儿注意的发展更进了一步。

二、学前儿童注意的发展

（一）有意注意的发展

3~6岁学前儿童有意注意的发展特点表现在以下三方面。

1. 3~6岁学前儿童的有意注意受大脑发育水平的局限

额叶是有意注意的控制中枢，学前儿童的有意注意尚处于初步形成时期，到7岁时才能达到成熟水平。一般而言，3~4岁学前儿童的有意注意只能保持3~5分钟，4~5岁学前儿童在正确的教育下能保持10分钟，5~6岁学前儿童能保持15分钟左右。由此可见，有意注意的发展水平大大低于无意注意。

在幼儿园的教学中，老师一方面要充分利用学前儿童的无意注意，另一方面要努力培养其有意注意。

2. 3~6岁学前儿童的有意注意是在外界环境的影响下发展起来的，特别是在成人的要求下发展的，所以，学前儿童有意注意的形成需要成人的引导

成人的作用主要体现在两方面：一是帮助学前儿童明确注意的目的和任务，产生有意注意的需要和动机；二是利用语言组织学前儿童的有意注意，例如，通过提问"小朋友仔细看，这是什么？"引导他们注意的指向。

3. 3~6岁学前儿童的有意注意是在活动中完成的

由于受学前儿童整体心理发展水平的制约，他们有意注意的发展水平仍是低级的。学前儿童的有意注意需要依靠活动和操作来维持，当他们有直接操作的对象时，其注意往往能保持在操作活动之中，并处于积极的活动状态，否则其注意容易分散。因此，学前阶段的老师和家长应当为学前儿童创设适当的活动机会，利于他们有意注意的形成和发展。

（二）无意注意的发展

幼儿期的学前儿童已经进入幼儿园接受教育，这时学前儿童的无意注意仍占主要地位，但是已经过了高度发展时期而进入稳定期。这个时期，学前儿童的无意注意主要有以下三个特点。

刺激物的物理特性仍然是引起无意注意的主要因素。

生动的形象、鲜明的颜色、强烈的声音、突然出现或变化的刺激物，都容易引起学前儿童的无意注意。例如，卡通图片、动画片和各种色彩鲜艳的玩具都比较能吸引学前儿童的注意力；小朋友们都在做游戏，突然有一个小朋友大哭起来，就会把其他小朋友的注意

力都吸引过去。与学前儿童的兴趣和需要有密切关系的刺激物，逐渐成为引起无意注意的原因。

随着对周围环境接触的增多和了解的加深，学前儿童就会形成知识的积累，他们的认知能力和情绪情感也都在不断发展，并且逐渐形成了自己的个性爱好。这时，符合他们兴趣的事物就容易引起他们的无意注意。例如，对动物感兴趣的学前儿童，在看到小狗时就会表现得很兴奋，并且想去靠近小狗。学前儿童的无意注意随年龄增长不断稳定和深入。

小班学前儿童的无意注意较为突出，他们的注意容易被新奇、强烈及运动的事物吸引，没有很强的稳定性。例如，当一个小班学前儿童在哭闹时，家长给他一个遥控赛车，就会立刻把他的注意力集中在奔跑的赛车上而停止哭闹。

中班学前儿童的无意注意进一步发展，他们对感兴趣的活动能够保持长时间的注意，表现出相对的稳定性，并且注意的集中程度也较高。例如，学前儿童在人物扮演游戏中能够很长时间扮演某个角色。

3~6岁学前儿童的无意注意已经高度发展，对于他们感兴趣的活动能集中注意更长的时间。随着认识的不断深入，他们的关注内容开始从事物的表面特征转向事物的内在联系和因果关系，即使是他们不感兴趣的事物，也能保持一定的注意。

三、学前儿童注意的发展特点

幼儿园老师之所以会对学前儿童的一些"不听话"现象不知所措，主要是对学前儿童注意发展的特点不太清楚，片面地认为是学前儿童"不懂事""不乖"。其实，学前儿童的表现和这个阶段的年龄特点是密不可分的。因此，了解幼儿期的注意发展及其特点是十分重要。

（一）无意注意占优势

无意注意又称不随意注意，是没有预定目的、不需要意志努力、不由自主地对一定事物所产生的注意。3~6岁学前儿童的注意仍然主要是无意注意，但是和3岁前的学前儿童相比，3~6岁学前儿童的无意注意已经有了很大的发展，主要体现在以下两个特点。

1. 注意仍然受刺激物的物理特性支配

强烈的声音、鲜明的色彩、生动的形象、突然出现的刺激物或者事物发生了显著的变化，都容易引起学前儿童的无意注意。例如，电视、电影和各种活动都能够吸引学前儿童的注意；水里的鱼、天上的鸟，也由于他们活动多变而容易引起学前儿童的注意。在室内学习时，有人在活动室里面走来走去，会使这一阶段的学前儿童分散注意；如果大部分学前儿童不注意听老师讲话，而是相互交谈或玩耍，造成室内一片喧哗，这个时候老师提高声音不能引起学前儿童的注意，反倒是突然放低声或者停止说话，能引起他们的注意。当学前儿童进行阅读活动时，活动室内部的布置环境过于花哨，会引起学前儿童的注意力从老师身上分散到无关的装饰上面；老师的声音过于平淡没有起伏，也容易使学前儿童感到疲惫，从而分散注意力。

2. 兴趣和需要逐渐成为3～6岁学前儿童无意注意的原因

3～6岁学前儿童的生活经验比以前更丰富了，对于一些事物有了自己的兴趣和爱好，对于符合他们兴趣的事物，容易引起无意注意。例如，有的学前儿童对汽车特别感兴趣，不论在任何场合，都会注意到汽车及相关汽车的事情。幼儿期的学前儿童出现了渴望参加成人的各种社会实践活动的新需要，成人的许多活动，例如，开汽车、解放军练兵、民警维持交通秩序、医生看病、护士打针、售货员售货等，都能成为学前儿童无意注意的对象。符合学前儿童经验水平的教学内容，以游戏形式出现的教学方式，也容易引起学前儿童的无意注意。

（二）有意注意初步发展

3～6岁学前儿童有意注意发展水平较低，稳定性差，处于发展的初级阶段，而且依赖成人的指导和组织。

1. 3～6岁学前儿童的有意注意受大脑发育水平的限制

有意注意是由脑的高级部位控制的。大脑皮质的额叶部分是控制中枢所在。额叶的成熟，使学前儿童能够把注意指向必要的刺激物和有关动作，主动寻找有需要的信息，同时抑制对此不必要的反应，即抑制分心。在大约7岁时，额叶才能成熟。因此，幼儿期的学前儿童出现注意力不集中或者注意力容易分散，老师应该给予学前儿童更多的耐心，而不是指责。

2. 3～6岁学前儿童的有意注意是在外界环境、特别是成人的要求下发展起来的

3～6岁学前儿童的有意注意需要成人的指引，成人的指引能够帮助幼儿明确注意的目的和任务，产生有意注意的动机，即自觉地、有目的地控制自己的注意并且用意志努力保持注意。当老师在组织活动时只是一味地让学前儿童认真听，却没有说清楚要求学前儿童听什么，没有教会学前儿童怎么去听，怎样才能够保持注意，会十分不利于学前儿童保持注意的稳定性。

3. 学前儿童的有意注意是在一定的活动中实现的

因为学前儿童的有意注意发展水平不足，因此需要把智力活动与实际操作相结合起来，让注意对象直接成为学前儿童行动的对象，使他们处于积极的活动状态，有利于有意注意的形成与发展。例如，在阅读活动当中，除了让学前儿童注意听老师和其他学前儿童的讲述，还可以让学前儿童进行适当的角色扮演，让学前儿童在游戏的氛围、亲身的体验中更好地保持有意注意。

四、学前儿童注意的培养

（一）创设良好的环境，防止学前儿童分散注意

在班级环境的创设中不要选用过多无关的、花哨的内容作为教室的背景，要尽可能的

温馨、简洁。引起学前儿童无关注意力的内容减少了，学前儿童的注意力就更容易集中在老师的教学活动中。在老师授课过程中，不要一次呈现过多的刺激物，例如，在阅读活动中，老师可以运用教学挂图或者是有趣的头饰来吸引幼儿的注意力，但不要在同一张图片中呈现过多的内容，而是仅仅呈现当下讲解的内容。呈现的方式也应该讲究一定的顺序性，可以按照从上到下或者是从左到右的方式，切记不可以凌乱，让学前儿童不知从哪里开始看，往哪个方向看。

上课前应先把玩具、图书等收起放好。老师在正式开始上课之前，应该做好充分的准备，整理好学前儿童刚才在活动时或者在中间休息时所运用到的教具、玩具，帮助学前儿童更好地进入教学活动的状态中。运动的挂图等教具不要过早呈现，使用后应立即收起。老师应该保持自身装束整洁大方，不因为其外形动作而引发幼儿的无关注意力。

（二）选用新颖的教具，吸引学前儿童注意

学前儿童的思维主要是以具体形象思维为主，一定的直接操作道具能够帮助学前儿童在活动中有参与性，从而提高学前儿童对活动内容本身的兴趣。因此，老师可以选取一些小贴纸，或者是与此次活动内容相关的头饰和卡通图片从而吸引学前儿童的注意力。但是，对年幼的学前儿童不要出示过多的教具，过多教具反而容易导致学前儿童注意力的分散。教具是帮助学前儿童更好地参与活动，帮助老师实现教学目标，过多的教具容易让学前儿童注意力集中在教具的娱乐性和趣味性，从而忽视了教具本身的教育价值。

（三）明确活动目的，帮助学前儿童发展有意注意

在活动开始之前，可以先调动学前儿童已有经验，老师应该明确地提出此次活动的目的及活动方式，激发学前儿童完成任务的积极性，从而提高学前儿童的自我控制力。例如，阅读活动开始之前，老师可以先说明此次活动过程当中的一些安排"听一听""说一说""玩一玩"，并且提出接下来希望学前儿童能够仔细听的内容，例如"仔细听一听故事里面有谁""等会告诉老师他都经历了什么"。在活动过程中，老师也要注意时刻保持与学前儿童的互动，提醒学前儿童看老师，注意老师的动作，可以采用一些小口诀，例如"小脚并并拢，小手放腿上；小嘴巴，闭闭好；小眼睛，看老师"。

（四）注意个别差异，让每个学前儿童都有发展

教育对学前儿童的注意发展起着重要的作用，老师应该根据注意发展的特点和规律，进行有计划的教育。我国目前幼儿园教育活动的组织方式主要是以集体的形式为主，因此老师常常会"以一把尺子衡量所有的幼儿"。然而，每个学前儿童的身心发展速率不一，所以在注意力的稳定性、选择性、广度、分配性等特性上会有不同的表现。老师在教学过程当中既要关注所有学前儿童的情绪状态和学习完成情况，也需要对于一些有注意力困难的学前儿童进行单独指导。例如，请他们回答一些简单的问题，用眼神示意或者是组织一些互动的小游戏让学前儿童参与其中。

第三节　学前儿童常见注意问题及防治

一、学前儿童注意分散的原因

（一）无关刺激的干扰

学前儿童的注意主要以无意注意为主，他们容易被新异的、多变的或强烈的刺激物所吸引，加之他们注意的稳定性较低，因此很容易受无关刺激的影响。例如，活动室的布置过于繁杂，环境过于喧闹，甚至老师的服饰过于鲜艳奇异，都可能影响学前儿童的注意，使他们不能把注意集中于应该注意的对象上。实验表明，让学前儿童自己选择游戏时，一般以提供四五种不同的游戏为宜。提出太多的游戏，学前儿童既难选择，也难集中注意参与。

（二）疲劳

学前儿童神经系统的机能还未充分发展，若长时间处于紧张状态或从事单调活动，便会发生疲劳，出现"保护性抑制"。起初，表现为没精打采，随之注意力开始涣散。所以，学前儿童的教学活动要注意动静搭配，时间不能过长，内容与方法要力求生动多变，能引起学前儿童兴趣，从而防止疲劳和注意分散。

（三）老师目的要求不明确

有时老师对学前儿童提出的要求不具体，或者活动的目的不能让学前儿童简单理解，也是引起学前儿童注意分散的原因。学前儿童在活动中常常因为不明确应该干什么，左顾右盼，注意力动摇，从而不能积极地从事活动。

（四）注意转移的能力差

学前儿童注意的转移品质还没有充分发展，因而不善于依照要求主动地调动自己的注意。例如，学前儿童听完一个有趣的故事，可能长久地受到某些生动内容的影响，注意难以迅速地转移到新的活动上去，因而从事新的活动时，往往还"惦记"着前面活动，从而出现注意分散现象。

二、学前儿童注意分散的防治

教育学家蒙台梭利曾经有一句经典的话："给孩子最好的学习方法就是让孩子聚精会神地去学习。"据专家研究和调查，我国有75%的儿童存在注意力不佳的状态。注意力分散，不一定是表现为好动、坐不住、东张西望等，还可能存在认真地看着黑板，但是脑海就走神了。不管怎样，这些都是注意力不集中的表现，会造成学习效率的低下，成绩也难以得到提高。

当然，注意力与人的心理、饮食也有关。有些学生总是反映自己听课时爱走神，这可能与精神状态有关。学生处在紧张和忧虑的情况下，上课注意力就会下降。当我们的学习压力过大，其注意力水平就下降了，所以要注意休息，调整好自己的心理状态。注意力与饮食也有关系。孩子经常吃甜食或过多摄入糖类，也会导致孩子的注意力就比较差，因为糖所产生的胰岛素会直接刺激神经的注意力。

所以，家长和老师们要注意，在孩子很小的时候要注意饮食的健康，在重大活动前也需要注意孩子的饮食，这样才能保障学习专心致志。如果不想让孩子处于紧张状态和产生忧虑心情，那尽量减少批评，多一些鼓励和肯定。长期使用批评言语，会让孩子变得紧张和压抑，导致注意力容易分散，听课效率下降，学习成绩就退步了。

找到了学前儿童注意分散的原因之后，我们也有针对性地提出了以下防止学前儿童注意分散的措施。

（一）避免无关刺激的干扰

进行教学游戏时，不要一次呈现过多的刺激物；上课前应先把玩具、图画书等收起放好；上课时运用的挂图等教具不要过早呈现，用过后应立即收起；老师本身的衣饰要整洁大方，不要有过多的花饰，以免分散学前儿童的注意。

（二）无意注意和有意注意交互并用，防止疲劳

有意注意需要一定的意志努力，很容易引起疲劳，老师可以运用新颖、多变、强烈的刺激，激发学前儿童的无意注意。但无意注意不能持久，而且学习等活动也不是专靠无意注意就能完成。因此，还要培养和激发学前儿童的有意注意。开始活动前，老师应该向学前儿童讲明学习本领及活动的意义和重要性，说明必须集中注意的原因，使学前儿童逐渐能主动地集中注意；即使对不十分感兴趣的事物也能努力注意，自觉地防止分心。老师应机智地运用两种注意形式，交替运用，使学前儿童能持久地集中注意。

（三）老师提出明确的目的要求

老师作为教育活动的组织者和引导者，明确提出活动目的和要求，对防止学前儿童注意分散具有重要的影响。讲故事之前，可以先向学前儿童提出恰当的要求，例如，"记住故事题目""故事里出现了哪些动物"等。这样，学前儿童就会带着目的聚精会神地听，且有意识地记住一些内容，学前儿童的注意力、记忆力和语言表达能力也就得到了发展。

（四）合理地组织教育活动

老师要引导学前儿童注意的转移，就要多方面改善教学内容、改进教学方法。所用的教具要色彩鲜明，能吸引学前儿童的注意；所用挂图或图片要突出中心；所用的语言要形

象生动，易于理解。这样才能容易引起幼儿注意。此外，老师要积极激发学前儿童兴趣，引起旺盛的求知欲、好奇心及良好的情感态度，以促进学前儿童持久地集中注意，防止注意受到干扰而分散。

三、学前儿童多动症问题的防治

多动症全称注意缺陷多动障碍（ADHD），简称为多动症，是儿童期常见的一类心理障碍，表现为与年龄和发育水平不相称的注意力不集中、注意时间短暂、活动过度和冲动，常伴有学习困难、品行障碍和适应不良。国内外调查发现，患病率为3%～7%，男女比为4∶9。一部分患儿成年后仍有症状，明显影响其学业、身心健康及成年后的家庭生活和社交能力。

（一）注意缺陷

注意缺陷表现为与年龄不相称的明显注意集中困难和注意持续时间短暂，是多动症的核心症状。患者常常在听课、做作业或进行其他活动时注意难以持久，容易因外界刺激而分心。在学习或活动中不能注意到细节，经常因为粗心发生错误。注意维持困难，经常有意回避或不愿意从事需要持续集中精力的任务，例如，课堂作业或家庭作业。做事拖拉，不能按时完成作业或指定的任务。患者平时容易丢三落四，经常遗失玩具、学习用具，忘记日常的活动安排，甚至忘记老师布置的家庭作业。

（二）活动过多

活动过多表现为经常显得不安宁，手足小动作多，不能安静坐着，在座位上扭来扭去。患者在教室或其他要求安静的场合擅自离开座位，到处乱跑或攀爬，难以从事安静的活动或游戏，手足活动不停。

（三）行为冲动

在信息不充分的情况下，快速地做出行为反应。表现冲动，做事不顾及后果，凭一时兴趣行事，为此常与同伴发生纠纷或打斗，造成不良后果。在别人讲话时插嘴或打断别人的谈话；在老师的问题尚未说完时，便迫不及待地抢先回答；不能耐心地排队等候。

ADHD的核心症状，便是注意缺陷、活动过多和行为冲动，具有诊断价值。

（四）学习困难

因为注意障碍和多动影响了患者在课堂上的听课效果、完成作业的速度和质量，致使其学业成绩差，常低于其智力所应该达到的学业成绩。

（五）神经系统发育异常

患者的精细动作、协调运动、空间位置觉等发育较差。例如，翻手、对指运动、系鞋带和扣纽扣都不灵便，左右分辨困难。少数患者伴有语言发育延迟、语言表达能力差、智力偏低等问题。

（六）品行障碍

注意缺陷多动障碍和品行障碍，共病率高达30%～58%。品行障碍表现为攻击性行为，例如，辱骂、打伤同学、破坏物品、虐待他人和动物、性攻击、抢劫等；或一些不符合道德规范及社会准则的行为，例如，说谎、逃学、离家出走、纵火、偷盗等。

四、注意发展缺陷的影响因素

（一）生理因素

学前儿童的神经系统发育还不成熟，某些机能发育还不完善，所以他们很难长时间坚持做一项工作，有的学前儿童的神经系统先天达不到正常儿童的状态，导致他们注意力不集中。另外，有的学前儿童先天对外界刺激比较敏感，注意力容易分散。例如，胆汁质的学前儿童注意力容易起伏，注意的稳定性比较差。

（二）环境因素

有些时候是环境中的太多无关刺激引起学前儿童的注意分散。活动室布置得比较复杂，装饰的东西比较新鲜，无关的物品比较醒目，声音过于嘈杂，光线过强或过弱，老师的服饰比较新奇等都容易引起他们分心。学前儿童还有可能因对所从事的任务不感兴趣，或者长时间从事单调、枯燥的任务而注意力不集中。另外，如果学前儿童由于居住或者饮食原因导致他们体内铅含量超标，也容易导致注意发展缺陷。

（三）教育因素

首先，有的学前儿童出现注意缺陷的表现可能是长时间不理解老师提出活动和要求，他们不知道该怎么做，也不知道该如何参与进来。所以，老师上课需要询问小朋友"听明白了吗"。同时，让他们重复老师的要求，有的活动规则还需老师示范。其次，如果老师的活动组织比较单一，例如，只注重用图片吸引学前儿童的注意，时间长了，他们就失去了兴趣。有的幼儿园学生数量比较多，老师很难照顾到所有人，照顾不到的学前儿童因缺少老师的关注而缺少参与活动的积极性；也有的老师经验不够丰富，活动的要求和规范比较死板，时间久了就可能导致一些学前儿童注意发展缺陷。

（四）家庭因素

父母的教养方式不当，例如，管教过严，会使孩子感到紧张和焦虑；父母关系不和谐，经常闹矛盾，导致家庭氛围紧张等。在这样的家庭环境中，时间久了，孩子就养成了分心的习惯。

五、注意发展缺陷的矫治

（一）食物治疗

注意发展缺陷可以通过食物治疗。家长应注意孩子的营养，尽量让孩子少吃含食品添加剂的食物，补充孩子所必需的维生素、氨基酸等微量元素。

（二）行为干预

行为干预包括在心理老师指导下的心理教育、自我调整、认知行为干预、家庭干预、学校干预和社会技能训练等。行为干预不仅可以改善学前儿童的视听觉注意水平，增加注意的稳定性和持久性，而且可以减少学前儿童的多动、冲动行为，提高学习效果。

（三）心理教育

心理教育是所有其他矫治方法的基础。学前儿童老师和家长要不断学习，掌握学前儿童注意发展缺陷的知识，包括原因、症状、矫治方法、预后等基本知识。

（四）自我调整

注意发展缺陷的学前儿童很难独自完成一件事情，所以家长可以配合他们一起进行自我调整，例如，家长和孩子一起做"手部操"等。

（五）认知行为干预

学前儿童的认知水平比较低，他们还认识不到自己的某些行为是不正确的。家长要想办法引导他们认识到自己的行为正确，并积极引导，努力改正。当他们主动想改正时，家长要给予帮助，例如，孩子不喜欢阅读，家长可以选择他们感兴趣的材料，陪同他们一起阅读。

（六）家庭干预

针对因家庭因素而导致的注意发展缺陷，专业人员需要以家庭为整体进行系统的干预。在家庭干预中，父母起着关键性作用，所以要先进行改变；同时，专业人员还要帮助父母掌握学前儿童注意发展缺陷的干预方法，例如，阳性强化法，即孩子表现好给予鼓励，表现不好要淡化。

（七）学校干预

学校要对注意发展缺陷的学前儿童采取一些方法，例如，代币法。代币法是改善学前儿童不良行为较为有效的方法。代币是一种象征性的强化物，在教育上常用的有小贴纸、小红旗、小红花、五角星等。当学前儿童的代币积累到一定数量，便可以换取自己想要的物品。应用代币法的目的是以代币为强化物，当学前儿童出现良好行为时，则给予代币；当学前儿童出现不良行为时，则扣减代币，以减少不良行为，从而间接强化良好行为。同时，老师的教学目的要明确，教学方法要丰富，将有意注意和无意注意结合起来矫治学前儿童的注意发展缺陷问题。

（八）社会技能训练

注意发展缺陷的学前儿童面临着严重的社会发展问题，他们与家庭成员、老师和朋友的关系十分受影响。因此，需要传授他们与他人相处的技能。社会技能训练的具体方法包括演讲、角色扮演等。

（九）感觉统合训练

感觉统合训练是矫治学前儿童注意发展缺陷较有效的方法。感觉统合训练就是给学前儿童设定训练计划，通过让他们玩一些器材、教具，训练他们的感觉能力和运动能力，进而提高他们的注意品质。这个方法让学前儿童在活动中得到训练，符合学前儿童的身心发展特点，易于幼儿接纳。

（十）生物反馈训练

生物反馈训练是借助仪器来矫治学前儿童注意发展缺陷的方法，专门机构一般都有生物反馈仪。例如，当孩子能够保持注意时，反馈仪上有棵小树就能活下来，否则会死掉。但是，脑电生物反馈训练的长期效果，有待进一步证实，也是未来的研究方向之一。

【真题演练】

一、选择题

1. 学生进行计算时，发现自己计算错误，并进行了改正，这体现了注意的（　　）。
   A. 选择功能　　　　　　　　B. 维持功能
   C. 调节和监督功能　　　　　D. 集中功能
2. 有的老师经常变换自己的服装或突然烫了发，这在上课时就成了新异刺激物，吸引着学生的注意。为了不影响上课，烫发的老师要在上课前利用早读或课间休息时间，先到讲课的班级中去，与学生接触，让学生的新异感在课前发生，让他们看个够，那么到了上课时，老师的发型或服装就不成为新异的刺激物了，这样是为了避免（　　）的消极作用。
   A. 无意注意　　B. 有意注意　　C. 非意志注意　　D. 意志注意

二、简答题

1. 简述注意的品质。
2. 学前儿童注意分散的原因有哪些？

第六章 学前儿童的记忆

思维导图

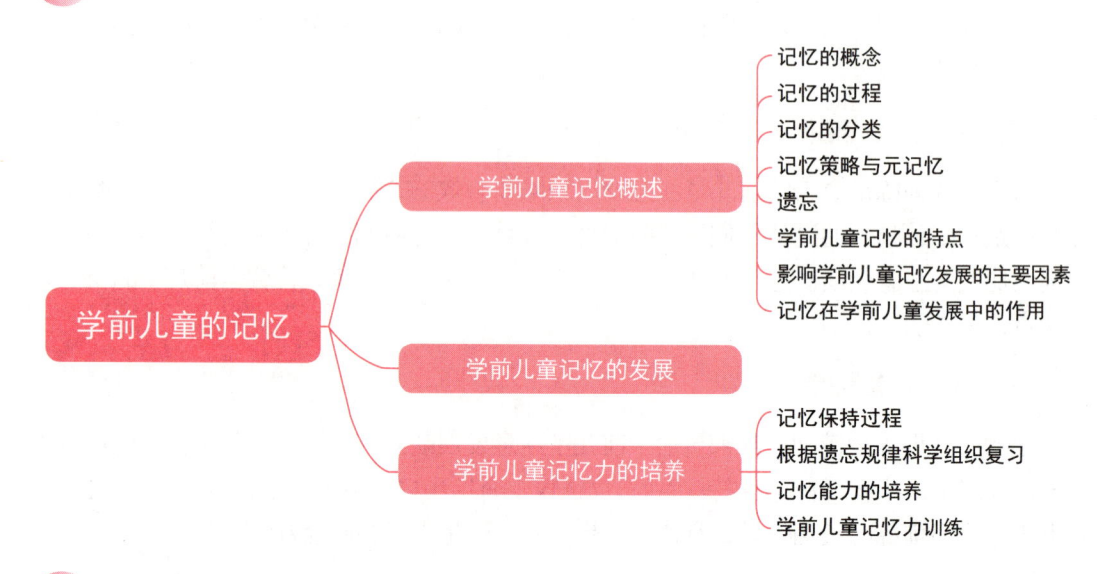

- 学前儿童的记忆
  - 学前儿童记忆概述
    - 记忆的概念
    - 记忆的过程
    - 记忆的分类
    - 记忆策略与元记忆
    - 遗忘
    - 学前儿童记忆的特点
    - 影响学前儿童记忆发展的主要因素
    - 记忆在学前儿童发展中的作用
  - 学前儿童记忆的发展
  - 学前儿童记忆力的培养
    - 记忆保持过程
    - 根据遗忘规律科学组织复习
    - 记忆能力的培养
    - 学前儿童记忆力训练

内容提要

记忆是在感知基础上形成的,是过去经验在人脑中的反映。它与感知觉都是人脑对客观现实的反应,但记忆是比感知觉更加复杂的心理现象,反映的是过去的经验,兼有感性认识和理性认识的特点。记忆对学前儿童的心情具有重要作用,它影响学前儿童知觉、想象、思维、语言及个性特征的形式。因此,记忆是学前儿童认知发展的中心内容。本章着重介绍了记忆的分工及在学前儿童心理发展中的特点和作用。

学习目标

1. 知识目标:掌握记忆的概念、过程及分类,了解学前儿童记忆的发生、发展。
2. 能力目标:掌握学前儿童记忆发展的特点。
3. 素质目标:掌握并应用学前儿童记忆的方法策略。

第一节　学前儿童记忆概述

一、记忆的概念

记忆是过去经验在人脑中的反映。人的大脑感知过的事物、思考过的问题和理论、体验过的情感和情绪、练习过的动作，都是记忆的内容。

记忆同感知觉一样也是人对客观现实的反映，但记忆是比感知觉复杂的心理现象。感知觉反映的是当前直接作用于感官的对象，是人对事物的感性认识。而记忆反映的是过去的经验，它兼有感性认识和理性认识的特点。所谓过去的经验，就是指过去感知过的事物，过去经历过的事物都会在头脑中留下痕迹，并且在一定条件下展现出来，这就是记忆。

二、记忆的过程

记忆是一个复杂而又积极的心理过程，包括识记（编码）、保持（储存）、恢复（再认或回忆），这三个环节也是整个心理活动的基本条件。

识记（编码）是指识别和记住事物的过程，即信息的获取。识记是一个反复感知的过程。识记是记忆过程的开端，是保持和回忆的前提。保持（储存）是巩固已获得的知识经验的过程，即将识记过的心理留存在记忆中。恢复是再认和回忆的统称，回忆或再认是在不同情况下恢复过去经验的过程。经历过的事物不在眼前时，能把它重新回想起来，即称为回忆；当经历过的事物再度出现时，能把它重新辨认出来的过程叫作再认。

识记、保持、再认和回忆这三个过程，是有密切联系的。识记、保持是再认和回忆的前提，再认和回忆是识记和保持的结果和证明。

三、记忆的分类

（一）根据记忆内容在头脑中保持的时间长短分类

1. 感觉记忆

感觉记忆（Sensory Memory），又称瞬时记忆，是指客观刺激物停止作用后，它的印象在人脑中只保留一瞬间的记忆，是记忆系统的开始阶段。就是说，刺激停止后，感觉印象并不立即消失，仍有一个极短的感觉信息保持过程。但如果不进一步加工的话，就会消失。因此，感觉记忆内容保存的时间很短。据研究，视觉感觉记忆保存时间在 1 秒以下，听觉感觉记忆保存时间为 4～5 秒。例如，扫视超市里琳琅满目的商品。在感觉记忆中没有受到注意的信息很快就会消失，若受到注意就会转入记忆系统的第二阶段——短时记忆。感觉记忆中的信息是未经任何加工的，按刺激原有的物理特征编码。感觉记忆的容量较大，它在瞬间能储存较多的信息。

2. 短时记忆

短时记忆（Short-term Memory），又称工作记忆（Working Memory），是指信息一次呈现后，保持时间在 1 分钟左右的记忆，是感觉记忆和长时记忆的中间阶段。例如，看了快递收件码后，马上就能根据记忆背出这个号码，但取完快递后就会很快忘记，这就是短时记忆。听课时边听边记下老师讲课的内容，也靠的是短时记忆。短时记忆接收来自感觉记忆中的信息，并从长时记忆中提取信息，进行有意识加工。短时记忆的容量有限，一般为 7±2 个组块，组块可以是 7 个无意义音节，也可以是 7 个彼此无关联的字母或 1 个单词。

复述是短时记忆的重要保持机制，信息得到复述后可以保持较长的时间，否则会很快消失。复述还可以使信息从短时记忆进入长时记忆。

【知识窗】

有关记忆容量的研究主要集中于短时记忆容量的发展研究上。

从记忆容量上来说，成人的短时记忆广度为 7±2 个组块（信息单位），3 岁学前儿童为 3 个组块左右，4～5 岁学前儿童约为 5 个组块，6 岁左右学前儿童为 6 个组块。

我国心理学工作者曾采用再认测量法和再现测量法，对 3～6 岁的学前儿童视、听觉记忆的记忆保持量作了研究。结果发现，从视觉保持量来看，学前儿童再认的保持量随年龄发展而有显著提高；从听觉保持量来看，学前儿童再认、再现保持量随年龄发展而有显著提高。

从工作记忆的角度来解释记忆容量的增加：所谓工作记忆，是指在短时记忆过程中，把新输入的信息和记忆中原有的知识经验联系起来的记忆。随着年龄的增长，学前儿童工作记忆中持有信息的能力在增长，这种能力称为 M 空间（记忆空间）。

3. 长时记忆

长时记忆（Long-term Memory）是指信息保持时间在 1 分钟以上乃至终生的记忆。长时记忆是一个真正的信息库，它的容量巨大，可以长期保持信息。长时记忆存贮着我们关于世界的一切知识，为我们的一切活动提供必要的知识基础，使我们能识别各种模式，运用语言进行推理和解决各种问题。长时记忆把我们的过去、现在和将来连成了一个整体。

以上三种记忆既有不同的特点和功能，又密切联系、前后贯通，构成了完整记忆系统，如图 6-1 所示。外部信息最先输入感觉记忆，感觉记忆有丰富的信息，它具有各感觉通道的某些特征，可以被分为图像记忆、声像记忆等，但很快就会消失。有时信息会受到注意进入短时记忆,信息编码的形式可以是听觉的、口语的或书面语言的,但短时记忆的信息也会很快消失。短时记忆可以被看作一个工作系统,当从感觉记忆传来的信息转入长时记忆以前,短时记忆可以作为一个缓冲器,也可以被看作是信息进入长时记忆的加工器。长时记忆是一个真正的信息库,信息在这里可以有多种编码方式。长时记忆中的信息可能会因为消退、干扰或强度降低而不能被提取出来,但这些信息的储存可以说是永久性的。信息从一个记忆阶段到另一个记忆阶段,多半是受人有意识或无意识地控制。复述是完成信息转移的关键,简单的保持性复述效果不佳,只有精细的整合性复述才能将复述材料加以组织,并与其他信息联系起来,在更深层次上加工,这时信息才能从短时记忆转入长时记忆。

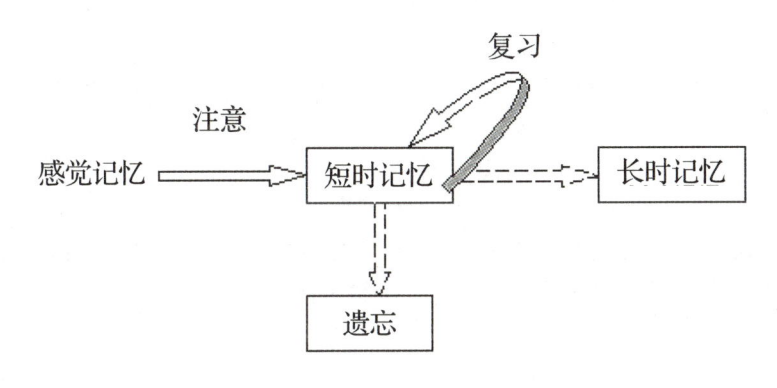

图6-1 记忆系统

(二)根据记忆的意志性和目的性分类

1. 无意记忆

无意记忆又称随机记忆,是指没有预定的目的要求、没有任务、不需要努力,在不知不觉中自然而然产生的记忆。无意记忆是指没有自觉记忆目的和任务,也不需要意志努力的记忆。例如,小明无意间记住了广告词。

2. 有意记忆

有意记忆又称随意记忆,是指有一定的目的任务,按一定的方法、步骤,需要做一定意志努力的记忆。例如,让小朋友识记水果的英语单词、记住班上小朋友的名字,这就是有意记忆。幼儿初期学前儿童的无意识记占优势。凡是学前儿童感兴趣的、印象鲜明强烈的事物易记住。

学前儿童的有意识记一般发生在四五岁的时候。这时学前儿童的有意识记是被动的,识记任务和要求是由成人提出的。在教育影响下,幼儿晚期学前儿童的有意识记和追忆的能力进一步发展起来。到了五六岁时,识记的有意性有了进一步的明显发展,这时学前儿童不仅能逐步确定自己识记的任务,主动地进行识记,而且开始用一些简单的识记和策略去识记自己所需的材料。

（三）根据记忆的内容分类

1. 形象记忆

形象记忆是以感知过的事物形象为主要内容的记忆。形象记忆可以是视觉的、听觉的、嗅觉的、味觉的、触觉的。例如，对一首歌、某种香味的记忆都是形象记忆。人的记忆都是先从形象记忆开始的，人们通过形象记忆获得直接经验。正常人的视觉记忆和听觉记忆通常发展得较好，在生活中起主要作用。

2. 逻辑记忆

逻辑记忆是以词语、概念、原理为内容的记忆。这种记忆所保持的不是具体的形象，而是反映客观事物本质和规律的定义、定理、公式、法则等。例如，对心理学概念的记忆，对物理学中公式的记忆等，都属于逻辑记忆。它具有概括性、理解性和逻辑性等特点。

3. 情绪记忆

情绪记忆是指以体验过的某种情绪或情感为内容的记忆。例如，失恋后的痛苦心情、旅行时的愉快心情的记忆，就是情绪记忆。情绪记忆有时比其他记忆更为持久、深刻，甚至终生不忘。

4. 运动记忆

运动记忆是以做过的运动或动作为内容的记忆。例如，对舞蹈、拳击等动作的记忆都属于运动记忆。运动记忆是运动、生活和劳动技能的形成及熟练的基础，对形成各种熟练技能是非常重要的。运动记忆一旦形成，保持的时间往往长久。在运动记忆中，大肌肉的动作不易遗忘，而小肌肉的动作易遗忘。

在实际生活中，以上几种记忆是相互联系的，对不同记忆内容的分类主要是为了研究的需要。

（四）按记忆的意识参与程度分类

1. 外显记忆

外显记忆（Explicit Memory）是指个体有意识地、主动地进行记忆，即当个体需要有意识地或主动地收集某些经验用以完成当前任务时所表现出的记忆。它是有意识提取信息的记忆，强调的是信息提取过程的有意识性，而不在意信息识记过程的有意识性。例如，用公式解题、背古诗。外显记忆能随意地提取记忆信息，能对记忆的信息进行较准确的语言描述。例如，自由回忆、线索回忆及再认等，都要求人们参照具体的情境将所记忆的内容有意识地、明确无误地提取出来，因而测量时只需要求被试者明确地意识到，并能够直接提取信息即可。

2. 内隐记忆

内隐记忆（Implicit Memory）是指在不需要意识或有意回忆的情况下，个体的经验自动对当前任务产生影响而表现出来的记忆。例如，学会骑车后，就能不加任何思索地骑车，此时的记忆就是内隐记忆。个体在内隐记忆时，没有意识到信息提取这个环节，也没有意识到所提取的信息内容是什么，而只是通过完成某项任务才能证实他保持某种信息。如果人们在完成某种任务时受到了先前学习中所获得的信息的影响，或者说由于先前的学习而使完成这些任务更加容易了，就可以认为是内隐记忆在起作用。

视频 6-1 内隐记忆

学前儿童记忆的效果主要受兴趣和事物形象影响，凡是学前儿童感兴趣、形象生动、具体并有情绪色彩的事物，就容易被幼儿记住，反之则效果不好。因此，家长要尽可能利用学前儿童读物、挂图、模型、玩具等色彩鲜明、形象生动、美丽诱人的实物，让幼儿看，使他们从中学到知识，并在有意无意中培养他们的记忆力。

（五）根据识记时对材料是否理解分类

1. 机械记忆

机械记忆是在不了解材料意义的情况下，只根据材料的表现形式，采用简单重复的方法进行的一种记忆，即所谓的"死记硬背"。

2. 意义记忆

意义记忆是根据材料的意义和逻辑关系，运用有关经验进行的一种识记。我们识记时首先要有明确的目的和任务，再根据记忆的内容、性质、数量及难易程度灵活运用记忆方法，这样意义记忆效果较好。

幼儿比较善于机械识记，这时多让他们记一些小诗、短文是有益的。但研究表明，幼儿对熟悉的、理解的事物记得较牢固，例如，背古诗《春晓》，在教他们背之前，先把诗歌描绘成美丽的图画，再用故事形式讲述诗的内容，幼儿背起来就快，也不容易忘。

四、记忆策略与元记忆

（一）记忆策略

记忆策略是人们为有效地完成记忆任务而采用的方法或手段。个体的记忆策略是不断发展的。弗拉维尔（Flavell, 1966）等提出记忆策略的发展可以分为三个阶段：一是没有策略；二是不能主动应用策略，但经过诱导，可以使用策略；三是能主动自觉地采用策略。一般来说，学前儿童 5 岁以前没有策略，5~7 岁处于过渡期，10 岁以后记忆策略逐步稳定发展起来。

下面介绍几种常见记忆策略的形成：复述、中介、组织。

（1）复述：这是一种非常重要的储存策略，是指为了保持信息，运用内部语言在大脑中重新呈现学习材料或刺激，以便将注意力维持在学习材料上的策略。例如，反复背书。

> **【知识窗】**
>
> ### 儿童复述策略的发展
>
> 弗拉维尔等做过一项实验，被试是幼儿园和小学的5、7、10岁儿童。实验时，先呈现给被试7张物体图片，主试依次指出3张图片要求被试记住。15秒后，要儿童从中指出已识记的那3张图片。在间隔时间内，让儿童戴上盔形帽，帽舌遮住眼睛。这样儿童看不见图片，主试却能观察到儿童的唇动。以唇动次数作为儿童复述的指标。结果是20个5岁儿童中只有2个（10%）显示复述行为，7岁儿童中60%有复述行为，10岁儿童中85%有复述行为。在每一年龄组中，采用自发复述策略的儿童的记忆效果优于不进行复述的儿童。
>
> 帕里斯（Weissberg Paris，1986）的另一项研究则发现：在某些情况下，儿童也能运用复述策略，只是使用频率较低。3～4岁的儿童中43%有复述行为，6～7岁儿童中79%有复述行为。年长儿童与年幼儿童除了复述策略使用率不同外，其复述的方式也是不同的。如果让儿童记忆呈现给他们的一组单词，5～8岁的儿童通常会按原来的顺序每次复述一个单词，而12岁的儿童会成组地复述词语，也就是每次复述前面连续的一组单词。
>
> 【思考】：为什么年幼的儿童不能更有效地复述呢？

（2）中介：是指利用言语作为中介来识记学习材料，也是一种有效的记忆策略。不同年龄的学前儿童利用言语为中介的能力是有差别的。

哈根和金斯莱的研究表明，利用言语中介能力与年龄有关。他们以5、10岁学前儿童为被试，将这些学前儿童分成实验组和控制组。在实验过程中要求实验组的学前儿童发声说出卡片上所给的动物名称，即运用言语中介。控制组的学前儿童不能发声说出动物名称，即不运用语言中介。结果发现，运用语言中介的学前儿童其记忆效果低于不运用语言中介的学前儿童。语言中介对7、8、9岁儿童的帮助最大，对4、5岁和10岁的学前儿童则无帮助，即4、5、10岁实验组学前儿童与控制组学前儿童的成绩几乎一致。

（3）组织（系统化）：是指个体找出要识记的材料所包含项目间的意义联系，并依据这些联系进行记忆的过程，包括对信息储存和提取这两方面的系统化。事实上，这是一种帮助学习者将学习材料作为有意义的逻辑知识纳入自己认识结构中的一种记忆策略。

研究发现，从幼儿园中班起，系统化记忆策略就开始出现在学前儿童的记忆过程中。例如，向学前儿童呈现一堆杂乱无序的图画，不少学前儿童回忆时却带有类别特征，例如，水果类、家具类、动物类等，把图画进行归类，然后回忆出来。

【知识窗】

弗拉韦尔等人曾进行过儿童系统化策略的研究。他们以 5～11 岁儿童为被试，刺激物为四类图片：动物、家具、交通工具和衣服。图片被摆成圆形，两两相邻的图片都属于不同的类别。要求儿童学习并记住这些图片，期间可以进行任何有助于记住这些图片的活动。结果发现：10、11 岁的儿童基本上能自发应用归类策略以提高记忆效果，而其他年龄儿童不能。但经过短暂的归类训练，年幼儿童也能达到 10、11 岁儿童自发归类水平。

卡巴·西格瓦则研究了儿童运用类别提问线索进行回忆的情况。他以 6、8、11 岁的儿童为被试，刺激物为 8 类图片，3 张为一类，共 24 张。同一类图片（例如，猴子、骆驼、熊）与一张大图片放在一起呈现，大图片与类别标志有关（例如，动物园中有 3 个空笼子）。当所有图片以这种方式呈现完毕后，对被试进行不同的回忆测验。其中之一是给出一些大图片，让被试回忆小图片。结果发现：随年龄增长，自发使用大图片进行回忆的人数逐渐增加，6 岁儿童中有 33%，8 岁儿童中有 75%，11 岁儿童中有 90%；儿童使用策略的有效性也越来越高，3 个年龄组的平均数分别为 11、16.2、19.7。

（二）元记忆的形成

元记忆是对记忆本身的认知活动，包括元记忆知识、元记忆监控和元记忆体验。其中，元记忆知识包括记忆主体方面的知识、记忆任务方面的知识和记忆策略方面的知识。关于元记忆，学前儿童并不是一无所有的。有关研究表明，学前儿童已表现出一定的元记忆的能力。弗拉韦尔等（1975）的研究发现，5 岁学前儿童已知道记住一个短的词要比记住一个长的词容易，记住昨天发生的事比记住上个月发生的事容易，记住熟悉的事比记住生疏的事容易，这反映出学前儿童已经具备了一定的元记忆知识。

五、遗忘

（一）遗忘的概念

记忆的内容不能保持或者提取时有困难就是遗忘。遗忘可以分为不同的种类。能再认不能回忆叫做不完全遗忘；不能再认也不能回忆叫做完全遗忘；一时不能再认或重现叫做临时性遗忘；永久不能再认或回忆叫做永久性遗忘。

【知识窗】

艾宾浩斯遗忘曲线

被试：艾宾浩斯，见图 6-2

材料：无意义音节（例如，hufkso、gufsnbn）

方法：节省法，也叫再学法，就是要求被试学习一种材料后，过一段时间再以相同的程序重新学习这一材料，以达到原先的学习程度为准。

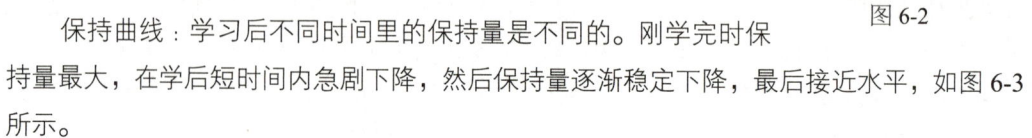

$$\frac{节省率}{保持量} = \frac{初学时间或次数 - 再学时间或次数}{初学时间或次数}$$

保持曲线：学习后不同时间里的保持量是不同的。刚学完时保持量最大，在学后短时间内急剧下降，然后保持量逐渐稳定下降，最后接近水平，如图 6-3 所示。

图 6-2

结论：

① 遗忘在学习之后立即产生，遗忘是先快后慢；

② 及时复习，分散复习。

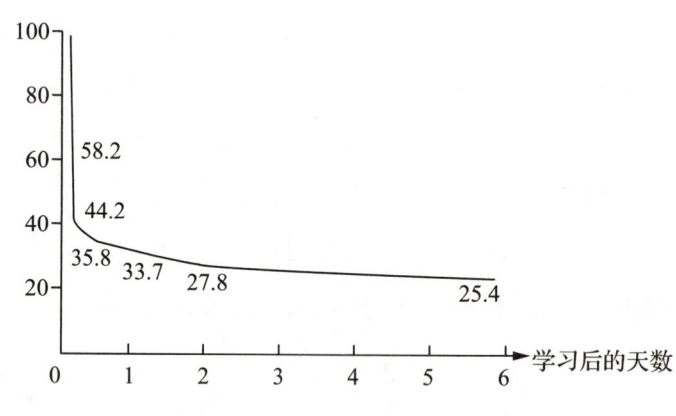

图 6-3　不及时复习的遗忘曲线

（二）遗忘的原因

1. 衰退说（自动消退说）

巴甫洛夫认为，遗忘是记忆痕迹得不到强化而逐渐衰退，以至于最后消退的结果。记忆痕迹是指记忆活动使脑神经活动细胞或大脑产生的变化。

2. 干扰说

干扰说认为，遗忘是因为学习和回忆受到了其他刺激的干扰。干扰可以分为前摄抑制和后摄抑制。前摄抑制是指先学习的材料对后学习的材料产生抑制作用，例如，小丽学习英语单词时，容易受到以前学习过的汉语拼音的干扰。后摄抑制是指后学习的材料对之前学习材料的干扰作用，例如，英文的读音和词组总会影响和干扰小强回忆之前汉语的拼音和使用。

3. 同化说

奥苏贝尔认为，遗忘是知识的组织与认知结构简化的过程，即用高级概念替代低级概念，是一种积极的遗忘。也就是说，大脑会主动遗忘旧观点和一些效率低的方法。

4. 提取失败

该理论认为，存储在长时记忆中的信息永远不会消失，我们之所以不能提取出来，是因为缺乏提取线索或线索错误。舌尖效应就能很好地说明这个理论，舌尖是指明明知道一些事情，但一时就是回忆不出来。

5. 压抑说/动机说

弗洛伊德提出了动机说，也称压抑说，认为遗忘是由于情绪或动机的压抑作用引起的。如果这种压抑被解除，记忆也就能恢复。例如，人们对正面的事情记忆得多，对负面的事情记忆得少。

六、学前儿童记忆的特点

（一）无意记忆占优势，有意记忆逐渐发展

1. 无意记忆占优势

（1）无意记忆的效果优于有意记忆。

（2）无意识记效果随着年龄增长而提高。例如，给小、中、大三个班的学前儿童讲同样一个故事，事先不要求识记，过了一段时间以后，进行检查，结果发现，年龄越大的学前儿童无意识记得成绩越好。

（3）无意识记是积极认知活动的副产物。

2. 有意识记逐渐发展

有意识记的发展是学前儿童记忆发展中最重要的"质的飞跃"。学前儿童有意识记的发展有以下特点：

（1）学前儿童的有意识记是在成人的教育下逐渐产生的。

（2）有意识记的效果依赖对记忆任务的意识和活动动机。例如，学前儿童对于喜欢的

事物记忆会更深刻。

（3）学前儿童有意再现的发展先于有意识记。

（二）记忆的理解和组织程度逐渐提高

幼儿期是意义记忆迅速发展的时期。主要有如下特点：

1. 机械记忆用得多，意义记忆效果好

（1）学前儿童机械记忆用得多的原因是学前儿童大脑皮质的反应性较强，感知一些不理解的事物也能留下痕迹，而且学前儿童对于很多事物的理解能力也比较差，对许多识记材料不理解，不会进行加工，只能死记硬背，进行机械记忆。

（2）学前儿童意义记忆的效果优于机械记忆。随着年龄增长，学前儿童渐渐理解了材料间的相互关系，形成了有效的分析，明白了以后，效果比不理解的好。

2. 学前儿童的机械记忆和意义记忆都在不断发展

年龄较小的学前儿童意义记忆的效果比机械记忆要高得多，而随着年龄增长，两种记忆效果的差距逐渐缩小，意义记忆的优越性似乎降低了。这并不表明机械记忆的发展越来越迅速，而是由于年龄增长，机械记忆加入了更多的理解成分。

（三）形象记忆占优势，语词记忆逐渐发展

1. 学前儿童形象记忆的效果优于语词记忆

形象记忆是根据具体的形象来记忆各种材料。在学前儿童语言发展之前，其记忆内容只有事物的形象，即只有形象记忆。在学前儿童语言发生后，直到整个幼儿期，形象记忆仍然占主要地位。例如，给学前儿童苹果、草莓的实物，让他们记忆，他们更容易记忆，如果只用言语告诉他们说有苹果、草莓来进行记忆，记忆的效果不如形象记忆。

2. 形象记忆和语词记忆都随着年龄的增长而发展

3~4岁学前儿童无论是形象记忆或者是语词记忆，其水平都相对较低。其后，两种记忆的结果都随年龄的增长而增长。

3. 形象记忆和语词记忆的差别逐渐缩小

两种记忆效果之所以逐渐缩小，是因为随着年龄的增长，形象和词都不是单独在学前儿童的头脑中起作用，而是有越来越密切的相互联系。一方面，学前儿童对熟悉的物体能够叫出其名称，那么物体的形象和相应的词紧密联系在一起。另一方面，学前儿童所熟悉的词，也必然建立在具体形象的基础上，词和物体的形象是不可分割的。

形象记忆和语词记忆的区别只是相对的。在形象记忆中，物体或图形起主要作用，语词在其中也起着标志和组织记忆形象的作用。在语词记忆中，主要记忆内容是语言材料，但是记忆过程要求语词所代表的事物的形象做支柱。随着学前儿童语言的发展，形象和词

的相互联系越来越密切，两种记忆的差别也相对减少。

七、影响学前儿童记忆发展的主要因素

影响学前儿童记忆发展的主要因素包括智力因素、非智力因素、环境因素。其中，环境因素又包括家庭、学校、社会等多方面的环境因素。

（一）智力因素

智力也叫智能，是指一个人可能掌握的知识，并用于解决生活、工作和学习中的问题的能力。教育可以使知识增加，但不能完全靠教育来提高智力水平。受过教育的人不一定比没受过教育的人智力水平高。智力表现在计算力、理解力、分析综合能力、抽象概括能力和创造力等方面。

法国心理学家比奈认为，智力是一种判断能力，创造能力，适应环境的能力。我国心理学家朱智贤认为，智力是人的个性中偏于认识方面的特点，其中包括三方面：一是个人的感知记忆能力或才能，二是个人的抽象概括能力或才能，三是独创性地解决问题的能力或才能。

一般年满7周岁并且能够正常进入小学的儿童，他们的智商并没有出现明显的差异。然而，儿童的智力的确存在着高低，智力的高低也确实可以在他们的学习中得以体现。但是，智商高的孩子也并非如想象中的可以得到优异的成绩。那么，必定还有许多其他的因素在影响着他们的发展。

（二）非智力因素

一般的共识是，智力因素对学习活动起直接作用，而非智力因素与学习有着十分密切的关系，因而越来越受到国内教育工作者的普遍关注。

那么，究竟什么是非智力因素呢？目前，人们对它尚无统一的看法，有些学者从广泛的意义上去理解它，认为非智力因素是除智力以外的一切对学习有影响的心理因素。学者们从提高学习效果的角度出发，认为如果能够正确地分离和描述这些非智力因素，并对其进行深入研究，将有助于学生更好地学习和取得成功。也有学者从狭义的角度去理解非智力因素，他们把非智力因素的范围规定为影响儿童学习的五种基本心理因素：动机、兴趣、情感、意志和性格。此外，在教育实践领域中，还有学者把那些狭义的非智力因素分解为更具体的一些因素来进行研究。例如，成就动机、求知欲望、学习热情、自信心、自尊心、好胜心等。

（三）环境因素

如前所述，个体发展有其内在原因，特别是对儿童而言，同样，环境的影响也不可忽略。而且，儿童的发展正是环境条件与内在因素交互作用的结果。不同的环境对儿童的发展具有不同的影响，而他们的发展又是在多种环境因素制约下的结果。

1. 家庭

家庭对学前儿童心理发展的影响是贯穿一生的，但在生命的最初阶段，这种影响尤为明显。学前儿童在进小学之前，一般有 6 年时间在家庭里养育。这时期的养育，首要的是促进学前儿童的身体成长；其次是促进学前儿童的社会交往；最后是促进学前儿童的认知发展。这样的家庭教育即使在遗传和胎儿环境都正常的健康学前儿童中也造成广泛多样性的个体差异。

家庭因素主要包括家庭在社会—经济地位方面的差异、家庭对社会传统与新风的选择与认可程度的差异、教育者在知识水平和类型方面的差异。上述三方面的差异还可以交互作用，形成不同的组合，甚至出现奇异的变式。

在学前儿童生命的早期阶段，各种心理特征和可塑性最强，各种影响最易落下"烙印"，而家庭是他们早期生活的主要场所。因而，父母或其他家人对其进行的早期教育，在很大程度上直接制约着他们心理发展的速度和程度，进而创造其个人发展的不同的"前史"条件。居里夫人教子的故事、中国科技大学少年班学生的成长历程及反面的印度狼孩的事实都无可争辩地表明：良好、合理的早期教育是学前儿童心理得以正常、健康发展的基本前提，更是学前儿童整体得以发展的坚实基础。

许多研究表明，父母的不同教育观念直接影响子女的学习状况，对孩子今后的发展起着举足轻重的作用。露西对有关文献进行研究后指出以下四种特殊的教养方式对学前儿童发展具有很大作用：①对规定和限制做出解释，即为什么这样做，允许孩子参与；②做出规定活动时把对孩子的期盼表达出来，并恰当运用奖惩手段；③在家里提供丰富的刺激材料，让孩子主动、自由地参与活动；④家长与孩子一起从事有关的活动，并在活动中给予切实的指导和帮助。

2. 学校

随着学前儿童年龄的增长，孩子进入学校进行系统的知识学习，此时学校教育对学前儿童发展主要来源于老师、同伴、学校的环境与气氛。老师的教学风格、自身特点和期盼都会给学校教育带来影响。李皮特等根据勒温关于管理方式的理论，针对学校情景中老师的特点，将老师划分为强硬专制型、仁慈专制型、放任自流型和民主型四种不同的类型，并指出民主型老师更有助于学前儿童的发展，仁慈专制型老师容易养成学生依赖的习惯，不利于学生的发展，应坚决摒弃。

通过观察我们可以发现，教学态度民主，尊重学生的意见，允许大胆思考，鼓励学生提问，注意因材施教，言辞风趣、幽默的老师能培养出富有创造性的学生，学生的发展潜力大大提高。这种"民主性"给予学生充分的经验和表达自由，使他们的思维摆脱了多种既定"标准"的束缚，获得探索的自信和勇气，因此有利于学前儿童发展。老师的期盼会影响学前儿童的自我期盼，进而影响他们的发展。罗森塔尔在研究中发现了"皮格马利翁效应"，即老师的期盼会影响学生的发展。老师在充分认识到每个学生都有潜力的基础上，认识到他们的资质会在不同的侧面以不同的形式表现出来时，就会对学生发展起到积极的促进作用。

学校的同伴关系也是影响学前儿童发展的重要因素之一。良好的同伴互动可以使学前儿童相互切磋，形成互相竞争、互相激励、共同上进的气氛。如果这个群体是一个积极上进、富于创新的小群体，这种趋同性可能促进学前儿童的发展；但如果这个群体是一个"不务学业或消极保护"的小团体，就极易遏制学前儿童的发展。现在我们把义务教育法令下的学校教育影响与家庭教育影响作比较，看看两者的不同之处。

（1）学校教育的影响更具有普遍性，这可以表现在以下几方面。

① 为了适应社会生产力发展的需要，学校普遍地教育学前儿童具备起码的知识技能；

② 为了维护国家与民族的独立和历史文化，学校普遍地重视对学前儿童进行价值观方面的意识形态教育，这在我国的学校教育中已经形成了一种独特的传统，应该继续坚持；

③ 我国今天的学校又普遍重视起对学前儿童进行属于全人类共同财富的、旨在推进世界和平的精神文明教育。

在上述三方面，相对于家庭教育而言，学校教育的普遍性起着缩小个体差异的作用。

（2）学校通过义务教育，帮助大部分无力承担子女教育的家庭实施对下一代的教育，这就提高了全社会基础教育的水平，缩小了个体差异。

（3）学校通过各方面的专业老师，以各种设备器材，满足志趣不同的学生的需要，从而在新的水平上造就更加多姿多彩的个体差异，实现相对于学生个体志趣而言的公平教育。学校在这方面可以做得非常系统，从校内开设的"兴趣课"，到学校所在地区的各级校外辅导机构，乃至把学前儿童送到更加专业的机构去接受准备性的训练，使才艺潜能不同的学前儿童得到更充分的发展。

3. 社会环境因素的作用

基础教育总是在一定的社会环境下进行的，社会环境一方面可以直接地为学前儿童提供成长的场所，另一方面可以为家庭和学校教育提供社会文化基础。人是生活在人类社会中的，从来就不是一个孤立的个体。学前儿童作为一个社会人，不可能不受到社会各方面因素的影响，学前儿童所有的心理品质和心理结构都是在这个社会环境中逐步形成的。

八、记忆在学前儿童发展中的作用

经验在学前儿童心理各方面的发展中都发挥着重要作用，而个人经验的积累主要依靠记忆，记忆有助于学前儿童其他心理过程和心理活动的发展。

（一）记忆有助于知觉的发展

记忆是在知觉的基础上进行的，而知觉的发展又离不开记忆，知觉包括经验的作用、知觉的恒常性，与记忆有密切关系。

（二）记忆有助于想象、思维的发展

学前儿童的想象和思维过程都要依靠记忆。记忆是思维间接性产生的必要心理条件。有了记忆，人才能积累知识、丰富经验，才能在此基础上进行思维。没有记忆或者记忆力很差，思维将失去材料、失去中介，也就不存在思维的间接性。构成想象的基本材料是人脑中的已有表象，如果没有记忆表象，就不可能创造出新形象，即想象就失去了产生的基础。例如，没有对山、火的感知表象就不可能想象出火山，没有对水的感知表象就不可能想象出大海。

（三）记忆有助于言语的发展

言语功能依赖于记忆功能。学前儿童在言语习得的过程中，首先需要记忆语音与词汇，这样，在记忆的基础上才能表达出来。如果没有记忆，学前儿童就无法掌握言语，记忆是言语获得的必要条件。

（四）记忆影响情感的发展

学前儿童记忆的发展也影响着学前儿童情感的发展。婴幼儿只有原始的恐惧心理，但随着经验的丰富与积累，较大学前儿童会开始出现与经验有关的恐惧。

总之，学前儿童的心理正在形成和初步发展，这个时期各种心理过程逐渐联系起来形成整体，而在这个过程中，记忆起重要的作用。

第二节 学前儿童记忆的发展

新生儿不会运用言语告诉成人他们所记住的内容，但心理学研究者运用定向反射、习惯化与去习惯化、重学记忆等判断指标发现，新生儿期就已经出现记忆。在出生后几天内，新生儿就能够辨认母亲的气味与声音。这是关于记忆清晰的证据，尽管它可能是胎儿时期的学习记忆，而不是崭新的学习。记忆很早就发生了，但并非一开始就十分完善，直到7岁左右，儿童的记忆能力才有显著提高。随着年龄增长，学前儿童的记忆在不断地发展，并呈现如下特点。

（一）记忆保持时间延长，记忆容量逐渐增加

1. 记忆保持时间延长

记忆包括识记、保持、回忆或再认三个过程，其中保持时间是衡量记忆能力的一项重要指标。随着年龄的增长，学前儿童的记忆保持时间不断延长，记忆能力不断提高。1~2个月的婴儿经过反复训练，可以积累并形成长时记忆。2个月大的婴儿几天后就忘记了曾

经练习过的通过踢腿移动婴儿床上方的运动物体,而6个月大的婴儿在3个星期后仍然记忆清晰。9~16个月的婴儿能够在成人的提示下,将简单的经历进行编码,并且可以保持1年之久。还有研究表明,1岁内婴儿的记忆可以保持2年,到幼儿期,记忆可以永久储存。例如,小时候背过的古诗、儿歌,记过的乘法口诀,听过的故事,到老年仍记忆犹新。

2. 记忆容量逐渐增加

学前儿童的记忆容量随年龄的增长正逐渐增加。由于感觉记忆和长时记忆的容量都是无限的,所以心理学研究者主要关注短时记忆容量的变化,对于学前儿童记忆容量的研究更是如此。研究表明,学前儿童与成人的短时记忆容量大致相当,这类似于他们在2秒内所能读出的单词量。在没有复述的情况下,通过信息组块化的方式,个体的短时记忆可以保持4个组块。由此可见,在极其短暂的时间内,学前儿童只能对有限的信息进行加工。随着年龄增长,7岁儿童短时记忆的容量才达到7+2个组块。

(二)内隐记忆逐渐丰富,外显记忆不断发展

学前儿童的记忆带有很大的无意性,他们的很多知识都是通过无意识记忆获得的。随着儿童年龄的增长,他们接触的事物越来越多,这为内隐记忆的发展提供了丰富的外部资源。因为接触的事物越多,个体越容易不由自主地产生内隐记忆。因此,凡是引起学前儿童兴趣的,能激起其强烈情绪体验的,直观、具体、鲜明、形象的事物越容易形成内隐记忆。随着学前儿童言语发展逐渐成熟及有意识记忆和追忆能力的发展,学前儿童建立了语词和体验之间的联系,开始对信息进行有意识的编码和处理,并通过有意识的努力去恢复信息,外显记忆逐渐发展起来。

(三)情景记忆占优势,语义记忆逐渐发展

情景记忆是以亲身体验过的事件为内容进行的记忆,记忆的内容是借助表象来实现的。因此相对于语义记忆,情景记忆更为精确。在整个学前期,情景记忆占优势,情景记忆的效果优于语义记忆的效果,这也是受学前儿童思维具体性特点的影响。随着年龄的增长及言语和抽象逻辑思维的发展,学前儿童语义记忆逐渐发展,发展的速度快于情景记忆的形成,语义记忆的效果也逐渐接近情景记忆的效果。

(四)自传记忆更加清晰详细

自传记忆实际上是情景记忆的一种特殊形式,它是我们生活中具有特别意义的事件的表征。早在1岁半左右,婴儿就可以在成人的影响下谈论自己过去形成的自传记忆。尼尔森的研究表明,学前儿童在进入学龄前时,开始以叙述的方式构造记忆,讨论自己。自传记忆直到3岁以后才较为准确。在整个学前期,学前儿童自传记忆的准确性逐渐提高。随着年龄的增长及言语和思维的发展,学龄儿童对自己亲身经历过的特殊场景的描述更加详细,逻辑组织性也更加严密,且随着自我意识的发展,描述中加入了更多的自我评价,学前儿童的自传记忆更加清晰详细。

第三节　学前儿童记忆力的培养

一、记忆保持过程

记忆是人类智力活动的仓库，苏联心理学家维果茨基认为，在心理活动的各个方面中，记忆占有优势地位，如果没有记忆能力，学前儿童每次都得去重新认识那些已经见过的事物，这样就不可能获得任何生活知识经验。学前儿童记忆发展对学习文化科学知识有直接的作用，所以在学前教育中，有效地培养学前儿童的记忆力具有重要意义。

记忆保持就是把已经获得的知识经验在大脑中储存和巩固的过程。记忆保持在记忆过程中有很重要的作用，没有保持，就没有记忆。在记忆保持阶段，大脑中储存的知识经验会发生"量"和"质"两方面的变化。

二、根据遗忘规律科学组织复习

遗忘是对识记的材料不能够再认和回忆或者再认和回忆时发生错误。19世纪德国心理学家艾宾浩斯最早研究了遗忘的发展过程，他提出了著名的艾宾浩斯遗忘曲线和遗忘的规律。

（1）谐音记忆法训练。谐音法可把枯燥乏味的数字（或其他材料）变为有意义的语言。例如，用谐音法记住"π"（3.1415926535897932384626……），可将其编成故事"山巅一寺一壶酒，尔乐苦煞吾，把酒吃，酒杀尔，杀不死，乐尔乐"。

（2）奇特联想记忆法。奇特联想记忆法可以把生活中容易遗忘的事物联系起来，便于记住。例如，气球、天空、导弹、苹果、小狗、闪电、街道、柳树八个词，可以用此方法把它们联系在一起：我被气球吊上天空，骑在一颗飞来的导弹上，导弹射出，一个苹果掉在小狗的头上，小狗受惊后像一道闪电似的奔跑，窜过街道，撞在柳树上，死了。这样把八个毫不相干的词就记住了。

训练：用奇特联想记忆法记住阳光、小鸟、实验室、玻璃、画布、美国、手纸、麦当劳。

三、记忆能力的培养

1. 重视大脑的工作状态，尊重学前儿童的个别差异，鼓励学前儿童理解记忆

脑的工作状态直接影响着记忆活动的效果，要给予学前儿童大脑充分的放松机会，譬如，适当的体育运动、欣赏优美的音乐和美术作品、良好的人际交往、在大自然中的自由

嬉戏，这些都会使学前儿童的大脑处于良好的状态。同时也要关注学前儿童的营养状态，确保提供大脑活动所需的营养供应。

2. 正确看待遗忘，帮助学前儿童进行及时、合理的复习

德国心理学家艾宾浩斯最早对遗忘现象做了比较系统的研究。其研究表明，遗忘是有规律的，遗忘的发展是"先快后慢"，因此，及时复习很重要。

3. 给学前儿童识记材料要形象，方法要有趣

在学前儿童教育中，老师应选择那些色彩鲜明、形象具体生动的内容，以此来吸引学前儿童。

例如，演木偶戏、录像、录音等方式方法，都易吸引学前儿童的兴趣，使他们在轻松愉快的情绪中获得深刻印象，从而提高记忆效果。

4. 让学前儿童采用多种感官、多种学习方式参与记忆过程

鼓励学前儿童在学习中运用多种感官和多种学习方式参与识记过程，使他们在听、说、看、写、想的综合活动中学习，这样不仅记忆效率较好，还有利于培养学前儿童良好的学习习惯和能力。

四、学前儿童记忆力训练

心理学家维果斯基认为：学前儿童记忆处于意识中心，心理活动的各个方面以记忆占着优势地位。如果没有记忆能力，那么学前儿童每次都去重新认识那些已经碰见过的事物，不可能获得任何生活知识经验。学前儿童记忆发展对学习文化科学知识有直接作用。

1. 利用游戏

可以训练幼儿记忆力的游戏很多，例如，说歌谣、讲故事、猜谜语、唱儿歌等。通过"红灯停，绿灯行"的歌谣就可以让学前儿童轻松记住简单的交通规则。

2. 明确任务

记忆的任务、目的明确，可以提高大脑皮层有关区域的兴奋性，形成优势兴奋中心，因而记得牢。例如，您给孩子讲故事，先跟他说："妈妈讲个故事，回头你再讲给爸爸听。"这就能促使孩子记住这个故事。

3. 附加意义

要记的内容有意义，可以让学前儿童在理解后再去记。如果是一些没有意义联系的材料，就可以引导孩子给要记的材料附加上"意义"。具体方法有：

假想法。例如，要让孩子记住富士山海拔12365英尺，就可以把富士山假想为"两岁"的山，即前两位数想成12个月（为一岁），后三位数想成365天（为一岁），这样一假想很容易记住。

谐音法。例如，马克思于 1818 年 5 月 5 日诞生。要记住这个日期，可以谐音为：马克思——要发——要发（1818）打得资本家呜（5）呜（5）直哭。

形象法。看图识字要算最典型的形象法了。例如，让孩子记阿拉伯数字的字形，可以形象地想成：1 像铅笔细长条，2 像小鸭水上漂，3 像耳朵听声音，4 像小旗随风飘，5 像鱼钩来钓鱼，6 像豆芽咧嘴笑，7 像镰刀割青草，8 像麻花拧一遭，9 像勺子能吃饭，0 像鸡蛋做蛋糕。

歌诀法。例如，"一三五七八十腊，三十一天整不差"的歌诀，可以帮助孩子很快记住哪个月份是 31 天。

推导法。例如，孩子是 4 月的生日，妈妈是 5 月的生日，爸爸是 6 月的生日。孩子只要记住一个人生日的所在月份，加以推导就全记住了。

5. 巧用时机

不同时间学的东西，记的效果不一样。研究表明，人在入睡前学的东西记得好。因为学后就入睡，不再有别的东西来干扰，使大脑有一个很好的自行巩固记忆的过程。因此，可以在孩子临睡前给他们讲故事。

6. 多用感官

有个实验，以 10 张画片为材料，单凭听觉记的效果为 60%，单凭视觉记的效果为 70%，而视、听觉和语言活动协同进行，记忆效果为 86.3%。这是因为多种感官参与识记活动，可以在大脑皮层建立多通道的神经联系。

7. 反复强化

明朝有位很有学识、记忆力很强的人名叫张溥，他锻炼自己记忆的方法是：一篇文章，先读一遍，再抄一遍，如此反复 7 次，然后烧掉，从而使他博闻强识。张溥所用的就是反复强化法。学前儿童因其记忆保持的时间短，就更需要经常强化，以巩固记忆了。

8. 系统归类

记忆应该是能记善忆。有的孩子知道得不少，就是到时候想不起来，他不是没有记住，而是不善于回忆。所以，训练孩子的记忆力，不光是让孩子善记，还要让他善忆。让他把记在脑子的东西系统地归类，整理得井然有序。例如，孩子学了一定数量的字，你可以帮助他按字形或读音归类，以后再学，继续归入相应的类别。这样，系统地存在脑子里就容易回忆起来。总之，"存"在脑子里的东西系统性越强，到时候就越容易"取"出来。

【真题演练】

一、选择题

1. 当老师抽查学生背书时，学生有时一紧张就忘了记忆的内容。这种情况下，导致遗忘的原因是（　　）。

  A. 记忆得不到强化　　　　　　B. 情绪或动机的压抑

  C. 缺乏提取的线索　　　　　　D. 其他刺激的干扰

2. 在不需要意识或有意回忆的情况下，个体的经验自动对当前任务产生影响而表现出来的记忆称为（　　）。

  A. 有意记忆　　B. 外显记忆　　C. 内隐记忆　　D. 动作记忆

3. 一提起圣诞节，小智就想起去年圣诞节的水果圣诞树和草莓款圣诞老人，这种记忆属于（　　）。

  A. 逻辑记忆　　B. 形象记忆　　C. 情绪记忆　　D. 动作记忆

二、简答题

1. 什么是记忆？
2. 简述记忆的分类及特点。

第七章　学前儿童的想象

思维导图

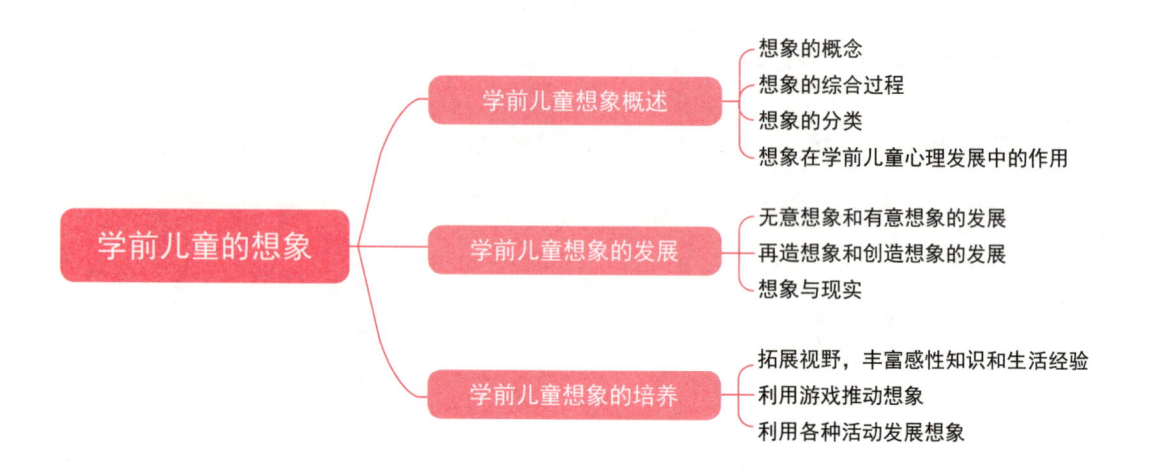

- 学前儿童的想象
  - 学前儿童想象概述
    - 想象的概念
    - 想象的综合过程
    - 想象的分类
    - 想象在学前儿童心理发展中的作用
  - 学前儿童想象的发展
    - 无意想象和有意想象的发展
    - 再造想象和创造想象的发展
    - 想象与现实
  - 学前儿童想象的培养
    - 拓展视野，丰富感性知识和生活经验
    - 利用游戏推动想象
    - 利用各种活动发展想象

内容提要

想象是人脑对已有表象进行加工改造从而创造新形象的心理过程。根据不同的分类标准，可以把想象分为无意想象和有意想象、再造想象和创造想象以及理想、幻想和空想。学前儿童的想象发展十分活跃。学前儿童的各项活动中几乎都有想象的参与，在认知、情绪情感、游戏、学习等方面的发展与想象密不可分。学前儿童的想象发展十分活跃，但想象的内容往往简单而贫乏，想象过程常常缺乏有意性与独创性。要结合多种方式培养学前儿童的想象。

学习目标

1. 知识目标：掌握学前儿童想象发展的基本理论和有关的基础理论知识。
2. 能力目标：把握学前儿童想象发展的基本特点。
3. 素养目标：初步学会运用学前儿童想象发展的基本理论知识，分析幼儿园的教学活动，评价学前儿童想象发展的能力，促进学前儿童想象发展的策略。

第一节 学前儿童想象概述

一、想象的概念

在现实生活中，人们既能够感知当前直接作用于感官的事物，又能够回忆起当时不在眼前但曾经历过的事物，而且能够根据已有的知识经验，在头脑中构建出个体尚未接触过的事物形象，或者能够根据他人语言或文字的描述，在头脑中形成相应的事物形象。上述内容中涉及的心理过程除了感知觉和记忆，还包括想象。

想象是人脑对已有表象进行加工改造从而创造新形象的心理过程。想象以表象为基本构建材料，但又不同于表象。表象是由感知觉获得并保存于大脑中的事物形象。表象具有形象性和概括性的特征。想象则是在头脑中对表象材料进行分析和综合加工，形成新的形象，即从大脑已有的表象中，分解出所需要的部分，再根据一定的关系对他们进行综合，使之成为新的形象。例如，中国古人通过从蛇、猪、鹿、牛、羊、鹰、鱼等动物表象中，分解出蛇身、猪头、鹿角、牛耳、羊须、鹰爪、鱼鳞等，然后把这些部分结合在一起，形成了龙的基本形象。

想象中的事物形象不是凭空出现的，而是对已有表象加工改造的结果，构成想象的形象均来源于客观现实。如果个体从未感知过某类事物，那么在他的头脑中就无法出现以此类事物为材料的想象。例如，先天失聪的人无法想象出优美的音乐，先天失明的人无法想象出缤纷绚丽的景色。因此，想象作为一种心理过程，同样也是人脑对客观现实的反映。

二、想象的综合过程

想象的综合过程是一个复杂且多维度的心理过程，涉及对已有形象的分析、综合及创造性地结合不同的元素和特征。

（一）黏合

黏合是指把客观事物从未结合过的属性、特征、部分在头脑中结合在一起而形成新的形象。例如，狮身人面像结合了狮子和人的特征。

（二）夸张（强调）

夸张是指通过改变客观事物的正常特点，或者突出某些特点而略去另一些特点在头脑中形成新的形象。例如，千手观音、九头蛇等。

（三）典型化

典型化是根据一类事物的共同特征创造新形象的过程。这种方法在文学艺术创作中是常用的，可以帮助创作者提炼出具有代表性的形象，例如，小说中的人物形象。

（四）联想

联想是由一个事物想到另一个事物的心理过程，它可以是相关的，也可以是无关的。在创作中，联想可以帮助创作者从现有的形象出发，扩展思维的空间，找到新的灵感。

（五）拟人化

拟人化是将人类的特性和特征赋予非人类物体，使之具有类似人类的性格和思想。这种做法常见于儿童故事和动画角色中，例如，"唐老鸭"和"米老鼠"等。

三、想象的分类

（一）无意想象和有意想象

根据想象的目的性和自觉性的不同，可以将想象分为无意想象和有意想象。

1. 无意想象

无意想象也称不随意想象，指没有预定目的、不自觉地产生的想象。例如，看到天上的白云，会不自觉地将其想象成棉花糖、山峦、大象、人脸等。无意想象属于最简单、最初级的想象。梦属于无意想象的一种特殊形式。梦是人在睡眠状态下产生的一种无意想象。虽然梦中的场景有时荒诞离奇，似乎远离现实，但构成梦境的素材都是做梦者曾经经历过的事物。

2. 有意想象

有意想象也称随意想象，指按照一定目的、自觉进行的想象。在生活实践中，人们为实现目标或完成任务而自觉地进行的想象活动，都属于有意想象。例如，设计师在设计产品的过程中，为完成这个任务，对作品图纸的想象。有意想象构成个体从事实践活动的主要想象形式。

（二）再造想象和创造想象

根据想象的新颖性、独立性和创造性程度的不同，可以将想象分为再造想象与创造想象。

1. 再造想象

再造想象是根据语言、文字的描述或图样、图纸、模型、符号的描绘，在头脑中形成有关事物新形象的过程。例如，当小朋友听到老师讲《龟兔

视频 7-1 再造想象

赛跑》的故事时，头脑中形成笨重的乌龟和灵活的兔子赛跑的情景；人们在读到"天苍苍，野茫茫，风吹草低见牛羊"的诗句时，脑海中浮现出的茫茫草原的景象；建筑工人在看建筑图纸时，头脑中出现将要建成的高楼大厦的模样……这些都属于再造想象。

学前儿童的再造想象从内容上可以分为四种类型。

（1）愿望性想象：在想象活动中表露出个人的愿望。

（2）情境性想象：学前儿童的想象活动是由画面的整个情境引起的。

（3）拟人化想象：把客观物体想象成人，用人的生活、思想、情感、语言等去描述。

（4）经验性想象：学前儿童凭借个人生活经验和个人经历开展想象活动。

再造想象中含有一定的创造成分，但其创造性的水平较低。它的形成要求有充足的记忆表象作为原料，同时离不开词语的组织作用。由于不同的个体储存的表象、生活经验、情绪情感体验等不同，因此对于相同的描述不同个体会以其自身独特的方式来创设新形象。

2. 创造想象

创造想象是根据一定的目的和任务，运用已有表象，在头脑中独立地创造出新形象的过程。各种发明创造、创新的过程中所进行的想象都是创造想象。例如，《西游记》中作者对故事情节及孙悟空、猪八戒、沙和尚等各种人物形象的构思想象，科学家在研发新产品的过程中所进行的想象……这些都属于创造想象。

创造想象和再造想象既有联系又有区别。再造想象中蕴含创造性的因素，创造想象则需要借助再造想象的帮助。每项创造活动，事先总是借鉴了前人的经验，以一系列的再造想象作为基础。相对于再造想象较低的创造性水平，创造想象则更加复杂、更加困难。创造想象是通过大脑对已有材料进行深入的分析、综合、加工和改造来创造事物新形象的过程。因此，创造想象更具创造性和新颖性。

（三）理想、幻想与空想

根据想象的现实意义不同，可以将想象分为理想、幻想和空想。

1. 理想

理想是一种以客观现实规律为依据，指向行动并有可能实现的想象，也称"积极的幻想"。理想通常构成创造想象的准备阶段。虽然大部分理想不能够立即实现，但往往可以将光明的前景展示给人们，因而能够鼓励人们不断克服困难，奋力朝着心中的目标前行。

2. 幻想

幻想是一种与个人愿望或社会期望相联系并指向未来的想象，是创造想象的一种特殊形式。幻想往往不会立即体现在人们的现实生活中，而是带有向往的性质，是一种精神寄托。

如果幻想完全脱离现实，毫无实现的可能，就成为空想。例如，有的人幻想长生不老，到处寻找灵丹妙药；有的孩子看了《西游记》，想学孙悟空的七十二变；有的孩子看了电影，想变成超人、蜘蛛侠等。这些都是不切实际的，并且永远都不可能实现，就属于空想。

3. 空想

空想是一种脱离客观现实，无法实现的想象，属于"消极的幻想"。空想容易使人脱离现实生活，难以激励个体前进。

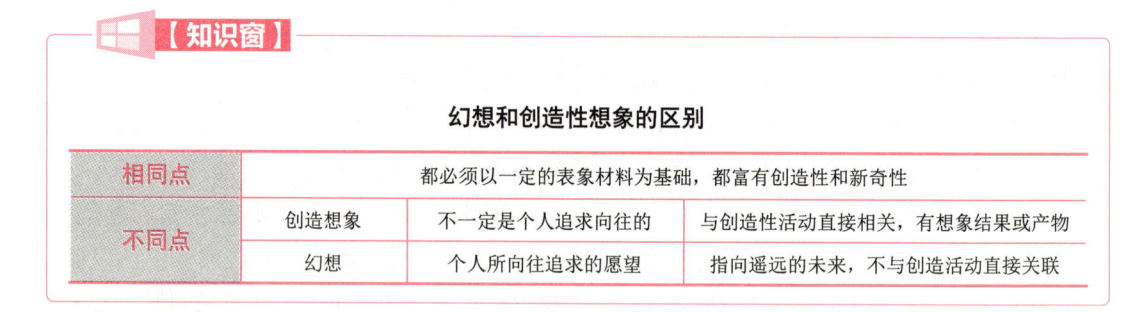

【知识窗】

幻想和创造性想象的区别

相同点	都必须以一定的表象材料为基础，都富有创造性和新奇性	
不同点	创造想象	不一定是个人追求向往的	与创造性活动直接相关，有想象结果或产物
	幻想	个人所向往追求的愿望	指向遥远的未来，不与创造活动直接关联

四、想象在学前儿童心理发展中的作用

学前儿童的想象发展十分活跃。学前儿童的各项活动中几乎都有想象的参与。学前儿童在认知、情绪情感、游戏、学习等方面的发展与想象密不可分。

（一）想象与学前儿童的认知活动

1. 想象与感知觉

想象需要以人脑中已有的表象作为建构的基本材料，而学前儿童头脑中储备的表象主要来源于曾经感知过的事物在大脑中留下的形象。如果学前儿童对某类事物从未感知过，那么在他的头脑中就无法形成此类事物的表象，也就无法提供想象的原材料。因此，学前儿童的想象与感知觉密切相关。

2. 想象与记忆

学前儿童的想象与记忆互相影响。学前儿童想象的展开依靠记忆，记忆的表象越多，想象就越容易、越丰富。同时，想象的发展能够推动学前儿童记忆活动的顺利进行，学前儿童在识记、记忆保持、回忆等方面都需要借助想象，学前儿童的想象越丰富，越有利于他们对识记材料进行理解、加工、保持和回忆。因此，学前儿童的想象与记忆密不可分。

3. 想象与思维

想象是思维中最活跃、最重要的因素。思维是在感知觉和记忆的基础上，对头脑中的材料进行加工与改造，从而间接概括出事物的本质和规律。那些能够反映事物客观规律的想象是思维的一种表现。不同于成年人的想象，学前儿童尚处于想象发展的初级阶段，其想象的一端接近于记忆，另一端接近于创造性思维的阶段。因此，可以说学前儿童的想象是其思维发展的基础。

（二）想象与学前儿童的情绪活动

1. 想象引发情绪

学前儿童的情绪活动很多是由想象所引发的。例如，学前儿童怕黑，不敢关灯睡觉，是由于他们认为黑暗中有"鬼""怪物"等，而这些都是幼儿想象出来的。

2. 情绪影响想象

大量事实表明，学前儿童的想象会受到个体情绪的影响。学前儿童的情绪往往能够引起某种想象过程，或者更改想象的主题。例如，在积极情绪的影响下，学前儿童会展开更多愉悦的想象，而在消极的情绪下，学前儿童会展开消极想象，甚至阻碍学前儿童想象的发展。

（三）想象与学前儿童的游戏活动

想象对学前儿童的游戏活动有着重要影响。学前儿童的主要活动是游戏，尤其是象征性游戏，它主要通过模仿和想象来扮演角色，完成以物代物、以人代人的象征过程。例如，学前儿童给布娃娃理发，在这个游戏过程中，学前儿童就是将自己想象成理发师，把布娃娃想象成客人。如果没有想象的参与，那么象征性游戏将无法进行。

（四）想象与学前儿童的学习活动

想象是学前儿童学习活动不可或缺的部分，没有想象，就无法理解并掌握新知识。因此，想象从某种程度上说构成了学前儿童行动的推动力。

第二节 学前儿童想象的发展

学前儿童想象的发展十分活跃，因而有人将学前期看作想象最发达的时期。但由于学前儿童缺少生活实践经验，头脑中储存的表象有限，同时受到思维水平限制，所以学前儿童想象的内容往往简单而贫乏，其想象多是对过去经验的重演。同时，学前儿童的想象过程常常缺乏有意性与独创性。学前儿童想象的发展主要体现在以下几方面。

一、无意想象和有意想象的发展

（一）学前儿童的无意想象

无意想象是最简单、最初级的想象。学前儿童的想象主要是无意想象，它有以下特点。

1. 学前儿童的无意想象无预定目的，多由外界刺激直接引起

学前儿童的想象往往没有预定的目的。在游戏过程中，学前儿童的想象常常随着玩具

的出现而产生。例如，当学前儿童看到小碗、小勺，就会想象自己喂娃娃吃饭；看到小汽车，就想象自己开汽车；看见针筒、输液瓶，又会想象去当医生。而在没有玩具的时候，学前儿童可能只是呆呆地站着或坐着，大脑中不进行任何想象活动。

2. 学前儿童无意想象的主题不稳定

学前儿童想象进行的过程容易受到外在事物的直接影响，因而想象的方向往往随外界刺激的变化而发生转变，同时，想象的主题也容易改变。例如，在游戏中，一个小朋友正在当"医生"，突然他看到另一个小朋友在堆小沙丘，他就跑过去和那个小朋友一起玩沙子。

3. 学前儿童无意想象的内容零散、无系统

由于学前儿童的想象没有预定目的，主题不稳定，因而其想象的内容常常是零散的，想象的各种形象之间缺乏有机的联系。学前儿童在绘画时，常常在一张纸上画出一物又画一物，但所画的事物之间往往没有有机的联系。例如，一个小朋友在同一幅画面上，刚画完一架"飞机"又画一把"牙刷"，接着画了一只"螃蟹"，最后画出来几片"雪花"，这些显然属于一串无系统的自由联想。

4. 学前儿童的无意想象以想象过程为满足

学前儿童的想象往往不追求达到某种目的，他们更容易满足于想象的过程。例如，一个小朋友喜欢给其他小朋友讲故事，乍看起来讲得有声有色，不仅有身体动作，还有面部表情，但实际听来却没有中心，情节零乱。可是，讲故事的小朋友却津津乐道，而听故事的小朋友也津津有味。这种讲故事的活动常常可持续半小时以上。在这个过程中小朋友们会随着这些零乱的情节进行想象，同时感到极大的愉悦。学前儿童在绘画过程中出现的想象也是如此，学前儿童往往在一张纸上画完一物又画一物，直到把整张画纸填满为止，而且口中还会念念有词，并对此感到极大的满足。学前儿童在游戏过程中的想象更是如此，游戏的特点是不要求创造任何成果，而是满足游戏活动的过程，这也正是学前儿童想象的特点。

5. 学前儿童的无意想象受情绪和兴趣的影响

学前儿童在想象的过程中常常表现出很强的兴趣性和情绪性。情绪高涨时，学前儿童的想象比较活跃，会不断出现新的想象结果。例如，幼儿园老师亲了一下某个小朋友，该小朋友十分开心，这时他的头脑中就会产生丰富的想象，想象出各种老师喜欢他的情景。又如，在"老鹰抓小鸡"的游戏中，由于小朋友同情被抓走的小鸡，就会产生这样的想象：小鸡的妈妈和爸爸及时赶来，把坏老鹰啄死，救回了可怜的小鸡。

总之，无意想象属于自由联想的一种，不需要个体的意志努力，意识水平较低，是学前儿童想象的典型形式。

（二）学前儿童的有意想象

幼儿期学前儿童的想象以无意想象为主，有意想象开始萌芽。在教育的影响下，学前儿童的有意想象逐渐发展。到幼儿末期，学前儿童有意想象会有比较明显的表现。学前儿童的

有意想象具有以下特点。

1. 学前儿童的有意想象是在无意想象的基础上发展起来的

学前儿童的有意想象以无意想象为基础，逐渐发展。例如，一个四岁的小朋友对着画纸说："我来画一个蘑菇吧。"于是就动手画了起来。蘑菇画好后，他又说："我还要画一架飞机。"飞机画好后他又要画爸爸。边画边说："画爸爸，先画一个大脑袋！"说着他画出一个圆圈，作为脑袋……从这个小朋友的绘画过程可以发现，他的想象主要是无意想象，但他能做到先想后画，并且能按照自己所想的内容去画，表明他的想象已经开始带有一定的目的了。

2. 想象进一步发展，可围绕一定的主题进行

有意想象在学前儿童幼儿晚期有比较明显的发展。这一时期的学前儿童已经能够在想象进行之前确定主题，然后围绕该主题展开想象。例如，在开始游戏前，学前儿童能够事先商定出游戏的主题，并依据主题预想出大致情节，明确游戏规则，然后分配角色，并准备游戏所需的各种材料。游戏过程中，学前儿童往往能够自觉排除其他无关事件的干扰，并主动克服一些困难（例如，材料不足等），坚持将主题进行到底。

二、再造想象和创造想象的发展

再造想象在整个幼儿期占主要地位，在再造想象的基础上，创造想象逐渐发展起来。

（一）学前儿童的再造想象

学前儿童最初的想象和记忆差别很小，缺乏创造性，最初想象大多属于再造想象，学前儿童的想象以再造想象为主。学前儿童的再造想象有以下特点。

（1）学前儿童的想象往往依赖于成人的言语描述、外界刺激或实际动作。

学前儿童在听成人讲故事时，其想象往往会随着成人的讲述而展开。如果讲述时能加上一些直观的图像，那么学前儿童的想象能更好地进行。但是，如果不加入言语的描述，只是让学前儿童单纯地看图像，学前儿童的再造想象则难以充分展开。在游戏活动中，学前儿童的想象往往也是根据成人的言语描述来进行的。这一特点在幼儿初期表现得比较明显。

幼儿早期学前儿童的想象常常是在外界刺激的影响下发生的，并会随着外界情景的变化而变化。他们常常会无目的地摆弄物体，改变其形状，当改变后的形状正好比较符合学前儿童头脑中的某种表象时，学前儿童才能把它想象成某种物体。由于这种想象的形象与头脑中已储存的有关物体的"原型"很接近，因此往往难以具有新异性和独特性。

学前儿童之所以在游戏过程中比较容易进行想象，其中一个原因就是游戏有玩具，这样学前儿童就能在游戏中不断地做出实际行动。玩具反映在学前儿童头脑中是现成的形象，学前儿童的想象能够以这些形象作为原材料。例如，学前儿童往往喜欢拿玩木棍，是因为借助木棍可以做出各种动作，同时也容易在头脑中形成各种表象。

（2）学前儿童的想象在很大程度上具有复制性和模仿性。

学前儿童的想象在内容上主要是重现现实生活中的经验或作品中所描绘的情节。例如，学前儿童在"幼儿园游戏"中扮演的老师，常常是重现自己班上老师的模样；在"医生游戏"中扮演的医生，多是重现影视作品中或自己看病时医生的举止。小班幼儿往往在对玩具和游戏材料的使用上不够灵活。到了中大班，尽管学前儿童的想象仍以再造想象为主，但较之小班幼儿的想象，其灵活性有所提升，他们的想象可以不受具体物体的限制。

再造想象在学前儿童想象中占据主要地位。学前儿童生活需要大量的再造想象。幼儿期是学前儿童大量吸收知识的时期，学前儿童需依靠再造想象来理解新知识。虽然与创造想象相比，再造想象的发展水平较低，缺乏独立性和创造性。但学前儿童的再造想象是创造想象发展的基础，二者关系密切。再造想象的发展，使学前儿童积累了大量的想象素材，在此基础上，学前儿童头脑中能够逐渐出现一些创造想象的因素。随着知识经验的丰富及言语的发展，在学前儿童再造想象的过程中，逐渐出现独立想象的萌芽。例如，学前儿童在看图讲故事时，会自行加入一些图片上没有的情节。

再造想象是学前儿童的主要想象，对学前儿童的生活实践具有重大意义。通过再造想象，能使学前儿童更准确地去体会他人的经验，理解他人的处境。例如，让学前儿童想象"假如我是老师，会怎样做""假如我是妈妈，会怎样处理这件事"等。

（二）学前儿童的创造想象

在幼儿期，创造想象开始出现。在良好的教育和训练下，幼儿晚期学前儿童的想象可以发展到较高的水平，表现出明显的创造性。学前儿童创造想象的发生主要表现为能够独立地从新的角度对头脑中已有表象进行加工，具体表现在独立性和新颖性两方面。所谓独立性指的是创造想象不是在外界指导下进行的，不是模仿，其受暗示性较少。新颖性是指创造想象改变了先前知觉的形象，挣脱了原有知觉的束缚。学前儿童的创造想象比再造想象有更多从新的角度进行的联系或联想。学前儿童的创造想象有以下特点。

（1）学前儿童最初的创造想象被称为表露式创造，是一种无意的自由联想。这种最初级的创造，从严格意义来说还不能算作创造。

（2）学前儿童创造想象的形象与原型差别很小，往往是在常见模式的基础上稍有改造。可以说是不完全的模仿。例如，原型中的汽车是不能飞的，学前儿童通过想象给它装上了翅膀，使它既能跑又能飞；原型是"田"字式的4个正方形，学前儿童的创造是5个正方形。

（3）随着学前儿童创造想象的发展，想象的情节逐渐丰富，由原型发散出来的种类与数量越来越多，而且可以从不同中发现非常规性的相似。例如，学前儿童可以从3个以"品"字形套在一起的圆圈想象出三角形。

有研究者曾对3~7岁儿童的创造想象做过研究。他们给儿童提供20张图片，上面分别画有物体的某个组成部分，例如，带一根树枝的树干，长有两只圆耳朵的头等；或者是一些简单的图形，例如，圆形、三角形、正方形等。他们要求儿童把每个图形加工成一张成形的图画。该研究发现，儿童创造想象的发展可以分为6种水平。

第1种水平，即最低水平：儿童不能接受任务，无法利用原有的图形进行想象。他们只是在自由联想，在图形旁边画出一些无关的东西。

第2种水平：儿童能在图片上进行加工，画出一些形象，但画出的物体形象大多是粗线条的，往往只有轮廓没有细节。

第3种水平：儿童能够画出各种物体，而且已有一些细节。

第4种水平：儿童所画的物体形象包含某种想象的情节。例如，画出的不仅是一个小女孩，而且是小女孩在跳舞。

第5种水平：儿童能够根据想象情节，画出有情节联系的几个物体。例如，一个小女孩牵着小狗散步。

第6种水平：儿童能够按照新的方式运用所提供的图形。儿童不再把原来的图形作为图画的主要部分，而是把它作为想象形象的次要成分。例如，不再把三角形作为屋顶，而是将其作为小小的铅笔头。这种水平的儿童，在运用图片所提供的成分想象物体新形象时，展现出相当大的自由，较少受到知觉形象的束缚。

三、想象与现实

（一）想象脱离现实

学前儿童的想象常常脱离现实，主要表现为想象的夸张性。学前儿童喜欢夸大事物的某些特征或情节。夸大的部分，往往是学前儿童印象中特别深刻的部分。学前儿童喜欢听童话故事，就是因为童话故事中有很多夸张的成分。学前儿童自己讲述事情，也喜欢用夸张的说法。例如，一个小朋友跟老师说："我爸爸的力气可大了，天下第一！"至于这样说是否符合实际，学前儿童往往是不太关心的。学前儿童想象的夸张性还表现在绘画活动中。例如，学前儿童在作画时，会把长颈鹿的脖子画得特别长，把大象的头画得特别大。

学前儿童想象的夸张性是其心理发展水平的一种表现。学前儿童想象受到其认知发展水平的制约，学前儿童尚处于感性认识占优势的阶段，因此他们往往无法抓住事物的本质。学前儿童的绘画有很大的夸张性，但这种夸张与漫画艺术的夸张有着根本的不同。漫画的夸张是在抓住事物某种本质特征的基础上的夸张，能反映出事物的某种深刻含义；学前儿童想象中的夸张往往没有抓住事物的本质，而是夸张那些能吸引注意的显著特征，因此学前儿童想象中的这种夸张性往往显得可笑。

此外，学前儿童想象的夸张性还与幼儿的感知分化不足有关。他们容易将想象与记忆相混淆，分不清哪些是由于渴望而反复想象的形象，哪些又是真实经历过的一些形象，所以说他常常会把想象的事情和经历过的事情相混淆，常常对想象的事情信以为真。

（二）想象和现实相混淆

学前儿童的想象往往脱离现实，有时又和现实相混淆。学前儿童会把想象的事情当成真实发生的事情，这种现象在小班比较常见。例如，小班幼儿在看木偶剧时，看到老虎出场时会感到害怕；而中、大班的幼儿能够意识到这只老虎是假的，因此并不感到害怕。学前儿童之所以会将想象和现实相混淆，与他们感知的分化不足有关。学前儿童感知分化不足，致使其往往意识不到事物之间的差别。此外，学前儿童的想象与现实相混淆还与幼儿的认识水平不高有关，有时学前儿童会把想象出的表象和记忆中的表象相混淆。学前儿童会反复想象自己希望发生的事情，而这些想象出的事情会在头脑中留下深刻的印象，以至于变成似乎是记忆中的事情了。中、大班幼儿的想象与现实相混淆的情况相对较少。由于生活经验的积累和游戏活动的发展，学前儿童的想象得到很快的发展。但是学前儿童在整个幼儿期想象的特点仍是想象的无意性和再造性占主要地位，想象的有意性和创造性初步发展，有时会把想象和现实混淆。

由于学前儿童想象活跃，富于幻想，而且想象的内容大胆夸张。因此，有人认为学前儿童在幼儿时期是想象发展最为迅速的时期，学前儿童比成人更善于想象。其实这种观点是不正确的，因为想象的水平直接取决于表象的数量、质量及分析综合能力的发展程度。学前儿童在知识经验及语言水平上，都与成人差距悬殊，且表象的丰富性和准确性都远不如成人，思维的发展水平也不及成人，所以学前儿童的想象在有意性、协调性、丰富性和创造性上都不会超过成人。但是，幼儿期是学前儿童想象十分活跃的时期，应该重视此阶段对学前儿童想象的培养，这是促进他们智力发展的一个重要方面。

第三节　学前儿童想象的培养

一、拓宽视野，丰富感性知识和生活经验

学前儿童的想象是在头脑中构建新形象的过程，而新形象的产生是以记忆中已有表象为基础。换句话说，学前儿童记忆中已有表象的数量与质量会影响到其想象内容的新颖性及想象发展的水平。而已有表象的数量与质量又与学前儿童的视野、感性知识及生活经验密切相关。因此，拓宽视野、积累感性知识和丰富的生活经验，是发展学前儿童想象力的基础。

在生活实践中，要注意指导学前儿童去感知客观世界中的各种事物，使其置身于大自然当中，真听、真看、真感受。例如，带学前儿童参观植物园、动物园，可以让学前儿童认识更多的动植物，从而在头脑中累积更多动植物的表象，为学前儿童的想象提供更多的素材。此外，还可以借助文学作品、影视作品、图片等媒介丰富幼儿的想象。无论是通过视觉、听觉还是触觉等途径获得的信息，都可以在学前儿童的大脑中形成相关的表象，从而为想象的发展提供必要的素材。

二、利用游戏推动想象

学前儿童的游戏活动是一种有目的、有意识地反映现实生活的活动。它将学前儿童的想象与现实相结合，属于一种社会性活动。游戏是学前儿童最喜欢的活动，可以说学前儿童大部分时间都是在各种各样的游戏中度过的。在游戏过程中，学前儿童能够学到很多知识。如果游戏中能够给予恰当的引导，则能够在极大程度上促进幼儿想象的发展。研究表明，不同情境下，学前儿童想象的水平存在差异。在游戏情境中，学前儿童有意想象的水平较高；而在非游戏情境中，学前儿童有意想象的水平很低。可以说，游戏对推动学前儿童想象的发展起着意想不到的效果。让学前儿童通过模仿和想象来扮演角色，可以有效地培养幼儿的想象力。例如，在"开火车"的游戏中，学前儿童把小板凳当成小火车，一边骑在小板凳上，一边喊着："哐当哐当哐当，火车就要到站啦，呜——火车到站啦。"在这个游戏中，学前儿童就把小板凳想象成了小火车，把自己想象成了列车员。学前儿童老师应多鼓励幼儿开展此类游戏，调动学前儿童的有意想象，从而在轻松的游戏环境中培养学前儿童的想象。

三、利用各种活动发展想象

（一）言语学习活动

学前儿童想象的发展离不开言语。通过言语学习活动，可以使学前儿童获得间接知识，丰富其想象的内容。同时，学前儿童也能通过言语表达自己的想象。在幼儿园的教学活动中，可以通过讲故事或引导学前儿童欣赏文学作品的方式，激发学前儿童再造想象的发展。学前儿童在听故事的过程中，会被故事中的人物及情节深深地吸引，进而能够唤起想象和好奇心，展开丰富的联想。此外，在讲故事时，一篇故事不一定要全部讲完，可以特意留有一定的空间让学前儿童自己去续编，这样也能促进学前儿童想象的发展。例如，给学前儿童讲《大灰狼和小绵羊》的故事，当讲到大灰狼向小绵羊扑过去的时候就停止，不再继续把故事结果说出来。这样可以给学前儿童留下想象的空间，让学前儿童自己动脑去想象会发生什么结果。学前儿童在想象结果的时候，会把看过的动画片或漫画书中的一些内容续编进故事中。这样不仅可以培养学前儿童的想象，还能锻炼学前儿童的语言表达能力。

（二）音乐舞蹈活动

音乐舞蹈活动是发展学前儿童想象的重要方法，为学前儿童提供了想象的空间。音乐舞蹈活动可以激发学前儿童运用想象来理解自己所塑造的艺术形象，进而推动学前儿童运用创造性思维来表达艺术形象。例如，老师让学前儿童边听音乐边舞动身体，当老师播放一段激昂高亢的音乐时，学前儿童会很大幅度地快速扭动身体，并说自己是大海中航行的轮船，遇到了暴风雨。当播放一段轻柔舒缓的音乐时，学前儿童则会安静下来，轻轻摆动身体，并说自己是一片落叶，在随风飘舞。

（三）美术学习活动

美术学习活动也是促进学前儿童想象发展的重要手段。学前儿童的绘画过程是充满个性化的，例如，学前儿童在创作意愿画的过程中，可以无拘无束地发挥想象，构造出独具特色的作品。幼儿园老师要注意激发幼儿的创作灵感，鼓励学前儿童大胆作画。也可以给学前儿童提供一些画有物体某些部分的图形，然后要求学前儿童完成补画。补画可以使学前儿童根据自己的想象自由发挥。

（四）手工制作等创造性活动

参加手工制作等创造性活动也是发展学前儿童想象的有效方式。例如，可以为学前儿童准备一些橡皮泥、画笔、彩色折纸等工具，让学前儿童通过捏、折、叠等创造出各种不同的形状。动手操作的过程也可以激发幼儿的想象，让学前儿童能够充分利用自己的想象对其作品进行夸张或美化，并且这一过程能够让他们感受到自我表现的极大乐趣，从而提高学前儿童的想象水平。即使学前儿童的创造活动相对简单幼稚，但是对于激发学前儿童的想象与创造力有着不容忽视的作用。

【真题演练】

一、选择题

1. 一个小女孩看到"夏景"说："小姐姐坐在河边，天热，她想洗澡，她还想洗脸，因为脸上淌汗。"这个小女孩的想象是（　　）。

    A. 情境性想象　　　　　　　　B. 拟人化想象
    C. 愿望性想象　　　　　　　　D. 经验性想象

2. 学前儿童趴在草地上，望着天空中的白云，想象白云变成了棉花糖、坦克、汽车等，这属于（　　）。

    A. 无意想象　　B. 再造想象　　C. 创造想象　　D. 目的想象

3. 学前儿童想象的形象之间常常毫无联系。例如，学前儿童绘画常常是画了"小船"，又画"气球"；画了一把"牙刷"，又画了一朵"小花"。这表明学前儿童想象的一个特点是（　　）。

    A. 以想象过程为满足　　　　　B. 想象内容零散，无系统
    C. 想象的主题不稳定　　　　　D. 想象受情绪和兴趣的影响

二、简答题

简述学前儿童想象的发展趋势。

第八章　学前儿童的思维

思维导图

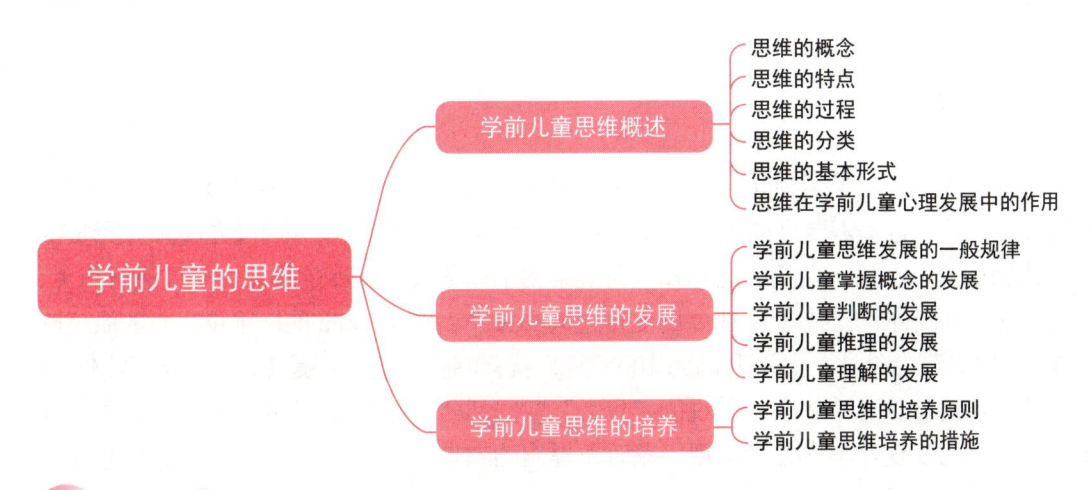

学前儿童的思维
- 学前儿童思维概述
  - 思维的概念
  - 思维的特点
  - 思维的过程
  - 思维的分类
  - 思维的基本形式
  - 思维在学前儿童心理发展中的作用
- 学前儿童思维的发展
  - 学前儿童思维发展的一般规律
  - 学前儿童掌握概念的发展
  - 学前儿童判断的发展
  - 学前儿童推理的发展
  - 学前儿童理解的发展
- 学前儿童思维的培养
  - 学前儿童思维的培养原则
  - 学前儿童思维培养的措施

内容提要

思维是人脑对客观事物间接的、概括的反映。思维的过程包括分析与综合、比较与分类、抽象与概括、具体化与系统化。根据不同的分类标准，可以把思维分为动作思维、形象思维和抽象思维，常规思维和创造性思维，聚合思维和发散思维。思维的基本形式包括概念、判断和推理。思维在学前儿童心理发展中具有重要作用，促进了学前儿童认识水平、情感、意志和社会性的发展。概念是思维的基本形式，是人脑对客观事物的本质属性的反映。判断是概念和概念之间的联系，是事物之间或事物与其特征之间的联系的反映。推理是判断和判断之间的联系，是由一个判断或多个判断推出另一新的判断的思维过程。理解是个体运用已有的知识经验去认识事物的联系、关系乃至其本质和规律的思维活动。要结合多种方式培养学前儿童的想象。

学习目标

1. 知识目标：掌握学前儿童思维发展的基本理论和有关的基础理论知识。
2. 能力目标：把握学前儿童思维发展的基本特点。
3. 素质目标：初步学会运用学前儿童思维发展的基本理论知识，分析幼儿园的教学活动、评价学前儿童思维发展的能力及促进学前儿童思维发展的策略。

第一节 学前儿童思维概述

一、思维的概念

思维是人脑对客观事物间接的、概括的反映。它是揭示事物本质特征及其内部规律的认知过程,这一过程需要借助语言、表象或动作来实现。思维是在感知觉的基础上形成的高级认知形式。例如,人们通过感知觉而观察到水在冬天会结冰的现象,从而进行思考,再通过研究得出水的形态变化和温度变化之间的关系,在101kPa的压强下,水的温度降低到0℃时,就会结冰;温度升高到100℃时,就会沸腾。这些都是人脑对客观事物的本质及其规律的认识总结。人们常说的"思考""考虑""设想""深思熟虑"等,这些都属于思维的行为表现。学前儿童发现问题时所提出的"是什么"或"为什么",这些也是思维活动的具体表现。

二、思维的特点

(一)思维的间接性

思维的间接性是指思维能对感官所不能直接把握的或不在眼前的事物,借助某些媒介物与头脑加工来反映。例如,早上起床看到地面湿漉漉的,由此推断下雨了。虽然人们并没有直接看到当时下雨的情景或听到雨声,但是人们却可以凭借"地面上湿漉漉"这一"媒介物",在大脑中进行加工,从而认识到夜里下雨了,这就是思维的间接性。中医大夫通过病人的舌苔、体温、脉搏、血压、脸色等,便可对病人身体内部脏器的活动状态有一定的了解。谚语中的蚂蚁搬家、燕子低飞等现象会产生天气变化,都是在古人观察总结下得出的经验,都是利用了思维的间接性。人类感觉器官结构和机能的限制、时间和空间的限制,以及事物本身带有蕴含或内隐的特点等,导致人们如果单凭感官往往认识不到或无法认识世界上的许多事物,那么要借助某些媒介物在头脑中加工来反映。正是由于思维的间接性,人们才能借助某些媒介物去认识原子的结构、生命的运动、天气的预测、原始社会人类的生活,以及宇宙的状况等。

(二)思维的概括性

思维的概括性是指思维所反映的是一类事物所具有的共性,是事物之间普遍的必然联系。为什么人们会由"地面上湿漉漉"推断出夜里下雨了呢?这一推断正是建立在多次感知和总结经验的基础上的,也就是对客观事物本质关系的概括。由于思维的概括性,人们才能通过事物的表面现象和外部特征认识事物的本质和规律。例如,温度升降与金属膨胀的关系,植物与动物、动物与人类的生态平衡关系等,都是通过概括活动过程对自然界事物之间规律认识的结果。

思维的间接性和概括性是相互联系的。人之所以能够间接地反映事物,是因为人有概括性的知识经验,而人的知识经验越概括,就越能间接地反映客观事物。

三、思维的过程

(一)分析与综合

分析与综合是最基本的思维活动。分析是指在头脑中把事物的整体分解为各个组成部分的过程,或者把整体中的个别特性、个别方面分解出来的过程;综合是指在头脑中把对象的各个组成部分联系起来,或把事物的个别特性、个别方面结合成整体的过程。分析和综合是相反而又紧密联系的同一思维过程的不可分割的两方面。没有分析,人们则不能清楚地认识客观事物,各种对象就会变得笼统模糊;没有综合,人们则对客观事物的各个部分、个别特征等有机成分产生片面认识,无法从对象的有机组成因素中完整地认识事物。

(二)比较与分类

比较是在头脑中确定对象之间差异点和共同点的思维过程。分类是根据对象的共同点和差异点,把它们区分为不同类别的思维方式。比较是分类的基础。比较在认识客观事物中具有重要的意义。只有通过比较,才能确认事物的主要和次要特征、共同点和不同点,进而才能把事物分门别类,揭示出事物之间的从属关系,使知识系统化。

(三)抽象与概括

抽象是在分析、综合、比较的基础上,抽取同类事物共同的、本质的特征而舍弃非本质特征的思维过程。概括是把事物的共同点、本质特征综合起来的思维过程。抽象是形成概念的必要过程和前提。

(四)具体化与系统化

具体化是指把概括出来的一般认识同具体事物联系起来的思维过程。例如,学生用某些定理、公式解决某一具体问题;用菱形的一般概念来判断某一具体四边形是否属于菱形,或者把有关三角形的定理、特点应用于某一具体三角形的思维过程。系统化是指把学到的知识分门别类地按一定结构组成层次分明的整体系统的过程。

四、思维的分类

（一）动作思维、形象思维和抽象思维

根据思维过程中凭借的工具不同，可将思维分为动作思维、形象思维和抽象思维。

1. 动作思维

动作思维又称直观动作思维。其基本特点是思维与动作不可分，即离开了动作就不能思维。

动作思维一般是在人类或个体发展的早期所具有的一种思维形式。动作思维的任务或课题是与当前直接感知到的对象相联系的，解决问题的思维方式不是依据表象与概念，而是依据当前的感知觉与实际操作。儿童在掌握抽象数学概念之前，用手摆弄数学教具进行的计算活动，就属于动作思维。这是在抽象逻辑思维产生之前的一种基本思维形式。成人在进行抽象思维时，有时也会借助具体动作的帮助，但不能与动作思维完全等同。

2. 形象思维

形象思维也称艺术思维，主要是指人们在认识世界的过程中，对事物表象进行取舍时形成的，是指用直观形象的表象解决问题的思维方式。形象思维是对形象信息传递的客观形象体系进行感受、储存的基础上，结合主观的认识和情感进行识别（包括审美判断和科学判断等），并用一定的形式、手段和工具（包括文字语言、绘画色彩、音响节奏及操作工具等）创造和描述形象（包括艺术形象和科学形象）的一种基本的思维形式。

3. 抽象思维

抽象思维是人们在认识活动中运用概念、判断、推理等基本思维形式，对客观现实进行间接、概括的反映的过程。

抽象思维凭借科学的抽象概念，对事物的本质和客观世界发展的深远过程进行反映，使人们通过认识活动获得远远超出感觉器官直接感知的知识。科学的抽象是在概念中反映自然界或社会物质过程的内在本质的思想，它是在对事物的本质属性进行分析、综合、比较的基础上，抽取出事物的本质属性，撇开其非本质属性，使认识从感性的具体进入抽象的规定，形成概念。空洞的、臆造的、不可捉摸的抽象思维是不科学的抽象；科学的、合乎逻辑的抽象思维是在社会实践的基础上形成的。

（二）常规思维和创造性思维

根据思维的创新程度，可将思维分为常规思维和创造性思维。

1. 常规思维

常规思维是指人们根据已有的知识经验，按现成的方案和程序直接解决问题。常规思维的基础是"常规"，其特征是经常按某一规律从事相关的活动而产生的主观能动性，影

响甚至决定之后从事的其他相关活动。

2. 创造性思维

创造性思维是一种具有开创意义的思维活动，即开拓人类认识新领域、开创人类认识新成果的思维活动。创造性思维是以感知、记忆、思考、联想、理解等能力为基础，以综合性、探索性和求新性为特征的高级心理活动，往往需要人们付出艰苦的脑力劳动。一项创造性思维成果要经过长期的探索、刻苦的钻研，甚至多次的挫折方能取得；而创造性思维能力也要经过长期的知识积累、素质研磨才能具备；至于创造性思维的过程，则离不开繁多的推理、想象、联想、直觉等思维活动。这种思维方式，遇到问题时，能从多角度、多侧面、多层次、多结构去思考、寻找答案，既不受现有知识的限制，也不受传统方法的束缚。其思维路线是开放性的、扩散性的。其解决问题的方法更不是单一的，而是在多种方案、多种途径中去探索、选择。创造性思维具有广阔性、新颖性、深刻性、独特性、批判性、敏捷性和灵活性等特点。

（三）聚合思维和发散思维

根据思维探索答案的方向不同，可将思维分为聚合思维和发散思维。

1. 聚合思维

聚合思维是指从已知信息中产生逻辑结论，从现成资料中寻求正确答案的有方向、有条理的思维方式。聚合思维法又称求同思维法、集中思维法、辐合思维法和同一思维法等。聚合思维法是把广阔的思路聚集成一个焦点的方法，是有方向、有范围、有条理的收敛性思维方式，与发散思维相对应。聚合思维也是从不同来源、不同材料、不同层次探求出一个正确答案的思维方法。因此，聚合思维对从众多可能性的结果中迅速做出判断，得出结论是最重要的。

2. 发散思维

发散思维又称辐射思维、放射思维、扩散思维或求异思维，是指大脑在思维时，呈现的一种扩散状态的思维模式。它表现为思维视野广阔，思维呈现出多维发散状。例如，"一题多解""一物多用"等方式，都是可以培养发散思维能力。不少心理学家认为，发散思维是创造性思维最主要的特点，是测定创造力的主要标志之一。发散思维具有流畅性、变通性、独特性与多感官性的特点。

五、思维的基本形式

（一）概念

概念是反映事物本质属性的最基本思维形式。例如，"厨具"这个概念，它反映了竹筷、铁勺、菜板等供人们制作食物和进食时的一系列简便工具所共同具有的本质属性，而不涉及它们彼此不同的具体特性。每个概念都有一定的内涵和外延。内涵即含义，是指概念所反映的事物的本质特征。外延是指属于这一概念的一切事物。例如，"平面三角形"这个概念的内涵是：平面上三条线段首尾相连，围绕而成的封闭图形；外延是：有直角三角形、锐角三角形、钝角三角形。概念不是一成不变的，随着历史的发展，人们认识的深入、经验的丰富，概念的内涵和外延也在不断变化。例如，武器、交通工具等概念，都随着时代的改变、科学技术的发展而发生了很大的变化。因此，概念是人类历史的产物。

（二）判断

判断是肯定或否定某种东西的存在或指明某种事物是否具有某种性质的思维形式，例如，"老虎是一种动物""蝴蝶不是鸟""鱼会游水"等。思维过程需要借助判断，思维的结果也以判断的形式表现出来。

（三）推理

推理是从已知的判断（前提）推出新的判断（结论）的思维形式。推理分为归纳推理、演绎推理和类比推理。归纳推理是从个别到一般的推理。例如，由"喜鹊长着羽毛翅膀、燕子长着羽毛翅膀、乌鸦长着羽毛翅膀"推出"鸟长着羽毛翅膀"。演绎推理是从一般到个别的推理。例如，由"鱼类长时间离开水面就会缺氧窒息死亡"推出"鲨鱼长时间离开水面也会缺氧窒息死亡"。而类比推理是对事物之间关系的反映。

概念、判断和推理是互相联系的。概念的形成往往要通过一定的判断、推理过程。获得判断也需要经过推理，所以实际上，推理是思维的最基本形式。

六、思维在学前儿童心理发展中的作用

（一）思维的发展是认识水平提高的标志

思维是认识活动的核心，是高级的认识过程，它的发展本身就是认识过程从低级阶段发展到高级阶段的结果和证明。

具体说来，一方面，思维的出现和发展使得学前儿童对事物的认识不再仅仅停留于表面，而是更多认识到事物的本质属性。这在学前儿童对概念掌握的发展过程中体现得最为明显。另一方面，思维在学前儿童解决问题中也起着无法替代的作用，而解决问题本身就是一种高级的认识活动。因此，思维的发展也是学前儿童认识水平提高的标志。

（二）思维的产生和发展促进了学前儿童情感、意志和社会性的发展

思维作为一种高级的认识活动，不仅对其他认识活动的发展有推动和促进作用，还对学前儿童的情绪情感活动和意志活动的发展起着重要作用。

思维的渗入使学前儿童的情感逐渐深刻化；对各种感知信息的分析综合，使学前儿童能够对自己的行为独立做出决断而逐渐摆脱对成人的依赖；对自己的行为及产生的社会后果的认识，萌发了他们的责任感和自制力；对他人需要的理解，使儿童学会同情、关怀、

谦让、互助；而对自己、自己与他人的关系的认识，使学前儿童获得了自我意识这一个性的核心。

第二节 学前儿童思维的发展

一、学前儿童思维发展的一般规律

（一）学前早期儿童以直觉行动思维为主

直觉行动思维，也称直观行动思维，指依靠对事物的感知、人的动作来进行的思维。直觉行动思维是最低水平的思维，这种思维方式在2～3岁学前儿童身上表现得最为突出，在3～4岁学前儿童身上也常有表现。

1. 产生

（1）直觉行动思维的产生

直觉行动思维是在学前儿童感知觉和有意动作，特别是一些概括化的动作的基础上产生的。

学前儿童摆弄一种东西的同一动作会产生同一结果，这样在头脑中形成了固定的联系，以后遇到类似的情境，就会自然而然地使用这种动作，而这种动作已经可以说是具有概括化的有意动作。例如，学前儿童经过多次尝试，通过拉桌布取得放在桌布中央的玩具，下次看到在床单上的玩偶，就会通过拉床单去拿玩偶。也就是说，这种概括性的动作就成为学前儿童解决同类问题的手段，即直觉行动思维的手段。学前儿童有了这种能力，我们就称有了直觉行动水平的思维。

2. 直觉行动思维的特点

直觉行动性是学前儿童早期思维的基本特征，也是直觉行动思维的重要特征。

（1）直观性与行动性。

学前儿童的思维与他的感知和动作密不可分，他不可能在动作之外思考，而是在行动中利用动作进行思考。也就是说，学前儿童思考问题的过程和解决问题的行为还没有分开来。因此，他不可能预见、计划自己的行动。学前儿童的思想只能在活动中展开，他们不是先想好了，再行动，而是边做边想。

（2）出现了初步的间接性和概括性。

直觉行动思维的概括性表现在动作之中，还表现在感知的概括性。学前儿童常以事物的外部相似点为依据进行知觉判断。

虽然直觉行动思维具有一定的概括性，在刺激物的复杂关系和反应动作之间形成联系，但由于缺乏词语作为中介桥梁，学前儿童对外部世界的反应只是简单运动性和直觉性质的，而不是概念的。因此，它只能是一种"行动的思维""手的思维"。

（二）学前中期儿童以具体形象思维为主

具体形象思维是指依靠事物的形象和表象来进行的思维。它是介于直觉行动思维和抽象逻辑思维之间的一种过渡性的思维方式。具体形象思维是幼儿期典型的思维方式。

1. 具体形象思维的产生

具体形象思维是在直觉行动思维之中孕育出来并逐渐分化的。

随着动作的熟练，学前儿童一些动作（试误性的无效动作）逐渐被压缩和省略，而由经验来代替。这样一些表象就可以代替一些实际动作，遇到问题时就可以不再试误，而是先在头脑中搜索表象，以便采取相应有效的动作。这时，学前儿童不再依靠动作而是依靠表象来思考。学前儿童思考的过程和解决问题的动作开始分离，其内部表象已经可以开始支配外部行动。

从某种意义上讲，真正的思维才开始产生，才真正由"手的思维"转为"脑的思维"。

2. 具体形象思维的特点

（1）思维动作的内隐性。

在直觉行动思维中多采用"尝试错误"法，当用这种思维方式解决问题的经验积累多了以后，学前儿童便不再依靠一次又一次的实际尝试，而开始依靠关于行动条件及行动方式的表象来进行思维。思维的过程从"外显"转变为"内隐"。

（2）具体形象性。

学前儿童的思维内容是具体的。他们能够掌握代表实际东西的概念，不易掌握抽象概念。例如，"家具"这个词比"桌子""椅子"等抽象，学前儿童较难掌握。在生活中，抽象的语言也常常使学前儿童难以理解。

学前儿童思维的形象性，表现在学前儿童依靠事物在头脑中的形象来思维。学前儿童的头脑中充满着颜色、形状、声音、大小等生动的形象特点。

学前儿童的具体形象思维还有一系列派生的特点。

① 表面性。学前儿童思维只是根据具体接触到表面现象来进行的。因此，学前儿童的思维往往只是反映事物的表面联系，而不反映事物的本质联系。例如，学前儿童不理解词的转义。学前儿童听妈妈说："看那个女孩笑得多甜！"他问："妈妈，你尝过她的笑容吗？"

② 绝对性。思维的具体性和直观性，使思维所能把握的往往是事物的静态，而很难把握那种稍纵即逝的动态和中间状态，缺乏相对的观点。

（3）自我中心性。

所谓的自我中心指主体在认识事物时，从自己的身体、动作或观念出发，以自我为认识的起点或原因的倾向，而不太能从客观事物本身的内在规律及他人的角度认识事物。

自我中心的特点还伴随一些其他表现。

① 不可逆性。即单向性，不能转换思维的角度。例如，问孩子："你有哥哥吗？""有，我的哥哥是小明。"过了一会问她："小明有妹妹吗？"孩子摇头。她只从自己的角度看小明是哥哥，而不知从哥哥的角度看，自己是妹妹。由于缺乏逆向思维能力，这使学前儿童很难获得物质守恒的概念，不懂得一定量的物体形状改变，是可以变回原状的，形状的改变并不影响其量的稳定性。

② 拟人性（泛灵论）。自我中心的特点常常使学前儿童由己推人。自己有意识有情感有言语，便以为万事万物也应和自己一样有灵性。例如，小男孩在玩汽车玩具时，和汽车玩具进行语言交流。因此，他们常常有一种看待事物的独特眼光和一颗敏感、善良、充满幻想的心灵。

（三）学前晚期儿童开始出现抽象逻辑思维的萌芽

1. 抽象逻辑思维的产生

抽象逻辑思维是指用抽象的概念（词），根据事物本身的逻辑关系来进行的思维。抽象逻辑思维是人类特有的思维方式。

学前晚期时，学前儿童出现了抽象逻辑思维的萌芽。整个学前期都还没有这种思维方式，只有这种方式的萌芽。

2. 抽象逻辑思维的特点

抽象逻辑思维是人类特有的思维方式。

随着抽象逻辑思维的萌芽，学前儿童自我中心的特点逐渐开始消除，即开始"去自我中心化"。学前儿童开始学会从他人及不同的角度考虑问题，开始获得"守恒"观念，开始理解事物的相对性。

所谓守恒，是皮亚杰理论中的重要概念，是衡量儿童运算水平的标志之一。守恒是个体对概念本质的认识能力或概念的稳定性，具体指对物体的某种本质特征（例如，重量、体积、长度等）的认识不因其他非本质特征的变化而改变。

如前所述，学前儿童思维发展的总趋势，是按直觉行动思维在先，具体形象思维随后，抽象逻辑思维最后的顺序发展起来的。这个发展顺序是固定的、不可逆的。但这并不意味着这三种思维方式之间是彼此对立、相互排斥的。事实上，它们在一定条件下往往相互联系、相互配合、相互补充。

学前儿童（主要是幼儿阶段）的思维结构中，特别明显地具有三种思维方式同时并存的现象。这时，在其思维结构中占优势地位的是具体形象思维。但当遇到简单而熟悉的问题时，学前儿童能够运用抽象水平的逻辑思维。而当遇到的问题比较复杂、困难程度较高时，学前儿童又不得不求助于直觉行动思维。

二、学前儿童掌握概念的发展

（一）学前儿童掌握概念的方式

概念是思维的基本形式，是人脑对客观事物的本质属性的反映。概念是用词来标示的，词是概念的物质外衣，也就是概念的名称。

学前儿童掌握概念的方式大致有两种类型。

1. 通过实例获得概念

学前儿童获得的概念几乎都是这种学习方式的结果。学前儿童在日常生活中经常接触各种事物，其中，有些就被成人作为概念的实例（变式）而特别加以介绍，同时用词来称呼它。

例如，带孩子到花园散步，指给他"树""花"等。成人在教给儿童概念时，也同样会通过列举实例进行。例如，指着画片上的物品告诉他："这是牛，这是马"等。

学前儿童就是这样通过词（概念的名称）和各种实例（概念的外延）的结合，逐渐理解和掌握概念的。

2. 通过语言理解获得概念

在较正规的学习中，成人也常给概念下定义，即通过讲解的方式，帮助儿童掌握概念。在这种讲解中，把某概念归属到更高一级的类或种属概念中，并突出它的本质特征是十分关键的。只有真正理解了定义（解释）的含义，学前儿童才能掌握概念。以这种方式获得的概念不是日常概念（前科学概念），而是科学概念。

科学概念的掌握往往需要用语言理解的方式进行。但由于抽象逻辑思维刚刚萌芽，学前儿童很难用这种方式获得概念。

（二）学前儿童掌握概念的特点

学前儿童对概念的掌握受其概括能力发展水平的制约。一般认为，学前儿童概括能力的发展可以分为三种水平：动作水平概括、形象水平概括和本质抽象水平的概括，他们分别与三种思维方式相对应。

学前儿童的概括能力主要属于形象水平，后期开始向本质抽象水平发展，这就决定了他们掌握概念的基本特点。

1. 以掌握具体实物概念为主，向掌握抽象概念发展

学前儿童掌握的各种概念中以实物概念为主，在实物概念中，又以掌握具体实物概念为主，即掌握基本概念为主。

根据抽象水平，学前儿童获得的概念可分为上级概念、基本概念、下级概念三个层次。学前儿童最先掌握的是基本概念，由此出发，上行或下行到掌握上、下级概念。例如，"鱼"是基本概念，"动物"是上级概念，"金鱼""鲤鱼"是下级概念。学前儿童先掌握的是"鱼"，然后才是更抽象或更具体些的上、下级概念。

2. 掌握概念的名称容易，真正掌握概念困难

每个概念都有一定的内涵和外延。内涵即含义，是指概念所反映的事物的本质特征。例如，"动物"这个概念的内涵（本质特征）就是指一种生物，这种生物有神经、有感觉、能吃食、能运动。概念的外延，则是指概念所反映的具体事物，即适用范围。"动物"这一概念的外延（实例）就是指各种各样的动物，例如，鸟、兽、昆虫、鱼等。

学前儿童掌握概念时，通常表现为掌握概念的内涵不精确，外延不恰当。也就是说，学前儿童有时会说一些词，但不代表其能理解其中真正含义。例如，老师带孩子们去动物园，一边看猴子、孔雀、大象等，一边告诉他们这些都是动物。回到班上，老师问孩子们"什么是动物"时，很多幼儿都回答"是动物园里的，让小朋友看的""是狮子、老虎、大象……"老师又告诉孩子们"蝴蝶、蚂蚁也是动物"。很多孩子觉得奇怪，老师又告诉他们"人也是动物"，孩子们更难理解，甚至有的孩子争辩说："人是到动物园看动物的，人怎么是动物呢，哪有把人关在笼子里让人看的！"

从实例入手获得的概念基本上是日常概念，即前科学概念，其内涵与外延难免不准确。只有在真正理解其含义的基础上掌握的概念，才可能内涵精确，外延适当。而这是学前儿童难以达到的水平。

为了提高学前儿童掌握概念的水平，比较可行的办法是多给他们提供具有不同典型性的实例，同时引导他们总结概括其中的共同特征。

三、学前儿童判断的发展

判断是概念和概念之间的联系，是事物之间或事物与它们的特征之间的联系的反映。判断是肯定与否定概念之间的联系，获得判断主要通过推理。逻辑思维主要运用判断、推理进行。在幼儿期，学前儿童的判断能力已有初步的发展。

（一）判断的分类

判断可以分为两大类：感知形式的直接判断和抽象形式的间接判断。一般认为，直接判断并无复杂的思维活动参加，是一种感知形式的判断；而间接判断需要一定的推理，因为它反映的是事物之间的因果、时空、条件等联系。

对于一般成人来说，飞机比汽车快，是通过经验进行间接判断的结果，因为当飞机距离地面很远、与地面行驶的汽车相对静止时，不可能直接感觉到飞机的速度。而一般学前儿童在这个问题上坚持飞机比汽车更快的判断，更多是从直接判断得出的。

（二）学前儿童判断发展的特点

1. 以直接判断为主，间接判断开始出现

学前儿童以直接判断为主。他们进行判断时，常受知觉线索左右，把直接观察到的事物的表面现象或事物间偶然的外部联系，当作事物的本质特征或规律性联系。

随着年龄增长，学前儿童的间接判断能力开始形成并有所发展。

【知识窗】

儿童直接判断与间接判断的发展

年龄	5	6	7	8	9	10
直接判断占比（%）	74	63	27	28	23.1	4.2
间接判断占比（%）	11.3	22.8	71	70	76.2	95
其他判断占比（%）	14.7	14.2	2	2	0.7	0.8

可以看出：7岁前的儿童大部分进行的是直接判断，之后儿童大部分进行的是间接判断，6~7岁判断发展显著，是两种判断变化的转折点。

2. 判断内容的深入化

【案例1】对斜坡上皮球滚落的原因，3~4岁的学前儿童说："（球）站不稳，没有脚。"5~6岁学前儿童说："球在斜面上滚下来，因为这儿有小山，球是圆的，它就滚了。要是钩子，如果不是圆的，就不会滚动了。"

5~6岁的学前儿童开始能够按事物的隐蔽的、比较本质的联系做出判断和推理。

学前儿童的判断往往只反映事物的表面联系，随着年龄的增长和经验的丰富，开始逐渐反映事物的内在、本质联系。幼儿初期学前儿童往往把直接观察到的物体表面现象作为因果关系。

学前儿童对事物因果判断的深入化，不仅反映在自然现象上，也反映在社会生活中。

【案例2】向学前儿童讲述这样两件事："明明正在看书，听到妈妈在厨房里喊他，他不知有什么事要他帮忙，赶快向厨房跑去。进门时，由于跑得太快，不小心撞倒了门旁的椅子，上面放的10个杯子全摔碎了。""另一个小孩叫亮亮。有一天，妈妈出去买菜了，没在家，他赶忙爬上椅子拿柜子上的果酱吃。下来时，一不小心碰掉了1个杯子，摔碎了。"然后，问他们："如果你是妈妈，你批评谁批评得厉害？为什么？"结果发现，年龄小的孩子倾向于严厉批评明明，因为他摔了10个杯子；而6~7岁的儿童中，已有相当一部分认为更应该批评亮亮，因为"他想偷吃东西"，明明摔了10个杯子，可是他是想快点给妈妈帮忙，不小心碰的，不是想干"坏事"。如何看待年龄小的儿童倾向批评明明的现象？

在进行类似上述的道德判断时，年幼的孩子根据行为的后果进行判断，而年长的孩子开始学会根据主观动机进行判断。

3. 判断根据客观化

【案例3】有的小孩子认为给书包上书皮是因为怕它冷；球从桌子上滚到地上是因为它"不想待在上面。"如何看待孩子的类似判断？

幼儿初期的学前儿童常常不能按事物的客观逻辑进行判断，而是按照"游戏的逻辑"或"生活的逻辑"来进行。这种判断没有一般性原则，不符合客观规律，而是从自己对生活的态度出发的，属于"前逻辑思维"。

从判断的依据看，学前儿童一开始以对待生活的态度为依据。随着年龄的增长，幼儿逐渐从以生活逻辑为根据的判断，向以客观逻辑为根据的判断发展。

4. 判断论据明确化

【案例4】问学前儿童："你知道为什么要刷牙吗？"学前儿童说："因为是妈妈说的。"如何看待这类现象？

从判断论据看，学前儿童没有意识到判断的根据，随着年龄增长，学前儿童逐渐开始明确意识到自己的判断根据。幼儿初期的学前儿童虽然能够做出判断，但是，他们没有或不能说出判断的根据，或以他人的根据为根据，例如，"妈妈说的""老师说的"，他们甚至并未意识到判断的论点应该有论据。

随着学前儿童的发展，他们开始设法寻找论据，但最初的论据往往是游戏性的或猜测性的。幼儿晚期，学前儿童不断修改自己的论据，努力使自己的判断有合理的根据，对判断的论据日益明确，这说明思维的自觉性、意识性和逻辑性开始发展。

四、学前儿童推理的发展

推理是判断和判断之间的联系，是由一个判断或多个判断推出另一新的判断的思维过程。

（一）推理的分类

推理可以分为直接推理和间接推理两大类。

1. 直接推理

直接推理比较简单，是由一个前提本身引出某一个结论。

2. 间接推理

间接推理是由几个前提推出某一结论的推理。间接推理又可以分为归纳推理、演绎推理和类比推理。归纳推理是由特殊的前提推出普遍性结论的推理；演绎推理是由普遍性的前提而进行的代入性推理，演绎推理有三段论、假言推理和选言推理等形式；类比推理是从特殊性前提推出特殊性结论的一种推理，也就是从一个对象的属性推出另一对象也可能具有这种属性。

（二）学前儿童推理发展的特点

学前儿童在其经验可及的范围内，已经能进行一些推理，但水平比较低，主要表现在以下几方面。

1. 抽象概括性差

【案例5】分析以下案例，归纳幼儿概括能力发展的特点。

（1）年龄小的学前儿童看到红色积木、火柴漂浮在水上，不会概括出木头做的东西会浮的结论，而只会说："红的""小的"东西浮在水上。

（2）问学前儿童："一切果实里都有种子，萝卜里面没有种子，所以萝卜……（怎么样？）"有的学前儿童立即回答说："萝卜是根，萝卜是长在地里的。"

学前儿童的推理往往建立在直接感知或经验所提供的前提上，其结论也往往与直接感知和经验的事物相联系。年龄越小，这一特点越突出。

2. 逻辑性差

学前儿童，尤其是年龄较小的学前儿童，往往不会推理。对学前儿童说："别哭了，再哭就不带你找妈妈了。"他会哭得更厉害，因为他不会推出"不哭就带你去找妈妈"的结论。大些的孩子似乎有了推理能力，但其思维方式与事物本身的客观规律之间的一致程度较低，常常不会按照事物本身的客观逻辑、给定的逻辑前提去推理判断，而是以自己的"逻辑"去思考。例如，前面列举的关于皮球滚落原因的解释。

3. 自觉性差

学前儿童的推理往往不能服从一定的目的和任务，以至于思维过程常离开推论的前提和内容。"你弹你的曲，我唱我的调。"

五、学前儿童理解的发展

理解是个体运用已有的知识经验去认识事物的联系、关系乃至其本质和规律的思维活动。学前儿童理解发展的特点包括：

1. 从对个别事物的理解，发展到理解事物之间的关系

这是从理解的内容上来谈的。从学前儿童对图画和对故事的理解中，我们都可以看到这种发展趋势。学前儿童对图画的理解，起先只理解图画中最突出的个别人物，然后理解人物形象的姿势和位置，再理解主要人物或物体之间的关系。

学前儿童理解成人讲述的故事，常常也是先理解其中的个别字句、个别情节或者个别行为，然后才理解具体行为产生的原因及后果，最后才能理解整个故事的思想内容。

2. 从主要依靠具体形象来理解事物，发展到依靠语言说明来理解

在教学前儿童学习文学作品时，有无插图，效果很不一样。有研究表明，假定没有插图时，儿童理解水平为1，有插图后，3～4.5岁儿童的理解水平为2.12；4.5～9.5岁儿童的理解水平为1.23。

可见，直观形象有助于学前儿童理解作品。年龄越小，对直观形象的依赖性越大。老师对学前儿童进行道德品质的培养与教育，不采用说教的方式，而是将道理寓于故事之中，或让学前儿童有感性的体验，原因也在此。

由于言语发展水平的限制及学前儿童思维的特点，孩子们常常依靠行动和形象理解事物。例如，小班学前儿童在听故事或者学习文艺作品时，常常要靠形象化的语言和图片等辅助才能理解。随着年龄的增长，学前儿童逐渐能够摆脱对直观形象的依赖，而只靠言语

描述来理解。但在有直观形象的条件下，理解的效果更好。

3. 从对事物简单、表面的理解，发展到理解事物较复杂、较深刻的含义

【案例6】在给小班学前儿童讲完《孔融让梨》的故事后，问孩子们："孔融为什么让梨？"不少儿童回答："因为他小，吃不完大的。"

可见他们还不理解让梨这一行为的含义。

学前儿童的理解往往很直接、很肤浅，年龄越小越是如此。

【案例7】上课时，小班一个小朋友歪歪斜斜地坐着，老师批评说："你们看，甜甜坐的姿势多好！"老师一说完，其他小朋友都学着他的样子坐起来。

这说明学前儿童对语言中的转义、喻义和反义现象也比较难理解。他们以为老师真认为那样坐着好，真的在表扬那位小朋友。所以对学前儿童进行教育时，尤其是小班学前儿童，要避免说反话，坚持正面引导教育。

4. 从理解与情感密切联系，发展到比较客观的理解

【案例8】有妈妈给儿子出了道加法题："爸爸打碎了3个杯子，小宝打碎了2个杯子，一共打碎了几个杯子？"孩子听后哭了，他说他没有打碎杯子。

这样的现象表明，学前儿童对事物的情感态度，常常影响他们对事物的理解。妈妈出算术题时，没有考虑到学前儿童对事物理解的情绪性。这种影响在4岁前学前儿童的身上尤为突出。因此，学前儿童对事物的理解常常是不客观的。较大的学前儿童开始能够根据事物的客观逻辑来理解。

5. 从不理解事物的相对关系，发展到逐渐能理解事物的相对关系

【案例9】学前儿童看电视时，常常会问："他是坏人还是好人？"如果成人说："他既有坏的一面，也有好的一面。"孩子会感到难以理解。

这类现象表明，学前儿童对事物的理解常常是固定的或极端的，不能理解事物的中间状态或相对关系。对学前儿童来说，不是有病，就是健康；不是好人，就是坏人。学前儿童学会了5+2=7后，不经过进一步学习，不知道2+5=7。随着年龄的增长，学前儿童逐渐能理解事物的相对关系。

第三节　学前儿童思维的培养

一、学前儿童思维的培养原则

学前时期，儿童想象较为丰富，在这一时期，儿童的创造性无处不在。在教育生活中，

儿童的想象力和创造力是没有限制的，关键在于育人者如何看待儿童的创造力，如何正确地加以引导。因此，我们在教学中应该时刻注意培养儿童的想象力，坚持思维发展的基本规律和基本原则，使他们思维活跃、想象丰富、富有创造力。

（一）坚持创造性原则

曾有这样一个人比喻：孩子是脚，教育是鞋，教育者是造鞋人。是的，造鞋人只有在充分了解脚的大小、形状、脚的需要及感受的前提下，才能制造出合脚的鞋子。同样，作为老师，只有在充分研究孩子、懂得孩子、了解孩子需要什么的前提下，才能设计出适合孩子的教育方法。学前儿童受其认知发展水平的限制，生活经验较少，他们往往只对日常生活中经常接触的、熟悉的和感兴趣的物体有学习的兴趣。老师应设计贴近学前儿童生活的活动，鼓励学前儿童大胆创造。

（二）坚持互动性原则

陈鹤琴先生说："儿童世界是儿童自己去探讨发现的，他自己索求来的知识才是真知识。"因此，与学前儿童共同讨论，培养学前儿童的交流能力，要给儿童留下思考的空间。借助活动和游戏，将娱乐与教育融为一体，为儿童提供生动形象的画面，从而使儿童在亲自感知、自我探索、自我发现和创造交流的过程中，思维能力和语言能力得到进一步的发展。例如，儿童学会讲述故事《小猪盖房子》之后，让儿童通过操作，设计自己喜爱的各式各样的房子，并进行相互之间的交流、欣赏，从而在双向互动和多向互动的过程中，更好地促进儿童对语言的交流与运用，使儿童在"玩中学，学中玩，学所得"。

（三）坚持启发性原则

启发性原则是指老师在教学中要承认学前儿童是学习的主体，注意调动他们的学习主动性，引导他们独立思考、积极探索、发现问题和解决问题的能力。老师要善于运用启发性提问，在学习过程中设置疑问，鼓励学前儿童积极思考。

二、学前儿童思维培养的措施

（一）不断丰富学前儿童的感性知识

思维是在感知的基础上产生和发展的。人们对客观世界正确、概括的认识，是通过感知觉捕获大量具体、生动的材料后，经过大脑的分析、综合、比较、抽象、概括等思维过程才达到的。因此，感性知识、经验是否丰富，制约着思维的发展。学前儿童老师应有意识、有计划地组织各种活动，丰富学前儿童的感性知识及其表象。在儿童积累了同类各种事物、多种材料的较为丰富的知识经验后，再引导学前儿童进行分类、概括，把零散的知识条理化、系统化，形成最初的各种概念，进而教学前儿童运用概念进行判断、推理，促进学前儿童思维能力的发展。

（二）发展学前儿童语言

语言是思维的武器和工具。正是借助词的抽象性和概括性，人脑才能对事物进行概括、间接的反映。通过语言中的词和语法规则，学前儿童才得以逐渐摆脱实际行动的直接支持，摆脱表象的束缚，抽象概括出事物之间的规律性联系。

（三）教给学前儿童正确的思维方法

思维的特征是概括性、间接性和逻辑性。学前儿童随着年龄的增长，有了较多的感性知识和生活经验，语言发展也达到较高水平，为思维发展提供了条件工具，但还要掌握正确的思维方法，才能更好地利用这些条件和工具。学前儿童不是一开始就能掌握这些条件和工具的，家长和老师都要引导学前儿童，遇到问题如何通过分析、综合、比较和概括，做出逻辑的判断、推理来解决问题。教会学前儿童掌握正确的思维方法，就如给学前儿童插上了思维发展的翅膀，学前儿童的抽象思维能力就能得到迅速的发展和提高。

（四）激发学前儿童的求知欲，保护儿童的好奇心

好奇心是学前儿童的特点，他们对周围的环境充满探求的渴望，善于主动发现和探索事物的特点，在不断获取知识和信息的同时，他们的思维力得到了发展。

由于受认知能力的限制，学前儿童经常会在日常生活中遇到许多未知的事物，并向成人提出各种各样的问题："声音是怎样传到耳朵里？""我走，怎么月亮也走？""彩虹为什么是五颜六色的？""蚯蚓是爬行动物吗？""鲸鱼为什么不是鱼？""企鹅是鸟为什么不会飞"等。老师应耐心地以不同的方式给予答复，满足学前儿童的求知欲望，保护学前儿童的好奇心，使学前儿童投入探索发现新事物的活动中。

（五）通过智力游戏、实验等方式，锻炼学前儿童的思考力

智力游戏趣味性强，可以在活泼、轻松的氛围中唤起儿童已有的知识印象，促使学前儿童积极动脑去进行分析、比较、判断、推理等一系列逻辑思维活动，从而促进学前儿童思维抽象逻辑性的发展。

老师也可以利用一些自然条件、简单实物、教具等，让学前儿童亲自进行一些简易的小型科学实验，让学前儿童在动手时动脑，有所发现、有所提高。

【真题演练】

一、选择题

1. 气象谚语"朝霞不出门，晚霞行千里"反映了思维的（　　）特点。
   A. 间接性　　　B. 概括性　　　C. 抽象性　　　D. 创造性
2. 每次"看见月晕就要刮风潮湿就要下雨"，即得"出月晕而风，础润而雨"的结论，这

属于思维的（　　）特点。

  A．间接性   B．概括性   C．抽象性   D．创造性

3．赵老师拿了一枚曲形针，让学生们尽可能说出它的用途，赵老师旨在培养学生的（　　）思维。

  A．形象思维   B．抽象思维   C．聚合思维   D．发散思维

二、简答题

1．什么是思维？常见的思维有哪几种类型？

2．如何培养学前儿童的思维？

篇章三

情绪与情感发展

第九章　学前儿童的情绪

思维导图

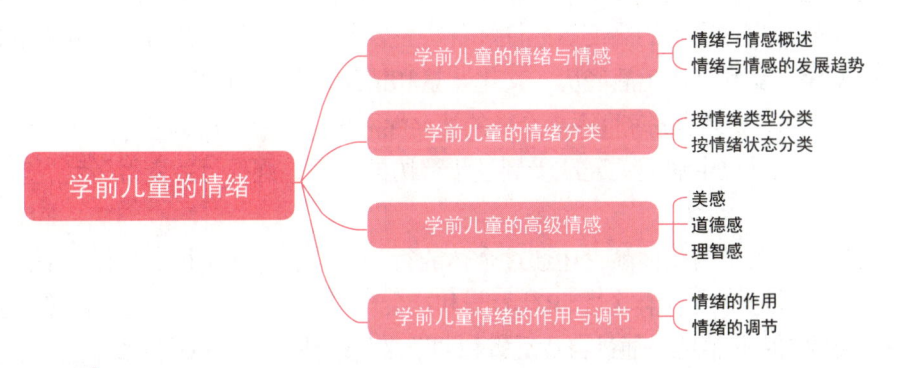

学前儿童的情绪
- 学前儿童的情绪与情感
  - 情绪与情感概述
  - 情绪与情感的发展趋势
- 学前儿童的情绪分类
  - 按情绪类型分类
  - 按情绪状态分类
- 学前儿童的高级情感
  - 美感
  - 道德感
  - 理智感
- 学前儿童情绪的作用与调节
  - 情绪的作用
  - 情绪的调节

内容提要

学前儿童的情绪与情感发展在其成长过程中占据重要位置，呈现明显的阶段性和发展趋势。一方面，幼儿阶段情绪与情感的表现方式与其他年龄段有着显著的区别；另一方面，幼儿期的情绪与情感发展将会深刻地影响个体后续的身心发展。本章将深入研究学前儿童情绪与情感的概念和发展趋势，详细介绍基本情绪与高级情感的逐步展现。同时，我们将重点分析学前儿童情绪在其成长过程中的作用，并提供有效的调节方法。儿童的情绪与情感不仅表现为基本的哭、笑、恐惧等情绪，还逐渐演变为包括道德感、美感和理智感在内的高级情感，展现出丰富多彩的内心世界。在这一时期，儿童的情绪变化迅速，但缺乏自我调节能力，因此创造适宜的成长环境对促进学前儿童情感健康发展至关重要。

学习目标

1. 知识目标：掌握情绪与情感概念，了解学前儿童情绪的作用。
2. 能力目标：情绪调节方法，促进学前儿童情感健康发展。
3. 素质目标：注重对学前儿童情绪与情感的培养，树立科学的儿童发展观。

第一节 学前儿童的情绪与情感

一、情绪与情感概述

情绪与情感作为人类心理活动的重要组成部分，扮演着引导个体行为和应对外界刺激的关键角色。从最基本的生理需求到复杂的社会互动，情绪与情感贯穿于人类生活的方方面面，对个体行为模式的养成和社会性的发展有重要影响。

在满足个体生理需求方面，情绪扮演着警示和调节的角色。当身体感受到饥饿或寒冷时，情绪会迅速产生，促使个体采取行动以寻求食物或温暖。这种情绪反应的快速性和强度，反映了大脑对生存需求的高度敏感性和优先性。然而，不同个体对同一刺激的情绪反应可能存在差异，受到个体生活经历、文化背景和情绪调节能力的影响。

除了生理需求，情绪也紧密联系着个体的社会性需求，例如，归属感、尊重和自我实现。学前儿童若在成长过程中缺乏关爱或受到过于严厉的管教，则很可能变得怀疑、羞怯，容易内疚。

情绪与情感不仅是内在体验，还通过个体的行为得以表达和调控。个体在情绪表达和调控上的差异，往往反映了个体个性、文化背景和社会环境的差异。有些人习惯直接表达情绪，而另一些人更倾向内化情感，通过自我反省和调节来处理情绪。这种差异并不意味着某种方式就比另一种方式更好，而是表明了情绪表达和调控的多样性和复杂性。

在幼儿园环境中，幼儿的情绪管理成为培养其情商和社交技能的关键因素之一。幼儿时期是情绪发展的重要阶段，他们常常面临着各种新的情境和挑战，需要学会认识、表达和调控自己的情绪。

幼儿的情绪反应往往是直接和强烈的，受到外界刺激和内在需求的影响。例如，当幼儿遇到挫折或感到不满时，可能会立即变得情绪激动，并表现出退缩或哭闹等行为。在这种情况下，若教育者施加及时、适当的干预，则能很好地促进幼儿的情感发展。

幼儿园老师通常采用各种方法来帮助幼儿学会情绪管理。例如，教育者可以通过讲故事、谈话、做游戏等方式，引导幼儿感知、识别自己及他人的情绪；为幼儿提供有关调节情绪和人际交往策略的指导等活动，教导幼儿认识不同的情绪，并提供有效的情绪调节策略。同时，幼儿园也会创建支持性的心理氛围，鼓励幼儿与同伴分享情感、倾听他人的感受，并学会适当地表达自己的情感。

在幼儿园的日常活动中，情绪管理贯穿各方面。从早晨的分离焦虑到午睡时间的安抚，从玩耍中的矛盾冲突到课堂活动的合作，幼儿园老师都在努力营造一个情感温馨、安全舒适的环境，帮助幼儿建立积极的情绪管理能力。

通过幼儿园阶段的情绪管理培训，幼儿能够逐步学会认识、理解和调控自己的情绪，提高社交技能和人际关系质量。这对幼儿的整体发展和未来的学习成功至关重要，也为他们未来的生活奠定了坚实的情感基础。

二、情绪与情感的发展趋势

在学前儿童时期，儿童的情感世界是丰富多彩的，需要得到更多的关注和引导。他们可能会体验到各种各样的情绪，从喜悦到沮丧、从好奇到恐惧，每种情绪都是他们发展的一部分。因此，我们作为成年人和教育者，需要创造一个支持性的环境，让他们感受到情感的重要性，同时学会如何有效地处理这些情感。学前儿童情绪与情感的发展过程，主要表现为：首先出现情绪特点，其次出现情感特点。情绪与情感的发展趋势主要体现在三方面：社会化、丰富和深刻化、自我调节化。

（一）情绪与情感的社会化

学前儿童时期是儿童个体发展中至关重要的阶段，而情绪与情感的社会化在这一时期显得尤为关键。社会化是个体在社会环境中习得和内化文化、价值观念、行为规范等方面的过程。学前儿童正处于情感和社会认知的初步形成阶段，他们通过社会化过程学会理解、表达和调节情感，这对未来的社交活动和情感管理能力的发展具有深远的影响。

1. 学前儿童情感社会化的理论基础

社会认知理论强调个体在社会化过程中通过观察、模仿和社交互动学习。通过与家庭、学校和同伴的互动，学前儿童逐渐认知并理解社会中各种情感表达和回应方式。这一过程不仅包括了情感的外在表现，还涉及对他人情感状态的理解和同情心的培养。

情感社会化理论将重点放在个体情感经验和表达的社会化过程上。儿童在家庭和学校等社会环境中，通过与父母、老师、同伴的情感互动，逐渐学会合适的情感表达方式，并了解不同情境下的情感应对策略。这一理论认为，通过模仿、积极参与社会活动，学前儿童逐渐建构了自己的情感体系。

学前儿童的家庭环境对其情感社会化具有深远的影响。在家庭中，父母是孩子最早的情感引导者和榜样，他们的行为和态度会直接影响孩子的情感表达和认知方式。举个例子，小明的家庭是一个充满温暖和理解的环境，父母经常与他进行情感交流，鼓励他表达自己的情感，并且尊重他的情感体验。当小明遇到挫折或困难时，父母不会立刻给出解决方案，而是耐心倾听他的心声，帮助他找到自己的解决办法。这种家庭环境让小明感受到了被理解和支持，从而培养了他积极的情感态度。

学校是学前儿童重要的社会化场所之一，学校教育对他们情感社会化的影响至关重要。在学校中，老师是学生的情感引导者和指导者，他们的言行举止会对学生产生深远的影响。以小明所在的学校为例，学校注重情感教育的开展，通过开展各种情感教育活动和课程，帮助学生了解自己的情感需求，并学会适当地表达和管理情感。例如，在情感课堂上，老师会向学生介绍各种情绪管理表达技巧和管理策略，并通过角色扮演、小组讨论等方式让学生进行实践。通过这些活动，学生能够更好地理解和应对自己的情绪管理，增强情感认知能力和情绪管理调节能力。

除了情感课堂上的教育活动，学校还可以通过课外活动和校园文化建设来促进学生的情感发展。例如，学校可以组织情感主题的文艺表演或者举办情感分享会，让学生有机会展示自己的情感表达能力，并聆听他人的情感故事，从中学习和借鉴。此外，学校还可以设置情感咨询室或者心理辅导中心，为学生提供情感支持和咨询服务，帮助他们解决情感困扰，建立积极健康的情感态度。

然而，在进行情感教育时，学校和老师也需要注意一些问题。首先，情感教育应该是全方位的，不仅传授知识，更要注重培养学生的情感智慧和情感技能。其次，情感教育应该是温和的，避免过分强调竞争和评价，给学生留下充分表达情感的空间和自由。最后，情感教育需要与家庭教育相互配合，形成合力，共同促进学生情感社会化的健康发展。

2. 学前儿童情感社会化的实施策略

在学前儿童情感社会化的过程中，关注情感表达、培养情感管理能力及促进家校合作是至关重要的。

首先，我们需要通过创设富有情感互动的环境，激发学前儿童内在的情感体验。采用启发性问题的方式，引导他们表达情感，既能够满足其情感需求，又有助于其建立情感认知。在这方面，社会情感学理论提供了指导，认为通过社交互动，儿童能够学到适当的情感表达方式，形成积极的社会情感发展。

其次，培养学前儿童的情感管理能力至关重要。设计情感识别游戏和情感冲突解决训练，有助于提高学前儿童对自身和他人情感的认知水平，培养他们在面对情感问题时有效地加以调控的能力，这与情感智力理论相契合。情感智力理论认为，情感智力是一种重要的智力形式，能够帮助学前儿童更好地适应社会环境，建立良好的人际关系。通过这些训练，学前儿童能够学到如何有效处理情感，提高情感表达的准确性，同时培养其从小就具备情感管理技能。

最后，为了确保学前儿童情感社会化的全面发展，我们需要建立家校沟通平台，促进家庭中的情感培养。根据生态系统理论的观点，学前儿童的发展受到家庭、学校等多个系统的影响，因此需要建立紧密的家校合作关系。家庭是学前儿童情感社会化的最初场所，家长在培养学前儿童情感方面扮演着重要角色。定期的家庭访谈、家长培训等方式，可以增强家庭对学前儿童情感社会化的关注程度，形成学校与家庭共同育人的合力。

总体而言，通过关注情感表达、培养情感管理能力及促进家校合作，我们可以更全面地推动学前儿童的情感社会化。这一过程既涉及个体层面的情感认知和表达，也涉及社会层面的合作和沟通。通过有机结合这些方面的培养，我们有望为学前儿童创造一个健康、积极的情感社会化环境，为他们未来的成长打下坚实的基础。

（二）情绪与情感的丰富和深刻化

情绪与情感的丰富和深刻化是指随着个体成长和发展，其情感体验和表达变得更为多样、复杂，并对外界刺激有着更深层次的认知和理解。这一发展过程包括认知能力、社会经验、情感表达多样性及情感调节的全面提升。情绪和环境的复杂关系往往与认知发展水平有关。根据情绪与认知过程的关系，情绪与情感的发展有三个水平。

1. 认知能力与情感体验的互换

儿童情感的丰富和深刻化是认知能力和情感体验之间复杂而紧密交互的结果。在儿童成长的早期，他们的感知逐渐演变为对周围世界的深入认知。这一认知过程与情感体验紧密相连，塑造了儿童独特的情感世界。

随着大脑神经系统的成熟，儿童逐渐拥有了更为复杂的认知能力。最初的感知逐渐演化为对物体、人物和事件的深入认知，为丰富的情感体验奠定了基础。儿童能够更准确地感知和理解身边发生的事物，从而产生更为丰富和深刻的情感体验。

认知的提升不仅表现在感知上，还包括了对事件的思考、对过去的记忆和对语言的运用。这种认知的多层次发展使得儿童能够更准确、更深刻地表达和体验情感。例如，当儿童能够用语言描述自己的感受时，他们的情感体验就不再局限于简单的生理感觉，而能够更加具体地表达内心的情感状态。

情感与认知之间的关系是相互促进的。儿童通过情感体验促进了认知的发展，而对世界更深层次的认知又反过来影响了情感的体验。这种相互作用在儿童的情感发展中扮演着至关重要的角色，使他们的情感不断丰富和深刻化。

2. 社会经验的积累与情感维度的丰富化

儿童情感的丰富和深刻化不仅受到认知能力的影响，还在很大程度上受到社会经验的积累和多样性的影响。通过在家庭、学校和社会中的互动，儿童接触到了更广泛的情感体验和情感表达方式，使他们的情感世界呈现更为多元化的特征。

家庭是儿童最早接触社会的场所，家庭环境中的情感互动对儿童的情感发展具有深远的影响。在温暖、支持和理解的家庭环境中，儿童更容易体验到爱、安全感等积极的情感，这为他们的情感世界提供了积极的基础。

随着儿童成长，他们开始涉足学校和同伴交往的领域。在学校环境中，儿童可能面临更多的社交挑战，例如，竞争、友谊和合作等，这为他们提供了更为多样的情感体验。同伴关系的建立和维护也是儿童情感世界逐渐丰富的一个重要方面。

不同的社会文化背景也为儿童提供了不同的情感体验。文化传统、价值观念和社会规范都对儿童的情感发展产生着深刻的影响。例如，一些文化可能更注重集体情感体验，而另一些文化更强调个体的情感表达，这为儿童的情感维度带来了更为丰富和多样的选择。

3. 情感表达的多样性与情绪调节的挑战

随着情感的丰富和深化，儿童面临更多情感表达和调节的挑战。他们需要学会如何有效地表达自己的情感，并学会如何应对各种情感状态。这种情感表达的多样性不仅要求儿童具备丰富的情感词汇和表达方式，还需要他们具备有效的情感调节策略，以应对不同情感状态的挑战。

随着儿童情感的丰富和认知能力的提升，他们开始尝试用多种方式表达自己的情感。这包括语言表达、肢体语言、绘画和音乐等多种形式。儿童通过这些多样的表达方式来展示他们复杂而独特的情感体验。

例如，儿童可能学会通过绘画来表达内心的复杂情感，将抽象的情感状态具象化。在社交场合，他们可能学会通过微妙的肢体语言来传达内心的感受。然而，这也意味着他们需要更多的技能来应对不同情感状态的调节，以保持情感的平衡。

总体而言，情绪与情感的丰富和深刻化是儿童发展过程中的一个重要方面。这不仅关乎个体对于自身情感体验的理解，也涉及他们如何与外界互动和适应复杂多变的社会环境。这一发展趋势为儿童提供了更为细致的情感体验，也为他们未来的社交和情感管理打下了坚实的基础。

【知识窗】

婴幼儿情绪发展

情绪对婴儿适应生存有着特别的意义。

婴儿天生就具有情绪反应能力，出生后很早就表现出了他的情绪反应，是其重要的适应生活的方式。年龄越小，情绪在生活中的地位越高，这是婴儿心理的特点。

（三）情绪与情感的自我调节化

随着学前儿童的逐渐成长，他们迎来了情绪与情感发展的重要过程，其中，自我调节能力的培养显得尤为重要。自我调节，即儿童逐步习得在面对多样情境时，通过内在机制调整和管理自身情绪与情感反应的能力。这一过程不仅对个体发展具有根本性意义，同时也为他们未来社交和情感管理奠定坚实基础。

1. 情绪的冲动性逐渐减弱

随着年龄的增长，儿童情绪的冲动性逐渐减弱，情绪表达方式更加成熟、可控。婴幼儿常常对外部刺激做出比较强烈的反应。例如，当面临新奇的玩具或熟悉的人物时，婴幼儿可能会表现出强烈的兴奋，甚至以哭闹或嬉笑来表达内心的情感。在这种情境下，他们往往无法自我控制，展现出较为明显的情绪冲动性。

随着儿童神经系统的发育和语言能力的提升，情绪的冲动性逐渐减弱。在幼儿期初期，虽然孩子对自己的情绪产生了一定的认识，但在情绪表达方面仍较为直接和冲动。例如，当看到故事中的"坏人"时，幼儿可能采取过激的动作来表达对这一情节的反感。

然而，随着儿童情绪的发展，情绪表达方式逐渐多元化，自我调节能力也得到了加强。

面对引发情绪的刺激时，儿童更能够通过适当的方式表达内心感受，而非过于冲动的行为。例如，当儿童感到失望或不满时，他们可能学会用言语表达情感，而非仅仅通过哭闹或大声喊叫来释放情绪。

教育者在引导儿童情绪发展的过程中，可以通过鼓励他们寻找更妥当的情绪表达方式，逐步培养其对情绪冲动性的控制能力。这一发展趋势不仅反映了儿童个体心理素质的提升，同时也为其更好地适应社交环境和学习生活奠定了基础。

2. 情绪表现的不稳定性

在婴幼儿时期，情绪表现的不稳定性是显著的，呈现出短暂而频繁的变化。随着年龄的增长，幼儿的情绪稳定性逐渐增强。尽管如此，总体而言，他们的情绪仍然保持不稳定和易变的特征。情绪常常体现出对立性，例如，喜悦与愤怒、悲伤与快乐等。在婴幼儿时期，这两种对立情绪经常在短时间内迅速转换。例如，当孩子因未能得到心仪的玩具而哭泣时，如果成人给他一块糖，他可能会瞬间由哭泣转变为笑容。在这种情境下，婴幼儿往往在笑容中还挂着泪水，展现了情感的快速转变，这在这个年龄段是相当普遍的现象。

在婴幼儿期，情绪的表现主要是基于生理需求的满足与否，例如，饥饿、疲劳等。由于婴幼儿无法用言语表达，他们往往通过哭泣、笑容等方式来传达自己的情感状态。在这个阶段，情绪的稳定性相对较低，容易受到外界环境的影响。当婴儿感到不适或需要关爱时，他们可能会哭闹。通过父母的及时响应，婴儿学会了通过哭泣来引起关注，从而满足自己的需求。

随着年龄的增长，幼儿期的儿童逐渐具备了更为丰富的情感体验和表达方式。他们开始建立对外界刺激的情感反应，并逐渐学会通过语言表达自己的情感。然而，由于认知和语言能力的限制，幼儿情绪的波动性仍然较大。当在幼儿园中遇到与他人的冲突时，幼儿可能表现出愤怒或沮丧的情绪。通过老师的引导，幼儿逐渐学会使用简单的言语表达自己的感受，但仍然容易受到外部环境的影响。

学龄前期儿童的情绪表达逐渐趋向稳定，他们在认知和语言能力的提升下能够更好地理解和表达自己的情感。此时，他们对于外界刺激有了更为复杂的认知，能够更有针对性地回应不同情境。面对学业挑战或社交问题，学龄前期的儿童可能会表现出情绪的波动，但相对于幼儿期，他们更能够通过言语和行为更为成熟地处理自己的情感。

进入儿童晚期，情绪的稳定性进一步提高。儿童在认知水平上取得明显的进步，能够更全面地理解复杂情感，并在社交互动中更为独立自主。当儿童晚期的学生面对学业挑战时，他们可能会通过积极的学习态度和合理的情感表达来应对，减轻焦虑情绪。他们更能够理解自己的情感需求，通过积极的方式来调节情绪。

情绪的稳定性在儿童的成长过程中呈现逐渐提高的趋势，不同阶段的儿童表现出各自特有的情感发展特点。理解儿童情感的年龄特征，有助于教育者更科学地引导和支持儿童的情感发展。

3. 情绪从外露到内隐

情绪的表达方式随着儿童的发展经历了显性到隐性的演变过程，从最初的完全外露到逐渐内隐，这反映了儿童心理逐步趋于成熟和复杂的过程。

在婴儿期和幼儿初期，儿童的情绪体验完全外露于行为之中。婴儿通常无法意识到自己情绪的外部表现，他们的哭泣、笑容、挥动四肢等行为直接显现出内心情感的强烈变化。这一时期，儿童的情感表达受到外界情境的支配，缺乏对情感的自我调节能力。新进入幼儿园的儿童面对离开妈妈时可能会哭泣，但当妈妈的身影消失后，通过老师的引导，他们往往能够很快从悲伤状态中恢复，并开始享受新的环境。

随着言语和心理活动的发展，幼儿逐渐能够调节自己的情绪及其外部表现。然而，值得注意的是，幼儿初期的情感体验常常在情绪发展的实际过程中才被意识到，进而引发对情绪表现的控制和调节。在幼儿晚期，他们能够更多地调节情绪的外部表现。举例而言，当感到疼痛时，幼儿更可能表现出对疼痛的克制。同样，当面对分离时，幼儿可能学会在外人面前抑制情感，而在家长面前表露出对分离的不适。

幼儿期的儿童能够学会在不同场合下以不同方式表达同一种情绪。他们的情绪发展在一定程度上受周围情境的影响，同时又通过学习和体验逐渐形成独立的情感表达模式。例如，幼儿可能学会在家庭环境下通过言语或肢体动作表达喜悦，而在陌生或公共场合则会选择保持冷静，用眼神或微笑传递愉悦。这种能够灵活切换情感表达方式的发展表明，幼儿已经开始逐步领悟和运用适应社交环境的情感规则。

对于幼儿的情感发展，教育者的角色至关重要。教育者需要细心观察儿童的情感外露和内隐的表现，以更好地理解其内心世界。同时，通过适当的引导，教育者能够帮助儿童建立积极的情感表达模式，培养其正确理解和处理情感的能力。

总体而言，儿童情绪的外露到内隐的转变是一个综合体验，涉及生理、心理和社会因素的交互作用。通过逐步理解和引导，儿童能够建立起更为健康、积极的情感表达机制，为未来的社交互动和学习生活打下坚实基础。

【知识窗】

容纳之窗

"容纳之窗"（The Window of Tolerance）是指一个人面对压力时，身心可承受的范围，最早是由医学专家丹·西格尔于1999年提出的。当情绪在可承受的范围之内时，个人可以正常发挥记忆力、意志力、忍耐力、觉察力、反思力。一旦外界压力过大，让你的状态突破了"容纳之窗"，你则会发生失调，处于亢奋或低迷的状态。"容纳之窗"的大小每天都可以改变，通过本文的一些技巧练习，你可以学会在压力之下，找回自己的正常状态。"容纳之窗"用来形容一个人处在激活状态时的回应方式，在"容纳之窗"的范围里，你感到安全，有能力且充满斗志面对生活带给你的挑战。最糟的是陷入"调节困难"和"过高或过低的激发"，你的思考就再也无法运作，处理事情的能力趋近于0，事后还会自问："刚刚到底发生了什么事？"在"容纳之窗"之内，身心处在"适度激发状态"，一个人尚可稳定与理性地面对困境，解决问题。

第二节　学前儿童的情绪分类

一、按情绪类型分类

（一）哭

新生儿用哭声迎接新世界，这是他们与环境首次互动的方式。出生后，儿童最明显的情绪体现就是哭泣，开始是对生理需求的回应，随后渐渐演变成一种带有社会性的表达。

婴儿从一开始就展现出哭泣的行为，这不仅是一种生理现象，同时也反映了他们心理状态的表达。哭泣是新生儿主要与外界沟通的方式，传递不悦情绪的表达。因此，新生儿常常通过哭声来传递他们的需求。研究指出，婴儿的哭声在情感上很早就有所差异，随着年龄增长，这种差异更加明显。出生1周新生儿的哭声主要是由于饥饿、寒冷、疼痛或渴望入睡等原因；到了3~4周，哭声可能因中断喂奶、烦躁或食物变化而产生；随后，可能因成人离开或夺走玩具而产生。1岁后，随着语言和思维能力的发展，由生理需求而引起的哭声逐渐减少，而由心理因素引起的哭声逐渐增多。此时，负面情绪、悲伤体验及期望得到关爱和未得到满足的需求可能引发哭泣。因此，不同年龄段的哭泣具有不同的含义，其原因和表现形式各异，成人的护理措施也应相应调整。

1. 婴儿的哭声：0~1岁的多样表达

（1）生理需求的啼哭。

婴儿通过规律的啼哭表达生理需求，这是他们告诉父母饥饿或口渴的方式。及时响应并满足这些基本需求，有助于建立婴儿的安全感和信任感。在响应的同时，父母可以通过温柔的语言和触摸，促进婴儿与父母之间的情感联系，培养婴儿的安全感。

（2）愤怒的啼哭。

愤怒的啼哭反映了婴儿对于某种不适的情绪反应。通过厘清愤怒哭声背后的原因，父母可以更好地适应婴儿的情绪，促进情感沟通。同时，父母可以教导婴儿逐渐认识并表达自己的情感，培养其情绪管理能力。

（3）惊吓的啼哭。

惊吓的啼哭往往是突然发生的，表明婴儿感到害怕或受到了惊吓。了解这种哭声，能够帮助父母创造安全、稳定的环境，降低婴儿的紧张感。父母可以通过温柔的抚摸和轻柔的声音，逐渐安抚婴儿的情绪，培养婴儿对周围环境的适应能力。

（4）不满的啼哭。

不满的啼哭是婴儿表达不适或不满的一种方式，需要父母细心观察，了解背后的原因，并给予适当的关爱和安慰。父母可以主动与婴儿互动，通过笑脸和愉快的语言，调动婴儿的积极情绪，建立积极的亲子互动模式。

（5）引人注意的啼哭。

通过引人注意的啼哭，婴儿试图获得更多的关注和陪伴。及时回应这种哭声，有助于建立亲子情感纽带，培养婴儿的社交能力。父母可以通过眼神交流、亲吻和拥抱，传递关爱之情，帮助婴儿建立安全、亲密的依恋关系。

（6）疼痛的啼哭。

疼痛的啼哭是婴儿因生理不适或疼痛感而产生的一种表达。父母需要敏锐地察觉并及时采取措施，以减轻婴儿的痛苦。此时，父母的安慰和抚慰尤为关键，可以通过轻柔的按摩、温暖的拥抱等方式，为婴儿提供安全感和温暖。

在婴儿的成长过程中，哭声是一种自然的表达方式，对于他们的身心发展起到积极的作用。了解并正确处理婴儿的哭声，对于建立亲子关系和促进婴儿的健康成长至关重要。

婴儿在1岁前尚未掌握站立和行走的技能，因此哭泣成为他们日常生活中不可或缺的活动。这种表达情感的方式对于婴儿的身心发展具有积极的影响，是他们与周围环境相互交流的主要形式之一。父母在面对婴儿的哭声时，无须过分担忧，而是应当通过耐心观察和理解，积极参与互动，促进婴儿情感的健康发展。

对于婴儿的哭声，父母无须过于紧张，更不应立即采取制止的措施。相反，可以容许婴儿在适度的时间内表达情感，这有助于培养他们的情绪认知和表达能力。然而，父母需要注意不让婴儿长时间哭泣，控制在1分钟左右为最佳。同时，对于婴儿的哭声，善于观察是关键。

通过观察婴儿的精神状态、轻轻摸摸头部、贴贴脸庞、检查眼泪、鼻涕及大小便等，父母可以判断婴儿是否存在生病的可能。在怀疑婴儿生病的情况下，应及时就医治疗。在良好的护理条件下，随着年龄的增长，婴儿的哭声会逐渐减少。特别是在婴儿学会说话以后，他们逐渐能够用语言和动作来表达自己的需求和不愉快情绪。这种哭声逐渐减少的现象不仅是婴儿适应环境的标志，同时也反映了他们情感表达方式的多样化和进步。

2. 2～3岁儿童的情感表达

2～3岁的儿童正处于生活经验积累的阶段，他们的生活能力尚处于发展初期，遇到一些力所不能及的事情或体验不足时，哭泣成为他们表达情感的主要方式。这种年龄段儿童的哭泣虽然难以避免，但需要引起足够的关注，以促进他们的身心健康发展。

（1）哭泣的原因和类型。

2～3岁的儿童哭泣的原因多与他们生活经验的不足有关，例如，摔倒、游戏失败或需求未得到满足等。这种类型的哭泣是正常而不可避免的，但频繁的哭泣可能对他们的身心发展产生不利影响。因此，关注并减少儿童的哭泣次数、缩短每次哭泣的时间是关键。

（2）哭前积极预防。

在孩子哭泣之前采取预防措施是非常重要的。家长可以采取以下措施：确保每天有固定的时间与孩子互动，例如，抱抱、亲子游戏或睡前故事，增强孩子的安全感；保持生活规律，例如，按时睡觉、定时吃饭，帮助孩子形成稳定的生物钟；通过面部表情和语气变化，帮助孩子识别基本情绪，例如，快乐、悲伤和生气；教孩子简单的放松技巧，例如，轻轻摇晃身体或深呼吸，帮助他们在感到不安时自我安抚；创造积极的家庭氛围，避免在孩子面前争吵；用积极的肢体语言和温和的语气与孩子交流。

（3）哭时有效应对。

当儿童哭泣时，家长应保持冷静和耐心，用温柔的声音与儿童说话，让儿童感受到关心和支持。蹲下来与儿童保持同一高度，用眼神交流。倾听儿童的感受，观察他们的表情和动作，及时满足儿童的合理需求，例如，饥饿、疲劳或需要换尿布。提供适当的安慰，例如，轻轻抱起孩子，轻拍背部或抚摸头发。通过玩具、儿歌或有趣的游戏，转移儿童的注意力，帮助他们暂时忘记不愉快的情绪。

（4）哭后正确处理。

每次儿童哭泣后，父母和看护人应与儿童一同回顾哭泣的过程，探讨哭泣的原因、影响及未来应对类似情境的方法。通过这种方式，培养儿童对自身情感的认知和管理能力。

通过关注、理解和正确引导2～3岁儿童的哭泣，父母和看护人能够更好地帮助他们建立积极的情感表达方式，促进儿童身心健康的全面发展。

3. 3岁以上幼儿的哭

3岁以上的幼儿，在言语能力的不断增强和自我情感管理能力逐渐形成的过程中，呈现出更加成熟的情感表达方式。在这个阶段，大部分幼儿的哭泣现象逐渐减少，因为他们能够更好地通过言语表达内心感受。言语成为他们主要的情感表达方式，帮助他们更准确地传达需求和情感状态，减少了通过哭泣来表达不满或需求的频率。

随着幼儿语言能力的发展，他们更愿意用言语表达内心感受。同时，3岁以上的幼儿逐渐学会了更好地控制和管理自己的情感。他们能够更有效地应对生活中的挑战，并学会通过积极的方式来应对不愉快的情绪，而非仅仅通过哭泣来表达。

然而，即便言语能力增强，幼儿仍有可能出现莫名其妙的哭泣。这可能是因为他们尚未完全掌握情感表达的多样性，或者是身体上的不适。在这种情况下，父母和看护人需要耐心倾听，关心幼儿的感受，以确保他们能够健康成长。当幼儿出现莫名哭泣时，父母和看护人需要细心观察，检查幼儿是否存在身体不适的迹象，以便及时采取相应的措施。此外，他们还可以与幼儿进行沟通，帮助幼儿表达自己的情感和需求，从而缓解幼儿的情绪压力。通过这种方式，父母和看护人可以更好地理解幼儿的内心世界，建立起更加紧密的亲子关系。

作为未来教育者，还应该深入探讨幼儿情感发展的相关理论和模型，例如，埃里克森的心理社会发展理论和皮亚杰的认知发展理论，以及与幼儿情感发展相关的最新研究成果，了解不同年龄段幼儿情感发展的特点和规律，以便能够更好地指导和支持幼儿的情感成长。同时，未来教育者还应该学习一些针对幼儿情感发展的实践技能和干预策略，例如，情感教育课程设计和情感管理技巧培训等，为将来的教育工作做好准备。

（二）笑

婴幼儿的笑容，如同一抹明媚的阳光，是纯真与喜悦的天赐礼物。在这个阶段，微笑既是情感表达的方式，也是婴幼儿与父母、社会互动的桥梁。在下文中，我们将深入研究并生动展示不同类型的微笑，透过具体例子，更加全面地探讨这些微笑背后蕴含的美好。

1. 自发性的笑

自发性的笑是婴儿最天然、最单纯的表情之一。当婴儿感到安心、舒适或满足时，嘴角会轻轻上扬，这是他们对幸福状态的纯真回应。这样的微笑常常在吃饱后、被抱在怀中或享受温暖阳光时闪现，是一种天性的美好流露。

2. 诱发性的笑

诱发性的笑（简称诱发笑）和自发性的笑不同，它是由外界刺激引起的，可分为社会性的诱发笑和反射性的诱发笑两类。

（1）社会性的诱发笑。

社会性的诱发笑是婴儿进入社交互动阶段的标志。当他们看到父母或其他熟悉人物时，眼神明亮，脸上绽放着灿烂笑容。这种笑不仅是情感的表达，更是建立亲子关系和社交技能的重要手段。婴儿通过这样的笑，展现了对亲人的认知和对社交互动的积极参与。

（2）反射性的诱发笑。

反射性的诱发笑常常发生在婴儿的睡眠时间。例如，轻柔的触摸或声音刺激，会导致婴儿在梦中展露笑。这种笑更多的是一种生理反应，显示了婴儿对于温柔和安心刺激的愉悦回应。

3. 有差别的笑

随着感知能力的增强，婴儿逐渐展现出对熟悉人物有差别的笑。对母亲或照顾者的微笑更加频繁和亲热，而对于陌生面孔的笑可能相对保守。这种笑不仅是情感的表达，也是对人际关系建立的初步体现。

4. 无差别的笑

在早期发展阶段，婴儿对于外部刺激的笑反应往往是无差别的。他们可能对各类面孔和事物都表现出积极的愉悦，这是一种对世界好奇的表现。这种无差别的笑早期为婴儿提供了一种积极的情感体验。

（三）恐惧

恐惧是儿童成长旅途中一位默默陪伴的导师。它既是儿童自我保护的天性，也是其感知世界的一种方式。儿童的恐惧历程呈现出四个独特的阶段，每个阶段都是一场对内外世界认知的冒险。

1. 初生的本能恐惧

婴儿刚踏上生命之旅，他们天生带有一种反射性的恐惧。对于突然的声响、强烈的触感或猝不及防的事件，婴儿可能哭闹或做出肢体上的自我保护反应。这种生理上的恐惧与视觉刺激无关，而是由听觉、触觉、肌肤感应引发的。

2. 体验性恐惧

伴随感知能力的拓展，4个月左右的婴儿经历了体验性恐惧的阶段。令人不快的经历，尤其是涉及疼痛的，有可能在婴儿心灵中留下深深的阴影。例如，医院注射的经历可能使婴儿对注射器充满畏惧，形成对相关刺激的恐惧。

3. 怯生性恐惧

随着认知水平的提高，婴儿6个月后，怯生性恐惧开始交织进感知的范围内。他们对陌生人或环境的回避成为明显的特征，这是一种对外部世界不确定性的保护机制。这一阶段，儿童对亲近人际关系的需求与对未知事物的恐惧形成了有趣而微妙的交汇。

4. 想象性恐惧

1岁半至2岁，儿童的想象力开始绽放。然而，由于认知水平的限制，儿童可能将虚构与真实混淆，落入对黑暗、动物、鬼怪等的想象性恐惧之中。这是一场在想象之境中迷失的冒险，需要成年人的引导和支持来帮助他们逐渐驯服内心的怪兽。

【知识窗】

儿童期恐怖

儿童期恐怖，也称为儿童恐怖症或儿童恐惧症，是一种儿童在特定情境下出现的强烈恐惧或焦虑的心理现象。这种恐惧可能与具体的对象、情境或体验相关联，而且通常超出了儿童年龄阶段的适应范围。儿童期恐怖通常在儿童年龄段出现，但也可能持续到青少年或成年期。

儿童期恐怖可能表现为对特定动物、场所、情境或想象中的对象的过度恐惧。例如，常见的儿童恐惧症包括对蜘蛛、蛇、黑暗、孤独等的恐惧。这种恐惧可能导致儿童避开相关情境或对象，影响他们的日常生活和社交互动。

二、按情绪状态分类

（一）应激

学前儿童情绪状态中的应激现象是指儿童在面临压力或威胁时所表现出来的一系列情绪和行为反应。这些应激反应可以是短暂的，也可以是长期的，具体表现和影响取决于学前儿童的个性、家庭环境，以及应对机制等多种因素。

1. 应激源

学前儿童的应激源可以来自于多方面，包括以下几点。

家庭问题：父母的争吵、离婚、家庭成员的疾病或死亡。

学前教育环境：适应新环境的压力、人际关系问题、学业任务过重。

个人问题：生病、受伤、睡眠不足、饮食不规律等。

2. 应激反应

学前儿童的应激反应可以分为生理、情绪、认知和行为四方面。

生理反应：心跳加速、呼吸急促、出汗、头痛、胃痛等。

情绪反应：焦虑、恐惧、愤怒、沮丧、悲伤等。

认知反应：注意力不集中、记忆力下降、思维混乱等。

行为反应：退缩、攻击性行为、哭闹、依赖性增强、拒绝上学等。

3. 应激对学前儿童的影响

长期或严重的应激可能对学前儿童的身心健康产生负面影响，包括以下几点。

情绪问题：焦虑症、抑郁症等。

行为问题：多动症、行为失控等。

社交问题：难以建立和维持友谊、社交技能不足等。

认知问题：学习困难、注意力缺陷等。

4. 应对机制

学前儿童应对应激的机制包括内部和外部两方面。

内部机制：自我调节能力、情绪表达能力等。

外部机制：家庭支持、师生关系、同伴支持等。

（二）心境

学前儿童情绪状态研究是一个复杂且多变的领域，心境是其中的重要组成部分，对儿童的行为、学习和社会交往有着深远的影响。心境是指一种相对持久的情感状态，与具体的情绪（例如，愤怒、喜悦等）相比，心境更为持久和稳定。

1. 心境的特点

持久性：与短暂的情绪波动不同，心境通常持续较长时间，可能是几小时甚至几天。

弥散性：心境不像情绪那样针对特定的对象或事件，它是一种弥散的情感状态，影响儿童对多种情境的反应。

背景性：心境常常作为情绪的背景存在，影响着儿童对日常生活事件的反应和体验。

2. 影响心境的因素

生理因素：身体健康状况、睡眠质量和营养摄入等生理因素对儿童的心境有直接影响。例如，缺乏睡眠可能导致心情低落。

心理因素：儿童的性格特征、情感调节能力和自我认知等心理因素也会显著影响其心境。

环境因素：家庭环境、老师和同伴的支持、教育环境等外部因素对儿童心境有重要影响。例如，和谐的家庭氛围和良好的师生关系有助于维持积极的心境。

3. 心境对儿童发展的影响

情绪调节：良好的心境有助于儿童更好地调节情绪，增强他们应对挫折和压力的能力。

认知功能：积极的心境有助于提高儿童的注意力、记忆力和问题解决能力，促进认知发展。

社会交往：心境对儿童的社交行为有重要影响，积极的心境有助于他们建立和维持友好的人际关系。

行为表现：心境还会影响儿童的行为表现，积极的心境通常与积极的行为和较少的问题行为相关。

4. 干预策略

环境优化：提供安全、温暖和支持性的环境，减少压力源，增加积极体验。

情感教育：通过游戏、故事和互动活动帮助儿童认识和表达自己的情感，学习情绪调节技巧。

家长参与：家长的理解和支持是帮助儿童维持积极心境的重要因素，家长可以通过积极的沟通和陪伴来支持儿童的情感发展。

专业支持：对于有持续心境问题的儿童，教育者可以寻求专业心理咨询师或儿童心理学家的帮助。

（三）激情

在学前儿童的情绪状态中，激情是一个重要的方面。激情在此可以理解为儿童强烈的情感体验或兴趣，这种情感体验通常是积极的，并且伴随着高能量和强烈的兴趣或投入。

1. 激情的特点

高强度：激情通常表现为强烈的情感体验，具有较高的情绪强度。

短暂性：与心境相比，激情往往是短暂的情感爆发，持续时间较短。

专注性：激情往往集中在某个特定的活动、主题或目标上，表现出高度的专注和投入。

积极性：激情通常是一种积极的情感状态，伴随着愉悦和兴奋的体验。

2. 影响激情的因素

个体差异：每个儿童的兴趣和情感反应都有所不同，这些个体差异会影响他们对不同活动的激情程度。

环境刺激：丰富的环境刺激，例如，有趣的玩具、新颖的活动和积极的社交互动等，能激发儿童的激情。

情感互动：与家长、老师和同伴的互动中，积极的情感回应和支持会增强儿童的激情体验。

成功体验：儿童在活动中获得成功和认可的体验，会增强他们的自信心和对活动的激情。

3. 激情对儿童发展的影响

学习与探索：激情驱动儿童积极探索新事物和新环境，有助于他们的认知发展和学习能力的提高。

创造力：强烈的兴趣和激情有助于激发儿童的创造力和想象力，使他们能够产生新的想法和解决问题的方法。

社交能力：通过共同的兴趣和激情，儿童可以建立更深厚的友谊，增强他们的社交技能和合作能力。

情感发展：激情体验中的积极情感有助于儿童情感的健康发展，增强他们的情感调节能力和心理弹性。

4. 识别和培养儿童的激情

观察和识别：家长和老师应细心观察儿童在不同活动中的表现，识别他们的兴趣和激情点。

提供机会：为儿童提供丰富多样的活动和探索机会，让他们有机会发现和发展自己的激情。

积极反馈：在儿童表现出激情时，家长和老师应给予积极的反馈和鼓励，增强他们的自信心和投入感。

共情和支持：理解和共情儿童的情感体验，提供适当的支持和指导，可以帮助他们更好地管理和表达激情。

第三节　学前儿童的高级情感

视频 9-1 高级情感

一、美感

美感，作为一种对美好事物的情感体验，并非凭空而来，而是建立在一定审美标准之上的。这些标准不是主观好恶的简单堆砌，而是源自社会生活的共识。美感体验的形成受到历史、社会及个体所处阶层的共同影响。然而，尽管存在差异，人类对于美的追求和共享的爱好始终贯穿在不同文化和时代。

　　学前儿童的美感发展也是一个社会化过程，紧密关联于他们逐步形成的认知能力。从婴儿时期开始，儿童便展现出对鲜艳悦目事物和整洁环境的偏好。研究表明，新生儿已经倾向于注视端正的人脸，而对五官错位的人脸则不感兴趣；偏好有图案的纸板，而对纯灰色的纸板则表现出不喜欢的态度。进入幼儿初期（3~4岁），儿童的美感体验仍然主要源于对具体事物的直接感知。他们会对颜色鲜明的物品或崭新的衣服产生愉悦的体验。这个时期的儿童自发地喜欢外表漂亮的小伙伴，而对形状丑陋的事物产生排斥感。然而，随着年龄的增长，学前儿童的美感逐渐从单一的感知转变为对事物关系的理解。例如，他们会从颜色协调、音调和谐、服装搭配等方面体验到美。

　　这个阶段的美育活动，例如，音乐、舞蹈、美术作品及大自然的景色，为儿童提供了更多元化的美的元素，帮助他们更深入地理解和感知美。在幼儿中期（4~5岁），美育活动对于儿童美感的发展发挥着巨大的促进作用。儿童可以通过艺术活动更深刻地感知和理解美。到了幼儿末期（5~6岁），儿童已经能够形成自己的审美标准，并逐渐发展出更为深入的美感。

　　有趣的是，在学前儿童的高级情感中，美感常与道德感交织在一起，甚至被道德感所替代。儿童会根据对某事物的道德认知判断其美丑。例如，儿童可能由于认为某图案符合道德标准而喜欢，反之则认为丑陋。这凸显了儿童情感发展中美感与道德感互相影响的复杂性。

　　总的来说，学前儿童的美感探索是一个深受社会化影响的多层次过程。从对直观事物的感知到对事物关系的理解，再到独立审美标准的形成，儿童的美感发展经历了多个阶段。美育活动在这一过程中扮演着关键的角色，家长和老师应通过引导和培养，帮助儿童逐步建立对美的更为深刻的认知。美感与道德感的交织更加丰富了这一过程，使其在儿童整体情感体系中发挥着重要作用。

二、道德感

　　学前儿童的高级情感，尤其是道德感的发展，是一场精彩而复杂的社会化之旅。本文将从理论、具体表现及案例分析三个层面深入研究学前儿童道德感的内涵。

　　道德感是儿童认知和情感发展中的核心组成部分。皮亚杰的认知发展阶段理论认为，儿童在前运算阶段通过模仿和惩罚来形成基础的道德观念，而在具体运算阶段，他们逐渐理解道德规则的普遍性和相对性。柯尔伯格的道德发展阶段将学前儿童定位于前传统阶段，侧重于避免惩罚和获得奖励，同时开始逐渐接受社会共识的道德规范。

　　学前儿童道德感的具体表现涵盖多方面。首先，在善恶观念的形成方面，儿童开始逐步建立对善恶的初步认知，能够区分基本的道德规范，例如，分享、帮助他人等。这是他们在道德理念上的最初塑造，为日后形成更为复杂的价值观打下基础。其次，在合作与分享的体验中，学前儿童逐渐理解合作的概念，积极参与游戏和学习中的合作活动，并愿意分享个人的物品和经验。这反映了他们对团队协作和社交互动的积极态度，展现出与他人共享的社会责任感。在对公正的认知方面，学前儿童尽管仍处于道德发展的早期阶段，但已初步理解公平和不公平的概念，并在日常生活中表现出对公正的追求。这显示了他们对公平正义价值的初步体验，为日后更深层次的道德思考奠定了基础。

这些具体表现共同描绘了学前儿童道德感发展的多元层面，涵盖了道德观念、合作分享和对公正的认知。这一早期的道德发展阶段为孩子们奠定了道德基础，为未来更为复杂的道德决策和价值观塑造打下了坚实的基石。

学前儿童的道德感在情感发展中扮演着至关重要的角色。通过模仿、分享、合作等各种经验，他们逐渐建构起对道德规范的认知和情感反应。从理论角度看，皮亚杰和柯尔伯格的理论为我们提供了对学前儿童道德发展的有益指导。具体表现上，学前儿童不仅逐步形成了对善恶的认知，同时表现出积极的合作与分享精神。

对应案例：

小明是一位5岁的学前儿童，他在幼儿园中以积极的分享行为著称。每当他有新的玩具或零食时，他总是第一个想要与其他小朋友分享。这不仅反映了他对分享的认知，也展现了他体验到的积极情感，为他日后形成良好的道德观念奠定了基础。

透过案例，我们更深入地了解了学前儿童道德感的具体表现，这有助于我们更全面地理解学前儿童高级情感的发展过程。未来的研究应深入挖掘学前儿童道德感发展的影响因素，为更有效地引导学前儿童道德发展提供更为精准的方法。这样的深入研究不仅有助于教育者更好地理解和支持学前儿童的道德发展，同时为构建更健康、积极的社会价值观培养奠定了基础。

三、理智感

学前儿童的理智感在情感发展中占据着重要的位置，其发展受到皮亚杰认知发展阶段理论框架的引导。在前运算阶段，儿童开始展现简单的逻辑推理和问题解决能力，这标志着理智感在认知层面上逐渐显现，为更高层次的思考和决策打下了基础，其思维主要是感觉和运动的，难以进行逻辑推理。然而，随着认知的发展，学前儿童开始展现出简单的逻辑思维和问题解决能力，逐渐迈入具体运算阶段。在这一理论框架下，学前儿童的理智感得以深入理解。逻辑思维的出现不仅反映了学前儿童认知水平的提升，还为其在实际问题解决中展现出更为理性的能力提供了支持。

学前儿童理智感的具体表现在认知和思考能力的逐步提升中显现出来。首先，他们展现了较强的逻辑思维能力，能够在任务或问题中理解和运用简单的逻辑关系，包括因果关系和时间顺序等。其次，学前儿童表现出一定的问题解决能力，通过深思熟虑和实际尝试，能够找到并应用有效的解决方案。最后，部分情境下，他们呈现出自主决策的能力，能够在提供的选项中做出相对理智的选择,展现了独立思考和决策的潜力。这些具体表现凸显了学前儿童理智感在前运算阶段的发展特征,为其更高层次思维的培养提供了坚实的基础。

学前儿童理智感的发展通过认知心理学的研究和教育实践的深入探讨得以深刻理解。教育者在引导学前儿童理智感发展时,可通过提供具有挑战性的任务和问题解决活动,激发儿童的主动思考和决策能力,从而促进其理智感的全面提升。通过对理论和实际案例的综合分析,我们更全面地了解了学前儿童理智感的发展特征,为实施更有针对性的儿童教育提供了深刻的理论支持。

对应案例:

小玲是一位6岁的学前儿童,她在一次集体玩耍中遇到了一个共同的问题:如何将纸飞机飞得更高。在其他孩子还在试图用力投掷纸飞机的同时,小玲停下来思考了一下,她观察了一段时间,然后提出了将纸飞机折叠得更加对称和平衡的建议。她在动手实践后,成功地让纸飞机飞得更高了。这个案例展示了小玲在面对问题时不仅能够主动思考,而且能够提出创新的解决方案,彰显了她在解决问题时的理智感。

第四节 学前儿童情绪的作用与调节

一、情绪的作用

学前儿童时期是儿童心理发展的重要阶段,其情绪发展对个体成长具有深远的影响。在理论层面上,情绪不仅在儿童的心理活动中发挥作用,还与认知、交往和个性形成等多个维度相互交织。通过深入分析这些维度之间的关系,我们能够更好地理解学前儿童情绪发展的机制,并将这一理论指导融入实际的教育实践中,以便更有针对性地促进学前儿童的全面发展。

(一)情绪对学前儿童心理活动的作用

学前儿童的心理活动受到情绪的引导,这一理论在实际教育中得到了广泛验证。我们可以通过不同的情境设计,观察学前儿童在愉悦、紧张、好奇等情绪状态下的行为表现,从而更深刻地了解情绪对其心理活动的影响。

在日常生活中,愉悦的情绪对学前儿童的心理活动和行为动机有着显著的促进作用。研究发现,愉快的情绪能够使学前儿童更愿意参与学习活动,增强他们的学习兴趣。例如,在一个教育场景中，通过创设轻松愉快的氛围，学前儿童更容易投入到绘画、手工等创意性学习中。这种情境下，学前儿童的学习效果更为显著，表现出更积极的学习态度。

相反，不愉悦的情绪可能导致学前儿童表现出各种消极行为。以一个托儿所的例子为证：当与1.5～2岁的儿童进行晨间问候时，儿童因早晨不愿意和家长分离而情绪低落，可能导致他们对周围事物不感兴趣，甚至表现出消极的行为。因此，理解并合理引导学前儿童的情绪，成为有效促进其积极心理活动的关键。

在实际的教育活动中，我们可以借鉴情绪引导策略，帮助学前儿童更好地适应学习环境。例如，对于不喜欢特定学习任务的儿童，可以采用引导而非强制的方式。一位老师记录了她的经验，通过用纸折"房子"并承诺放置蜗牛的方法，成功地引导儿童在学习活动中保持愉悦情绪。这种基于学前儿童情绪特点的引导策略，有助于创造积极的学习氛围。

（二）情绪对学前儿童认知发展的作用

当谈及学前儿童的认知发展时，我们必须考虑情绪在其中扮演的重要角色。情绪对学前儿童的认知发展产生着多方面的影响，下面将详细介绍其中的几方面。

在学前儿童的认知发展中，注意力和记忆起着至关重要的作用。情绪对学前儿童的注意力和记忆有着显著影响。当儿童处于情绪高涨或激动的状态时，他们的注意力可能会更加集中，对与情绪相关的信息更容易记忆。相反，当他们处于消沉或不安的情绪状态时，注意力可能会分散，记忆力也会受到影响。因此，情绪稳定的环境有助于提高学前儿童的注意力和记忆能力。

学前儿童的问题解决能力是他们认知发展的另一个重要方面。情绪对学前儿童的问题解决能力也有着重要影响。当处于愉快或积极的情绪状态时，他们更有可能采取积极的解决问题的方式，思维更加灵活，更具创造性。相反，当感到难过或沮丧时，他们可能会表现出较低的问题解决能力，思维变得僵化，难以找到解决问题的方法。

除了个体认知发展方面，情绪还对学前儿童的社交技能产生着深远影响。情绪能够帮助他们理解和解释他人的情感，从而更好地与他人沟通和合作。通过观察和体验不同情绪，儿童能够学会如何表达自己的情感，并理解他人的感受，这对于建立良好的人际关系至关重要。

另一个重要方面是学前儿童的情绪调节能力。情绪调节能力在认知发展中也起着关键作用。通过学会理解、表达和调节自己的情绪，儿童能够更好地应对生活中的挑战和压力。情绪调节能力的提高有助于他们更有效地处理冲突、应对挫折，并适应新的环境和情境。

最后，情绪认知是学前儿童认知发展中的另一个重要方面。情绪认知，是指儿童对自己和他人情绪的认识和理解。通过情绪认知，儿童能够了解情绪的种类、来源和影响，从而更好地应对自己和他人的情绪。情绪认知的发展有助于提高学前儿童的情商，增强他们的社交技能和情感管理能力。

通过情绪的感知、理解和调节，儿童能够更好地应对各种认知任务和社交挑战，促进他们的全面发展。因此，在学前教育中，重视情绪的培养和发展，提供情感支持和指导，对于促进学前儿童的认知发展至关重要。

（三）情绪对学前儿童交往发展的作用

情绪对学前儿童的适应环境能力和社交技能的发展有着重要作用。通过深入研究情绪在交往中的作用，我们能够更好地理解学前儿童社交行为的塑造机制，并在实际教育中运用这一理论，培养学前儿童的积极社交能力。

在人类进化历史上，情绪曾在人际适应中发挥着重要作用。例如，婴儿通过表达情感来呼唤和影响成人，确保自己得到照顾。这种天生的情绪反应为儿童的社会化打下基础。在实际教育中，观察发现，情绪对儿童在集体活动中的适应能力产生深远影响，情感表达是儿童交往的重要工具。

在学前儿童期间，表情仍然是一种重要的交流工具，其作用不亚于语言。通过观察面部表情和肢体活动，教育者可以更好地理解学前儿童的情感状态，有助于更有针对性地对学前儿童进行教育引导。例如，儿童在言语发展之前，常常通过面部表情来回答问题或辅助语言表述。

情绪在交流中具有信号作用，能够向他人提供信息。在幼儿期，情绪的感染作用尤为显著。观察发现，儿童更容易受到同伴情绪的影响，情绪的传递不仅通过言语，更通过面部表情和肢体语言。这种感染性的情绪交流在团队活动中促进了儿童之间的情感共鸣，增强了团队协作的默契性。

情绪共鸣与情感表达是学前儿童建立社交关系和发展情感连接的重要途径。当一个孩子表达情感时，另一个孩子能够理解并回应，这种情绪共鸣有助于建立亲密关系和情感连接。通过情绪的共鸣，学前儿童学会了如何与他人建立情感联系，这对于他们的社交发展至关重要。

另外，情绪识别与沟通技能是学前儿童发展良好社交技能的关键。通过观察和学习，他们能够理解他人的情感状态，并相应地做出反应。这种情绪识别能力使他们能够更有效地与他人沟通和交流，从而建立起健康的人际关系。

学前儿童需要学会如何有效地调节自己的情绪，以及如何处理与他人的冲突和分歧。通过情绪调节，他们能够更好地应对人际关系中的挑战，更好地解决冲突，并保持积极的社交互动。当孩子们在情感上得到支持和理解时，他们会感到更加安全并受到鼓励，从而更愿意与他人建立亲密关系和友谊。当孩子们能够有效地表达自己的情感并与他人合作时，他们能够更好地实现共同目标，增强团队合作意识，并培养团队精神。

通过情绪的共鸣、情绪识别、情绪调节、情感支持及合作能力的培养，学前儿童能够建立起良好的社交关系，促进他们的交往发展和整体成长。因此，在学前教育中，重视情绪的培养和发展，提供情感支持和指导，对于促进学前儿童的社交发展和交往能力的提升至关重要。

（四）情绪对学前儿童个性形成的塑造作用

学前儿童个性的形成受到情绪发展趋势的影响。通过深入研究情绪对个性形成的作用，我们能够更全面地理解学前儿童个性特征的形成机制，并在实际教育中通过有针对性的引导，帮助儿童塑造积极的个性特质。

随着学前儿童年龄的增长，情绪的发展逐渐趋于稳定。这一趋势与个性的形成密切相关。通过实际观察发现，学前儿童在特定的环境和教育影响下，逐渐形成了系统化的、稳定的情绪反应。例如，得到持续鼓励的儿童可能表现出积极的情感反应，而受到过多责备的儿童可能表现出负面情感。因此，在个性的形成过程中，情绪在塑造儿童对事物的态度和反应方式方面发挥着重要作用。

不同儿童对情绪的体验存在着不同的阈限。研究发现，经常性焦虑可能演变为焦虑品质。在教育实践中，理解儿童的情绪阈限，有助于更科学地设计个性化的教育方案，促进其积极情感的发展。

情绪与个性之间存在着相互作用的复杂关系。当情绪与认知相互作用形成一定倾向时，儿童的个性结构逐渐形成。例如，适度的愉快情绪可能促使儿童形成外向、主动的个性特征，而过激的情绪状态可能导致儿童形成内向、压抑的个性特征。这种相互作用在儿童个性形成的初期阶段尤为显著。通过不断深化对学前儿童情绪发展机制的研究，我们将更好地理解儿童的内在世界，为提高幼儿教育质量提供更为科学的指导。

二、情绪的调节

（一）良好外部环境的营造

学前儿童时期是情感发展的关键时期。情绪调节作为心理学领域的重要概念，涵盖了儿童情感体验和表达的调整过程。情绪调节不仅是学前儿童心理健康的基石，更是其认知、社交和学习能力发展的基础。通过有效的情绪调节，儿童能够更好地适应学习环境，培养积极的社交技能，为未来的全面发展奠定基础。

儿童大脑神经系统的发展对情绪调节起着至关重要的作用。神经系统的不同阶段与情感处理的能力呈现密切关联。理解学前儿童神经发展的特点，对于制定有针对性的情绪调节策略具有指导意义。

学前儿童的情感表达常常与实际体验有一定的差距，这涉及情绪表达的复杂心理机制。深入研究情绪表达与体验之间的关系，有助于更好地理解儿童的情感需求，从而更有效地进行情绪引导。

1. 情绪引导与学习环境设计

在学前教育中，教室环境的设计对学前儿童的情绪调节至关重要。首先，教室的布局应该合理，空间宽敞明亮，让孩子们感到舒适和安全。家具布置应简洁清爽，避免杂乱摆放增加孩子的焦虑感。其次，室内装修的色彩搭配也是至关重要的，暖色调（例如，橙色、黄色）可以促进孩子们的愉悦情绪，而冷色调（例如，蓝色、绿色）则更容易使孩子安静下来。在墙上贴上孩子的绘画作品或者一些正能量的图片，可以激发他们的创造力和积极性。

2. 情绪引导与社交技能培养

学前儿童期是其社交技能培养的关键时期，而情绪引导也是社交技能培养的重点。在幼儿园或学前教育机构，老师可以通过各种活动和游戏引导孩子学会分享、合作和具备解决冲突的能力。例如，组织一些小组活动，让孩子们共同完成一项任务，培养他们的团队合作意识。在游戏中教导孩子尊重他人、倾听他人的意见，并学会与他人友好相处。同时，老师也要注重个体差异，针对不同孩子的情感特点，采取个性化的情绪引导策略，帮助他们更好地适应社交环境。

3. 家校合作与情绪发展

家庭是学前儿童情绪发展的重要场所，家校合作对于孩子们的情绪健康至关重要。老师和家长应该建立良好的沟通渠道，及时分享孩子在学校和家庭中的情感体验。家长要多关注孩子的情感变化，耐心倾听他们的倾诉，给予必要的支持和鼓励。此外，家长也要给孩子树立良好的情绪调节榜样，通过自己的言行举止教导孩子正确处理情绪的方式。在家庭教育中，要尊重孩子的情感表达，避免过度压抑或过度放任，保持一种平衡和谐的情感氛围。

小明是一位学前儿童，由于家庭环境的变化，他的情绪经常处于低落状态，导致他在学校的社交困扰日益严重。老师和家长共同关注到了他的情况，并采取了一系列的情绪引导和社交技能培养措施。一方面，学校为小明提供了一个温馨、安全的学习环境，老师经常与他沟通交流，了解他的内心感受。通过音乐、绘画等方式，激发他的兴趣和积极性，让他感受到学校是一个快乐的地方。同时，老师还组织了一些小组活动，让小明有机会和同学们互动，培养他的合作意识和团队精神。另一方面，小明的父母也意识到了问题的严重性，他们给予了小明充分的理解和支持。每天晚上，他们都会和小明一起谈心，倾听他的烦恼，并给予鼓励和安慰。小明的父母还鼓励小明多参加一些社交活动，拓展自己的交友圈，培养他的社交技能。经过一段时间的努力，小明逐渐调节了自己的情绪，学会了与同学们更好地相处。他开始愿意和别人分享自己的快乐和烦恼，也更加主动地参与到各种活动中去。通过学校和家庭的共同努力，小明逐渐克服了自己的困扰，展现出了更加积极、健康的情感状态。

（二）不良情绪的调节技巧

1. 冷却法

冷却法是通过提供一个冷静、安静的环境和方法，帮助学前儿童平复激动的情绪。这是建立在情绪与生理状态相互影响的基础上的，创造一个有利于平静的环境，帮助儿童恢复情绪的平衡。

案例示范：

小红在玩耍时摔倒了，感到疼痛和愤怒。老师迅速将她带到安静的休息区，给予温和的安慰。在安静的环境中，小红逐渐平复情绪，获得了心理和生理上的安抚。

分析：通过提供安静的环境，小红得以迅速平静下来。冷却法通过削减外部刺激，减缓生理激发，有效地帮助儿童恢复情绪平衡。冷却法不仅有效地帮助儿童平复情绪，还教导他们在困难面前学会主动选择寻求安静的空间，培养自我情绪管理的能力，对儿童整体的情绪发展具有深远的教育意义。

2. 转移法

转移法依赖于学前儿童注意力的可塑性。根据注意力的独占性原理，当注意力聚焦于某一对象时，其他对象的影响相对减弱。这种注意力的独占性原理被广泛运用于情绪调节之中，通过将儿童的注意力从不愉快的情境中转移到其他更积极的活动上，降低负面情绪的强度。

案例示范：

在幼儿园的绘画角落，小明因为一场玩具争执感到沮丧。老师立即采用了转移法，引导他加入一个绘画小组。通过画画，小明逐渐忘记了刚才的矛盾，专注于创作。

分析：在这个案例中，小明的注意力从冲突的玩具争执中成功转移。通过参与绘画小组，他沉浸在创造性的活动中，从而减轻了负面情绪。这验证了转移法，即通过引导儿童关注其他事物，可以有效地改善其情绪状态，不仅帮助儿童在争执后迅速找到新的兴趣点，还培养了他们对多样活动的接受度。

3. 自我调节法

自我调节法注重培养学前儿童主动管理情绪的能力，通过认知和行为的互动，儿童逐渐形成对于特定情境的情绪反应模式。这建立在对儿童认知和行为发展的深入理解上。

案例示范：

小杰在玩耍中遭到了拒绝，感到沮丧，老师通过与他一对一的交流，教导他用积极的言语表达自己的感受，并提供了一些鼓励和安慰。随着时间的推移，小杰学会了通过积极思考来调整自己的情绪。

分析：在这个案例中，小杰通过积极的言语表达和老师的引导，成功地调整了自己的情绪。自我调节法通过培养儿童对情绪的认知，引导他们主动寻找解决问题的方式，是一种深层次的情绪调节策略，不仅帮助儿童学会了处理负面情绪的方式，还促使他们建立积极的自我形象，对儿童的长远发展具有重要的教育意义。通过这种方法，儿童能够更好地适应各种情境，培养积极的心态，为未来的健康成长奠定基础。

4. 消退法

消退法侧重于情绪的时间特性。情绪会随着时间的推移逐渐减弱，这基于对情绪发展过程的认识。通过等待时间的流逝，帮助儿童度过情绪的高峰，逐渐回归平静。

案例示范：

小花在分离时表现出强烈的焦虑情绪。老师在陪伴了一段时间后，并没有过度介入，而是等待她情绪逐渐消退。在经历了一段时间的等待后，小花主动加入了其他活动，表现出较为平静的情绪。

分析：在这个案例中，小花的焦虑情绪在一段时间后逐渐消退，显示了消退法的有效性。通过等待情绪的自然消退，帮助儿童理解情绪是可控制的，培养他们对时间的耐心等待。通过等待情绪的自然消退，儿童学会了耐心等待，理解了情绪是暂时的，这有助于培养他们对情绪更好地接受和应对能力。

【真题演练】

一、选择题

1. "童言无忌"从儿童心理学的角度看是（　　）。
   A. 儿童心理落后的表现　　　　B. 符合年龄特征的表现
   C. "超常"的表现　　　　　　D. 父母教育不当所导致
2. 最有利于儿童成长的依恋类型（　　）。
   A. 回避型　　B. 安全型　　C. 反抗型　　D. 迟钝型
3. 婴儿寻求并企图保持与另一个人亲密的身体和情感联系的倾向被称为（　　）。
   A. 依恋　　　B. 合作　　　C. 移情　　　D. 社会化
4. 幼儿老师了解幼儿最好的信息来源是（　　）。
   A. 同龄人　　B. 社区人士　　C. 家长　　D. 教养员
5. 根据皮亚杰的认知发展阶段论，3～6岁幼儿属于（　　）阶段。
   A. 感知运动　　B. 前运算　　C. 具体运算　　D. 形式运算

二、简答题

1. 学前儿童有哪几种基本情绪？怎样培养学前儿童的良好情绪？
2. 简述为什么处于幼儿中期的儿童常常出现"告状"的现象。

三、材料题

4岁的石头在班上朋友不多，一次，他看见林琳一个人在玩，就冲上去紧紧地抱住林琳。林琳感到不舒服，一把推开了石头。石头跺脚大喊："我是想和你做朋友的啊！"

（1）请根据上述材料，分析石头在班里朋友不多的原因。

（2）老师应如何帮助石头改善朋友不多的状况？

篇章四

人格发展

第十章　学前儿童的个性

思维导图

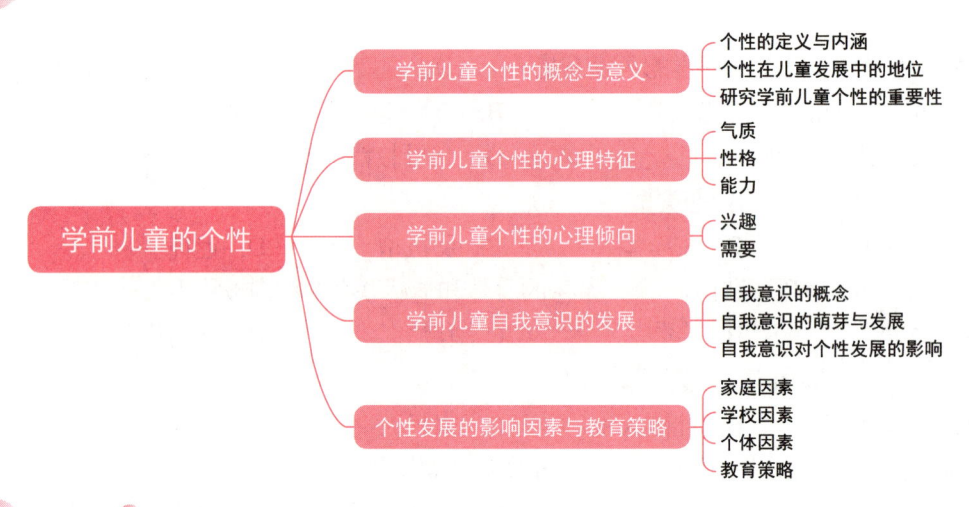

- 学前儿童的个性
  - 学前儿童个性的概念与意义
    - 个性的定义与内涵
    - 个性在儿童发展中的地位
    - 研究学前儿童个性的重要性
  - 学前儿童个性的心理特征
    - 气质
    - 性格
    - 能力
  - 学前儿童个性的心理倾向
    - 兴趣
    - 需要
  - 学前儿童自我意识的发展
    - 自我意识的概念
    - 自我意识的萌芽与发展
    - 自我意识对个性发展的影响
  - 个性发展的影响因素与教育策略
    - 家庭因素
    - 学校因素
    - 个体因素
    - 教育策略

内容提要

本章旨在探讨学前儿童性格的发展及其影响因素。性格是指个体在情感、行为和思维方式上的独特性，对儿童的社会交往、学习能力和心理健康具有重要影响。本章分析了遗传因素、家庭因素、教育方式、同伴关系等对学前儿童性格形成的作用。同时，本章还探讨了性格在学前教育中的重要性，提出了促进学前儿童性格健康发展的建议。研究发现，学前儿童的性格不仅受到先天遗传因素的影响，更受到后天环境和教育方式的深远影响。为此，本章呼吁家庭、学校和社会各界共同努力，营造有利于儿童性格发展的良好环境，为他们的未来成长奠定坚实基础。

学习目标

1. 知识目标：理解学前儿童性格的基本概念和理论基础。
2. 能力目标：分析影响学前儿童性格发展的主要因素。
3. 素质目标：应用有效的策略促进学前儿童性格的健康发展。

第一节　学前儿童个性的概念与意义

在学前期，儿童的个性逐渐显现，并在其日常生活、学习和社会交往中扮演着重要角色。了解和研究学前儿童的个性，不仅有助于教育者和家长更好地支持儿童的发展，还为促进儿童的心理健康和社会适应提供重要的理论和实践基础。

一、个性的定义与内涵

（一）个性的定义

个性是指个体在情感、行为和思维方式上的独特性，是个体在长期发展过程中逐渐形成的较为稳定的心理特征的总和。学前儿童的个性表现为他们在情绪反应、行为模式、兴趣爱好、社会交往等方面的独特性。个性不仅影响儿童的日常行为和学习能力，还对他们的社会适应和心理健康有着深远的影响。

（二）个性的内涵

个性包括情绪、行为和思维方式等多方面。学前儿童的个性特点表现在他们的独立性、依赖性、合作性、自信心等方面。自我意识也是个性的重要组成部分，是指个体对自己及其与环境关系的认识和评价。学前儿童的自我意识逐渐发展，他们开始认识到自己的存在和独特性，并能够通过他人的评价来形成自我概念。

二、个性在儿童发展中的地位

个性是儿童整体心理发展的核心，影响他们在各方面的发展。学前儿童的个性特点直接影响他们的情绪调节、行为表现、学习能力和社会交往。

弗洛伊德认为，个性的发展与儿童早期的心理性经历密切相关。在学前期，儿童处于"肛门期"和"性器期"，他们的个性特点受到这些阶段中经历的影响。例如，过度的严厉或放任的如厕训练可能影响儿童的自律性和独立性。埃里克森提出，学前儿童处于"主动对内疚"阶段。在这个阶段，儿童开始展现主动性，探索环境，形成自我意识。如果儿童在这一阶段能够获得支持和认可，他们将形成自信和积极的个性特征；否则，他们可能会产生内疚和自我怀疑。皮亚杰认为，学前儿童处于前运算阶段，他们的思维方式以自我中心和具体形象思维为主。通过与环境和同伴的互动，儿童逐渐学会理解他人的观点，发展合作和分享的行为，这些都是个性发展的重要组成部分。

三、研究学前儿童个性的重要性

（一）促进学前儿童全面发展

研究学前儿童个性有助于全面了解学前儿童的心理特点和发展规律，从而为教育和家庭养育提供科学依据。通过个性研究，可以制定更有效的教育策略，促进学前儿童的全面发展。

（二）提供教育实践

了解学前儿童个性的特点和发展规律，能够帮助教育工作者设计出符合学前儿童个性发展的教育活动。例如，针对不同类型的学前儿童，可以采取不同的教育方式，帮助他们更好地适应和发展。

（三）预防心理问题

研究学前儿童的个性发展，还可以帮助识别和预防学前儿童在成长过程中可能出现的心理问题。早期干预可以有效减少行为问题和情绪困扰，促进学前儿童的心理健康成长。

（四）提升家庭教育质量

家长是学前儿童个性发展的重要影响因素。通过了解学前儿童的个性特点，家长可以调整教育方式，创造更有利于个性发展的家庭环境，帮助学前儿童形成积极、健康的个性特征。

（五）为未来发展奠定基础

学前期是个性发展的关键阶段，这一时期形成的个性特点对学前儿童未来的成长和生活有着深远的影响。研究学前儿童的个性，可以为学前儿童未来的发展奠定坚实基础，促进他们在学习、社会交往和心理健康等方面的全面成长。

第二节　学前儿童个性的心理特征

一、气质

气质是指个体相对稳定的个性特征，主要表现为对刺激和情境的持久反应倾向。气质在很大程度上由遗传和生理因素决定，同时也受环境和经验的影响。个体的气质特征反映在他们的情感、行为和思维模式上，构成了独特而相对一致的个性面貌。

气质是多方面因素综合作用的结果，包括神经系统的活动水平、反应强度和反应速度等生理方面的特征。这些生理特征与个体对刺激的敏感性及情感表达方式密切相关。同时，环境因素也对气质的发展产生影响，早期的家庭环境、教育方式等都会在一定程度上影响个体的气质特征构成。

不同的气质特征在个体的行为和应对方式上产生独特的影响。例如，情绪稳定性高的个体更容易面对压力和挫折，外向性强的个体更愿意参与社交活动，开放性强的个体更倾向于尝试新的事物，宜人性高的个体更擅长建立和维护人际关系，尽责性强的个体更注重任务的完成和自我要求。

视频 10-1 人格气质

气质作为个体心理特征的重要组成部分，对于个体的情感体验、社交行为和认知过程等方面产生深远的影响。通过深入理解气质的概念和特征，我们能更好地把握学前儿童个性发展的脉络，为个体的教育和心理健康提供更有针对性的支持。

关于气质类型，世界各国的著名学者，从不同的角度，发表了多种气质类型说。

1. 三类型说

在学前儿童的培育过程中，对婴儿气质类型的研究最为广泛应用的是由托马斯、切斯等学者进行的婴儿追踪研究，其成果提出了三种主要的气质类型。这项研究通过观察婴儿在九个不同维度上的表现，深入剖析了婴儿的个体差异，总结出了迟缓型、容易型和困难型这三种突出的气质类型，托马斯、切斯婴儿气质九维度表如表 10-1 所示。

表 10-1 托马斯、切斯婴儿气质九维度表

名称	表现
情绪强度	婴儿情绪反应的强烈程度，包括愉悦、沮丧、焦虑等
适应性	婴儿对新事物、新环境的适应速度和方式
活跃度	婴儿的身体活动水平，包括运动量、躯体的活跃度
注意力持久性	婴儿在面对刺激时持续注意的时间长短
适应性	婴儿对环境变化的敏感性和适应性
规律性	婴儿生活中活动、睡眠、进食等方面的规律性
负激情反应阈限	婴儿对负面刺激的反应阈限，即对不适刺激的敏感程度
正激情反应阈限	婴儿对正面刺激的反应阈限，即对愉悦刺激的敏感程度
注意力分散	婴儿在面对多个刺激时分散注意力的程度

（1）迟缓型。

迟缓型婴儿表现出对新环境和新刺激适应较慢的特征。尽管他们的反应可能相对缓慢，但这并不代表他们的能力较低。迟缓型婴儿可能需要更多的时间和温暖的环境来建立信任感。对于这一气质类型的儿童，教育者应给予更多的耐心和关怀，为他们创造一个安全、温暖的学习和成长环境，这有助于促进他们更好地融入学习和社交环境。

（2）容易型。

容易型婴儿展现出一系列积极、适应性强的特征。在面对新事物时，他们表现出较为开放的态度，更容易适应环境的变化。这种积极性的个性特征可能会在学前儿童时期转化为较高的社交能力。容易型婴儿通常表现得较为自信，愿意尝试新的活动，更容易与他人建立积极的关系。他们可能更愿意主动与其他儿童互动，对学习新技能和形成良好的社交技能具有相对较大的天赋。

（3）困难型。

困难型婴儿则呈现出对新刺激更为敏感的特征。他们可能更容易感到紧张、焦虑，情绪波动较大。在面对新环境或新刺激时，困难型婴儿可能表现出较强烈的情绪反应，需要更多的时间来适应环境。这就要求教育者和家长给予更多的关怀和支持，帮助他们渐进地适应新的情境。同时，对困难型婴儿的教育需要给予更多耐心和个性化的支持，以帮助他们建立安全感，降低焦虑情绪，促进其进行更加健康的社交互动。

2. 四类型说

古希腊医生希波克利特所提出的体液说是一种经典而广泛为人所熟知的气质分类理论。希波克利特主张人体内存在四种基本液体，分别是黏液、黄胆汁、黑胆汁和血液。这些液体分别源自脑（黏液）、肝脏（黄胆汁）、胃（黑胆汁）和心脏（血液）。这四种液体的组合比例不同，因而形成了四种独特的气质类型。大约在500年后，罗马医生盖伦进一步巩固了希波克利特提出的体液说四种气质类型，并明确将其划分为胆汁质、多血质、黏液质和抑郁质四种气质类型。这一理论为人们提供了一种深刻的认识，认为个体的气质特征受到体内液体比例的影响，进而塑造了个性的差异。

（1）胆汁质。

胆汁质是古希腊医生希波克利特气质理论中的一种类型，其特征主要受到胆汁体液的影响。胆汁质的个体通常表现出充满活力、冲动、好冒险、乐观向前的性格特点。这一气质类型的人在面对挑战时往往表现得果断而果敢，富有竞争力。胆汁质个体对外部刺激有着强烈而迅速的反应，他们愿意冒险尝试新事物，勇于挑战自我。

胆汁质的学前儿童充满生机与活力，他们勇于尝试新事物，积极参与各类活动，展现出强烈的好奇心和积极向上的精神。这一气质类型的儿童通常具备领导潜质，喜欢在团队中扮演引领角色，能够勇敢地表达自己的观点。他们对于学习充满热情，对周围的世界保持高度关注，展现出与众不同的活跃特质。

然而，胆汁质的儿童也面临一些挑战。由于强烈的竞争欲望，他们可能在合作中显得过于强势，需要在教育过程中引导他们学会平衡竞争与合作。此外，过于冲动、易怒是另一个需要关注的问题，教育者应该帮助他们培养情绪管理能力，使其更好地应对挫折。在好奇心旺盛的同时，也需要关注他们的安全意识，确保在探索世界的同时不陷入过于冒险的行为。胆汁质气质类型的代表人物：张飞、李逵。

（2）多血质。

多血质作为古希腊医学所倡导的四种气质类型之一，源自希波克利特的体液说。这一气质类型主要与血液的配比有关，希波克利特认为，多血质的人体内血液比例较高。在学前儿童的多血质特征中，我们可以参考古希腊医学的相关理论，并结合现代心理学的认知，以便更全面地理解这一气质类型。

多血质的学前儿童通常表现为兴奋好动、好奇心旺盛。这一气质类型在人格心理学中也得到了深入研究，代表人物之一是希波克利特。他的体液说为多血质提供了理论基础，并将其划分为热情开朗、社交活泼的类型。这种气质的孩子天生乐观，对新事物充满兴趣，往往具有较强的人际交往能力。然而，由于过于好奇和充满活力，可能表现出一定的冲动和不稳定性，需要在教育中引导和培养他们的耐心与专注力。

因此，在教育多血质的学前儿童时，教育者可以激发他们的好奇心和创造力，引导他们参与各类富有创意性质的活动。教育者在引导时应注重平衡，既鼓励其表达独特的个性，又培养其专注力和责任感。理论与实践的结合，可以更好地理解和引导多血质学前儿童，使其在成长过程中充分发展潜力，为未来的学习和生活打下坚实基础。多血质气质类型的代表人物：孙悟空、韦小宝。

（3）抑郁质。

抑郁质是古希腊医学中的气质类型之一，起源于希波克利特的体液说。根据这一理论，抑郁质主要与黑胆汁的比例较高有关。在学前儿童的抑郁质特征中，我们可以结合古代医学的相关理论及现代心理学的认知，更全面地理解这一气质类型。

抑郁质的学前儿童通常表现为较为沉静、内向，对周围环境有一定的敏感性。在希波克利特的体液说中，抑郁质的人被认为具有深思熟虑、理性沉着的特征。代表人物之一是希波克利特，他的医学理论为抑郁症提供了理论基础，该理论将抑郁质的儿童划分为较为理性和稳定的类型。这种气质的孩子可能更注重内省和思考，具有较高的情感认知能力。

然而，抑郁质的学前儿童可能表现出较强的情绪波动，需要在教育中给予他们更多的关怀和支持。教育者可以通过提供安全、稳定的环境，引导他们表达情感，同时培养他们处理情绪的能力。在教育中，注重鼓励抑郁质学前儿童参与各类艺术、文学等富有表达性的活动，有助于激发其创造力和情感表达能力，代表人物有梵高。

（4）黏液质。

黏液质是希波克利特体液说中的一个气质类型。根据古希腊医学的理论，人体内的黏液由脑部产生，黏液质的个体被认为具有高黏液比例。这一气质类型的代表人物并没有明确的指定，因为希波克利特主要关注四种体液在人体中的比例而非特定的个体。然而，黏液质的理论在医学史上占有一席之地，被认为是古代医学中对个体差异的一种分类方式。

黏液质的个体通常被描述为冷静、沉思、保守，他们的思考和行为往往较为缓慢，不容易被外部刺激影响。在学前儿童中，黏液质的特点可能表现为对新事物的适应较慢，更喜欢独立安静地活动，对于环境的变化可能表现出一定的抵抗性。然而，这并不意味着黏液质的个体缺乏创造力或适应性，而是他们更倾向通过深思熟虑来应对外部刺激。

在学前儿童中，黏液质的特征表现出了一系列好坏之处。这类儿童通常展现出深思熟虑的一面，喜欢仔细思考，对事物有较为深刻的认识。他们可能更倾向于独立地活动，表现出一定的独立性。然而，这些特征也可能带来一些挑战，例如，适应性较慢和对外部刺激较为敏感。了解学前儿童黏液质的这些特点，有助于在教育中提供更有针对性的引导和支持，促进他们的全面发展。在创设学习环境时，教育者可以平衡提供相对稳定和有序的场景，同时鼓励他们逐渐适应新事物，以建立更加积极的心理基础。

3. 高级神经活动类型说

在高级神经活动类型理论中，我们研究个体大脑皮层细胞对刺激的反应模式。这一理论由巴甫洛夫提出，将高级神经活动分为兴奋和抑制两个基本过程，强调它们的强度、平衡性和灵活性。强度表示大脑对刺激或持久工作的反应强度，反映了大脑的敏感性和适应能力。巴甫洛夫提出了四种高级神经活动类型：兴奋型、活泼型、安静型和抑制型。这有助于我们更好地理解和引导学前儿童的认知和行为发展。

（1）兴奋型。

兴奋型在高级神经活动中表现为对刺激的强烈而迅速的反应。在学前儿童中，兴奋型表现为对新奇事物、环境变化或外界刺激的高度敏感。这些儿童可能会更容易兴奋、激动，并迅速展现和出现积极的情感和行为。在学前阶段，兴奋型儿童常常表现出对新学习的积极探索和渴望，他们可能更愿意参与各种活动，尤其是那些提供新体验和挑战的活动。然而，需要注意的是，兴奋型个体在面对刺激时可能过于兴奋，有时难以集中注意力，因此可能需要更多的引导，以帮助他们有效地处理不同的情境。这种气质类型对应体液说中的胆汁质。

（2）安静型。

安静型在高级神经活动中表现为对外部刺激的较为保守和缓慢的反应。在学前儿童中，安静型儿童可能对新环境或外界刺激反应相对较弱，表现出更为冷静和谨慎的态度。在学前阶段，安静型儿童可能更倾向于在熟悉、安静的环境中感到舒适，并对外部刺激表现出较低的兴奋度。他们可能更注重细节，喜欢独自玩耍或从事安静的活动。这些儿童通常更容易集中注意力，但可能需要更多时间来适应新事物。在教育和培养上，安静型儿童可能受益于教育者提供温和、有序、逐步引导的教学方法，以促进他们的积极参与和能力发展。这种气质类型对应体液说中的黏液质。

（3）活泼型。

活泼型在高级神经活动中表现为对外部刺激的强烈兴奋和积极主动的反应。在学前儿童中，活泼型儿童通常表现出较高的活跃性和好奇心，对周围环境充满了探索的欲望。这类儿童可能更喜欢参与各种活动，喜欢尝试新事物，表现出较高的求知欲和冒险精神。他们可能会更积极地表达自己的想法和情感，喜欢与他人交流并分享自己的经历。

在学前阶段，活泼型儿童可能需要更多的机会来释放他们的精力和活力，以满足他们的好奇心和探索欲。提供丰富多样的学习和游戏环境，以及鼓励他们参与体育活动和团体游戏，可以促进他们的全面发展。这种气质类型对应体液说中的多血质。

（4）抑制型。

抑制型在高级神经活动中表现为对刺激的抑制和对外界刺激较为敏感的特点。在学前儿童中，抑制型儿童可能表现出相对较低的活跃性和更为内向的个性。这类儿童可能更喜欢安静地活动，对于外界的刺激可能表现得较为谨慎和小心。他们可能更容易感受到外界的压力和情绪波动，表现出一定的敏感性。在社交方面，抑制型儿童可能更倾向于与亲密的小圈子互动，相对较少主动参与大型群体活动。在学前阶段，为抑制型儿童提供一个温暖、安静、支持性的学习环境尤为重要。教育者和家长可以通过温暖的陪伴、鼓励表达情感、提供安全感的方式，帮助他们建立自信，逐渐敞开心扉，更好地适应学习和社交环境。

无论是从希波克利特通过人体体液划分的四种气质类型，还是巴甫洛夫通过高级神经活动类型划分的四种神经活动类型，这些类型在本质上存在相似之处。然而，导致气质类型差异的确切根源尚无定论，学术界目前较为普遍的观点是神经活动理论，而四种气质类型是该理论应用最为广泛的体现，如表 10-2 所示。

表 10-2　气质类型与高级神经活动类型表

气质类型	体液优势	神经活动类型	强度	平衡性	灵活度
多血质	血液（心脏）	活泼型	强	平衡	灵活
胆汁质	黄胆汁（肝脏）	兴奋型	强	不平衡	
黏液质	黏液（脑）	安静型	强	平衡	不灵活
抑郁质	黑胆汁（胃）	抑制型	弱	不平衡	

4. 其他类型说

学前儿童的气质类型，涌现了多种理论。前述的三种气质类型说是应用较为广泛的。值得关注的是，在实际生活中，学前儿童的气质往往是多种类型的综合体现。例如，一个幼儿在兴奋时可能表现为多血质，而在安静时可能表现为黏液质。教育者需要特别注意，不要轻率地判断孩子的气质类型，以免引发投射性认同。此外，类似巴斯和普罗敏提出的活动特质说，以及布雷泽尔顿提倡的气质类型说，在特定情境下，可作为参照理论来辨识幼儿的气质类型。

5. 活动特质说

关于学前儿童的活动特质，活动特质说提供了一种独特的视角。这一理论是由巴斯和普罗敏提出的，主张将个体的气质归结为其在不同活动中表现出来的特定特质。活动特质说强调个体在特定活动中所展现的行为特点，而非简单地将气质划分为静态的类型。根据这一理论，儿童在不同情境下可能呈现出截然不同的特质。举例而言，某一幼儿在参与创意活动时可能表现出活泼好动的一面，而在静态学习环境中可能显露出安静好思的特质。这一理论的优势在于更加注重个体的多样性和灵活性，避免了将儿童过于固定在某一气质类型的框架中。活动特质说的引入为教育者提供了更全面、更具体的认知，有助于更好地理解学前儿童的行为表现。在实际教育中，教育者可通过观察儿童在不同活动中的特质，更有针对性地制定教育策略，促进其全面发展。

6. 气质类型说

气质类型说是对个体气质进行分类和划分的理论，旨在揭示个体在行为和情绪方面的稳定差异。这一理论基于个体的生理和心理特征，将其划分为不同的气质类型，以便更好地理解和预测其行为表现。

值得注意的是，学前儿童的气质类型并非刻板的，更多地呈现为多种气质的混合。儿童在不同情境和活动中可能表现出不同的气质特征。因此，教育实践中不宜将气质类型过于死板地套用在个体上。气质类型说为教育者提供了一种认知框架，有助于更好地了解学前儿童的个体差异，制定更为个性化的教育策略，促进其全面发展。同时，气质类型说也引导家长和教育者在儿童成长中更关注其个性化需求，从而更有针对性地进行教养和指导。

【知识窗】

哈洛·温斯洛克的"猴子实验"

哈洛·温斯洛克进行的"猴子实验"是一项经典的研究，旨在探究早期社会化对个体发展的影响。在这个实验中，温斯洛克将新生猴子分为两组，一组与母猴分隔开放置在钢笼中，另一组则与母猴一起生活。结果显示，被分隔开的猴子在成长过程中出现了严重的行为异常，例如，自伤和抑郁行为；而与母猴一起生活的猴子则表现出健康的行为特征。这个实验强调了早期亲密关系对于个体心理健康和行为发展的重要性，对于理解学前儿童期间人格形成过程具有重要启示。

二、性格

（一）性格的概念

性格是人类心理活动的重要组成部分，是在个体发展过程中形成的相对稳定的心理特征和行为倾向。性格不仅在个体的日常行为中得到体现，而且会对情感、认知和社交等方面产生深远影响。

性格是一个复杂而多维的心理特征，包括但不限于外向性、内向性、稳定性、神经质、宜人性等。这些特征相互交织，形成了独特的个体差异。性格具有相对的稳定性，表现为个体在很大程度上保持一贯的行为和情感反应。然而，随着生活经历和环境变化，性格也可能发生一定的变化和调整。性格在很大程度上指导个体的行为方式和情感表达。外向的个体可能更愿意社交，内向的个体则更喜欢独立活动。这种指导作用使得性格成为人际关系和社交行为中的关键因素。

个体的性格影响着他们应对生活中各种挑战和压力的方式。乐观、宽容的性格可能更有助于积极应对困境，而焦虑、紧张的性格则可能使个体更容易受到负面影响。性格在社交行为和人际关系中发挥着重要作用。具有合作和友善的性格可能更容易建立良好的人际关系，而独断和冷漠的性格可能导致社交问题。性格也与个体的自我认知和自我调控能力密切相关。一些个体可能更擅长理解自己的情感和需求，而另一些可能需要更多的内省和自我管理。

性格是一个具有综合性且独特的心理现象，其形成受遗传、生物学、环境和个体经验等多种因素的影响。深入了解性格，有助于更好地理解个体行为、促进心理健康，并为个体发展提供科学的引导和支持。

【知识窗】

班杜拉的情感发展理论

班杜拉的情感发展理论强调了儿童在早期情感经验中形成的信任、自主和社会化能力对于人格发展的重要性。这一理论将儿童情感发展划分为信任与不信任、自主与羞耻、创造与罪疚等阶段，并强调了家庭和教育环境在培养儿童情感健康和社会适应能力方面的关键作用。班杜拉的理论为我们提供了深刻的洞察力，帮助我们更好地理解和支持学前儿童情感发展的重要性。

（二）学前儿童性格的形成与发展

1. 遗传因素的影响

学前儿童的性格形成受到遗传基因的影响。研究表明，某些性格特征（例如，情感稳定性和外向性）在较大程度上受到遗传因素的决定。这意味着从父母那里继承的基因可能会影响儿童在情感和社交行为方面的表现。例如，某些儿童可能天生具有更高的情感稳定性，对压力和变化的适应能力较强，而另一些可能更容易受到外界刺激的影响。

2. 环境因素的作用

除了遗传因素外，学前儿童的性格形成还受到环境的显著影响。家庭环境、学校教育及社交互动都可以塑造和影响儿童的性格发展。

（1）家庭环境。

家庭是学前儿童最主要的社会化环境之一。父母的教养方式、家庭的情感氛围及家庭成员之间的互动都对儿童的性格发展产生重要影响。例如，温暖支持的家庭环境有助于培养儿童的宜人性和自信心，而严厉或冷漠的家庭环境可能会对儿童的情感稳定性和社交行为产生负面影响。

（2）学校教育及社交互动。

学校是学前儿童社会化和情感发展的重要场所。在学校中，儿童学会与不同背景和性格的同伴互动，这对他们的宜人性和开放性的发展具有深远的影响。老师的教学方式和学校的课堂氛围也会影响学前儿童的自律性和责任感的培养。

3. 自我意识和社会化过程

学前儿童逐渐发展出自我意识，开始意识到自己与他人的差异和独特性。这种自我意识的形成是性格发展的重要里程碑，有助于儿童建立自我认同，并在社会化过程中发展出合作、竞争和互助的行为模式。

（1）自我概念的建立。

随着年龄的增长，学前儿童开始形成自我概念，即对自己和自己在社会中角色的认知。他们通过与他人的互动和比较，逐步形成对自己能力、兴趣和特点的理解，这对性格的稳定和发展起着重要作用。

（2）社会化的影响。

社会化过程是学前儿童性格发展的另一个关键因素。通过与家庭成员、同伴和教育者的互动，儿童学会适应社会规范、表达情感和解决冲突的技能，这些都直接影响他们的宜人性、外向性和情感稳定性的发展。

4. 学前儿童性格发展的动态特征

学前儿童的性格发展是一个动态和渐进的过程。在早期阶段，他们可能表现出较大的变化和适应能力，而随着年龄的增长和社会化的加深，他们的性格特征逐渐稳定和明确。然而，性格并非是静止不变的，它受到多种因素的影响，包括个体的经验积累、教育干预及环境的变化。

综上所述，学前儿童的性格形成是一个多因素相互作用的复杂过程，既受遗传基因的影响，也受环境和个体互动的塑造。了解和理解这些影响因素对于教育者和家长设计支持性的教育环境和社会互动至关重要，有助于促进学前儿童的全面发展和心理健康。

（三）性格对学前儿童社会性发展的影响

性格对学前儿童的社会性发展具有深远的影响。社会性发展指的是儿童在与他人互动中形成的社会技能、态度和行为模式。学前儿童的性格特征，例如，情绪稳定性、外向性、宜人性、责任感与自律性、开放性，直接影响他们在社交情境中的表现和适应能力。

1. 情绪稳定性

情绪稳定性高的儿童通常能够较好地控制和调节自己的情绪，在面对挑战或压力时表现得更为平静和自信。这有助于他们在社交互动中表现得更加冷静和友善，容易与他人建立积极的关系。相反，情绪稳定性较低的儿童可能更容易出现情绪波动，表现出易怒或焦虑，这可能会影响他们的社交行为和人际关系的建立。

2. 外向性

外向性的儿童倾向于主动寻求与他人的互动，他们更愿意参与群体活动和社交游戏。

这类儿童通常表现出更多的积极社交行为，例如，主动打招呼、分享和合作。这有助于他们在同伴中建立良好的关系，获得更多的社会支持。内向性的儿童则可能更喜欢独自活动或与少数熟悉的朋友交往，虽然这并不一定影响他们的社交质量，但可能在广泛的社交圈中显得较为被动。

3. 宜人性

宜人性高的儿童通常表现出更多的同情心、合作精神和善意。他们容易理解和尊重他人的感受和需求，因此在社交互动中能够与他人建立信任和互助的关系。这类儿童在冲突解决和团队合作中表现得尤为突出，这有助于他们在群体中赢得友谊和支持。宜人性较低的儿童可能表现出更多的竞争性和冲突，虽然他们也能够在某些情境中展现优势，但在建立和维持长期的积极关系方面可能面临挑战。

4. 责任感与自律性

责任感与自律性强的儿童通常能够遵守规则和完成任务，这有助于他们在学校和家庭中获得积极的评价和认可。这类儿童在社交互动中表现得更为可靠和负责任，容易赢得他人的信任和尊重。责任感与自律性较低的儿童可能在遵守规则和完成任务方面表现不佳，可能会受到更多的批评和惩罚，这会对他们的社会性发展和自尊心造成负面影响。

5. 开放性

开放性高的儿童对新事物和新体验持开放态度，表现出强烈的好奇心和创造力。他们更愿意尝试不同的活动和与不同的人交往，这有助于他们在多样的社交情境中积累丰富的经验和技能。开放性较低的儿童可能更倾向于维持熟悉的环境和固定的活动，虽然这能够提供安全感，但也可能限制他们的社交圈和经验的广度。

学前儿童的性格特征相互交织，共同影响他们的社会性发展。教育者和家长应关注和理解儿童的性格特征，创造支持性和包容性的环境，帮助儿童在社交互动中建立积极的人际关系，发展良好的社会技能和态度。

三、能力

（一）能力的概念与分类

能力指的是儿童在各类活动中表现出的心理和生理素质。它是儿童在认识和实践过程中所表现出的潜能和素质，包括认知、情感、社交和身体等方面的表现。能力的培养和发展是学前教育的重要目标之一，旨在为儿童后续的学习和生活奠定坚实基础。

能力可以根据不同的标准进行分类。

1. 基本能力与特殊能力

基本能力是指儿童在日常活动中普遍需要并起基础作用的能力，例如，观察力、记忆力、思维力和注意力等。这些能力在儿童的学习和生活中起着重要的基础作用。特殊能力是指在特定领域内发挥重要作用的能力，例如，语言能力、音乐能力、绘画能力和运动能力等。特殊能力通常与儿童的兴趣、天赋和早期经验密切相关。

（1）观察力。

儿童通过观察外界事物获取信息的能力。观察力是认知发展的重要基础，有助于儿童理解和探索周围的世界。

（2）记忆力。

儿童对所学知识和经历进行存储和提取的能力。良好的记忆力能够帮助儿童积累知识和经验，为后续学习打下基础。

（3）思维力。

思维力包括具体思维和初步的抽象思维。思维力的发展帮助儿童进行分析、综合和解决问题，是认知发展的核心部分。

（4）注意力。

学前儿童集中精力进行活动的能力。良好的注意力是有效学习和完成任务的前提。

（5）语言能力。

儿童在听、说、读、写方面的能力。语言能力是沟通和学习的基本工具，影响儿童的社交和学术发展。

（6）音乐能力。

儿童对音乐的感知和表现能力，包括节奏感、音准和音乐表达。音乐能力不仅能促进艺术发展，还能提升情感和社交能力。

（7）绘画能力。

儿童通过绘画表达想法和情感的能力，反映他们的创造力和艺术感知。绘画能力有助于发展精细动作和视觉感知。

（8）运动能力。

运动能力包括大肌肉运动能力和精细运动能力，影响儿童的身体协调性和动作控制。运动能力的发展对身体健康和心理发展都有重要影响。

2. 认知能力与操作能力

认知能力是指儿童在认识活动中表现出的能力，包括感知、记忆、思维和想象等方面。操作能力是指儿童在实际操作活动中表现出的能力，包括手工制作、使用工具和身体运动等。

（1）感知能力。

儿童通过视觉、听觉、触觉等感官获取外界信息的能力。感知能力是认知发展的基础，有助于儿童对环境进行全面理解。

（2）记忆能力。

儿童对过去经验进行编码、存储和提取的能力。记忆力是学习和知识积累的重要环节。

（3）思维能力。

儿童对信息进行分析、综合、推理和判断的能力。思维能力是解决问题和创新思维的基础。

（4）想象能力。

儿童在头脑中构建新形象或情景的能力。想象能力能够促进创造性思维的发展。

（5）精细运动能力。

儿童使用小肌肉群进行精确动作的能力，例如，绘画、剪纸等。精细运动能力的发展有助于手眼协调和专注力的提升。

（6）大肌肉运动能力。

儿童使用大肌肉群进行协调运动的能力，例如，跑步、跳跃等。大肌肉运动能力的发展对身体健康和运动协调性具有重要意义。

3. 社交能力与情感能力

社交能力是指儿童在社会交往中表现出的理解、沟通、合作和适应的能力。情感能力是指儿童识别、理解、调节和表达情感的能力。

（1）沟通能力。

儿童通过语言和非语言手段表达自己及理解他人的能力。有效的沟通能力是社交成功的关键。

（2）合作能力。

儿童在与同伴和成人合作完成任务时表现出的能力。合作能力的培养有助于团队精神和集体意识的形成。

（3）冲突解决能力。

儿童在面对冲突时使用适当方法解决问题的能力。冲突解决能力的发展帮助儿童建立健康的人际关系。

（4）情绪识别与管理。

儿童识别和调节自己情绪的能力。良好的情绪管理有助于心理健康和社会适应。

（5）共情能力。

儿童理解他人情感和感受的能力。共情能力的发展会促进儿童的社交和道德发展。

（6）情感表达能力。

儿童通过语言和行为表达情感的能力。情感表达能力的提升有助于心理和情感的健康发展。

（二）学前儿童能力的发展特点

学前儿童的能力发展是一个复杂而多样的过程，涉及认知、情感、社交和身体等多方面的变化。

1. **迅速发展与个体差异**

学前阶段是儿童能力发展的关键期。由于大脑和神经系统的快速发育，儿童在这一时期展现出显著的能力提升。认知能力、语言能力、社交能力和身体运动能力等各方面都在迅速发展。尽管总体上学前儿童的能力发展迅速，但每个儿童的具体发展轨迹存在显著差异。这些差异可能来自遗传因素、家庭环境、教育机会和社会文化背景等多方面的影响。这种个体差异要求教育者在教学中采取个性化的教育策略，关注每个儿童的独特需求和发展节奏。

2. **整体性与综合性**

学前儿童能力的发展是一个整体的过程，各种能力之间相互联系、相互影响。例如，语言能力的发展不仅依赖认知能力的提升，还需要社交能力和情感发展的支持。儿童的能力发展并不是孤立进行的，而是一个综合的、多方面的过程。例如，儿童在进行游戏活动时，既需要运动能力，也需要社交能力和认知能力的支持。这种综合性的特点要求教育者在设计活动时，注重多种能力的协调发展。

3. **环境影响与教育作用**

学前儿童能力的发展深受环境因素的影响。家庭环境、幼儿园环境、社区环境等都对儿童的能力发展起着重要作用。积极的环境因素，例如，丰富的语言刺激、安全的物理环境和积极的社会互动，有助于促进儿童能力的发展。

教育在儿童能力发展中扮演着关键角色。高质量的学前教育能够为儿童提供丰富的学习机会和支持，帮助他们在认知、情感、社交和身体等各方面取得全面发展。教育者应通过科学的教育方法和策略，支持儿童在各个领域的发展。

4. **关键期与敏感期**

学前阶段存在许多关键期，在这些时期内，特定能力的发展速度最快、效果最好。例如，3～6岁是语言发展的关键期，儿童在这一阶段对语言刺激特别敏感，语言能力能够迅速提升。而敏感期是指儿童在某一特定时间段内，对某种环境刺激或学习内容特别敏感和容易接受的时期。这些敏感期对能力的发展起着重要的推动作用。例如，2～4岁是儿童自我意识和社会交往的敏感期，在这一时期提供适当的社交机会和情感支持，可以显著促进儿童的社交能力发展。

5. **游戏与学习**

游戏是学前儿童能力发展的重要途径。通过游戏，儿童能够自然地进行探索和学习，发展认知能力、社交能力和运动能力。游戏中蕴含的自主性和创造性，能够激发儿童的学习兴趣和动机。在学前教育中，学习活动通常以游戏的形式进行，符合儿童的心理特点和发展需求。教育者应设计多样化的游戏和活动，既有趣又具有教育意义，帮助儿童在玩乐中获得知识和技能。

(三)能力培养与学前儿童个性发展的关系

学前儿童的能力培养与个性发展是紧密相连的两方面。能力培养不仅影响儿童的认知、情感和社交能力,还对个性发展起着重要作用。

(1)能力培养对个性形成的影响。

认知能力的发展,例如,观察力、记忆力、思维力等,直接影响儿童对世界的理解和对自我的认知。高水平的认知能力使儿童能够更好地解决问题、应对挑战,从而增强自信心和独立性,这些特质是个性发展的重要组成部分。

语言能力的发展促进儿童与他人的沟通和交流,这不仅增强了社交能力,还帮助儿童表达自己的情感和思想。良好的语言能力使儿童能够在社交互动中更加自信和主动,有助于形成开朗、自信和合作的个性特质。

情感能力的培养,例如,情绪识别与管理、共情能力等,有助于儿童建立积极的情感体验和健康的情绪管理方式。情感能力的发展帮助儿童形成稳定的情绪状态、积极的自我评价和良好的人际关系,从而促进积极个性的形成。

社交能力的发展,例如,沟通能力、合作能力和冲突解决能力,直接影响儿童的社交经验和人际关系。社交能力的提升使儿童在群体中更加自信和受欢迎,有助于儿童形成外向、友善和合作的个性特质。

(2)能力培养与个性特征的相互作用。

在能力培养过程中,儿童通过完成任务和解决问题,体验到自主性和成就感。这种体验帮助儿童形成自主性和责任感的个性特质,增强对自身能力的信心和对行为结果的责任意识。

在能力培养过程中,儿童需要面对各种挑战和困难,学会克服困难和坚持不懈。这种经历培养了儿童的耐心和毅力,帮助他们形成坚韧不拔和迎难而上的个性特质。

尤其是在艺术、科学和探究活动中,儿童的创造力和想象力得到激发。创造力和创新精神的培养不仅提升了儿童的认知能力,也促进了儿童开放、好奇和创新的个性特质发展。

第三节 学前儿童个性的心理倾向

一、兴趣

(一)兴趣的概念

兴趣是指个体对某种事物或活动表现出的积极的、持久的心理倾向。它不仅仅是短暂的好奇心或一时的喜好，而是一种深层次的内在驱动力，能够激发个体的注意力和积极性，推动其在特定领域持续投入时间和精力。兴趣在心理学上被视为一种重要的个性特质，对个体的学习和发展具有重要影响。

（二）学前儿童兴趣的特点与培养

1. 学前儿童兴趣的特点

（1）短暂性与多变性。

学前儿童的兴趣通常表现为短暂且多变。由于认知和情感发展尚未完全稳定，他们容易对新奇事物产生兴趣，但这种兴趣往往持续时间较短，容易被新的刺激吸引。

（2）广泛性与探索性。

学前儿童对周围环境充满好奇心，兴趣领域广泛。他们喜欢探索各种事物和活动，通过不断的尝试和体验，逐步形成对某些事物的持久兴趣。

（3）感知性与具体性。

学前儿童的兴趣多基于感知体验和具体事物。形象、生动的事物和活动，例如，鲜艳的颜色、有趣的声音、直观的操作等，更容易引发他们的兴趣。

（4）社交性与互动性。

学前儿童的兴趣往往与社交活动密切相关。他们在与同伴和成人的互动中，体验到愉快和满足，逐渐形成对某些社交活动的兴趣。

2. 学前儿童兴趣的培养

（1）提供丰富的环境刺激。

教育者应为学前儿童提供丰富多样的环境刺激，包括各种玩具、书籍、自然景观等，激发他们的探索欲望和好奇心。

（2）注重儿童的自主选择。

在活动设计和安排中，应尊重儿童的自主选择，给予他们自由选择活动和探索的机会，帮助他们发现和发展自己的兴趣。

（3）鼓励尝试和探索。

教育者应鼓励儿童尝试各种不同的活动和体验，通过多样化的体验，帮助他们发现兴趣所在，并在过程中获得成就感和自信心。

（4）创设有趣的学习情境。

教育者应通过游戏、故事、实验等有趣的方式，创设吸引儿童的学习情境，让他们在愉快的氛围中主动参与和学习。

（5）关注个体差异。

每个儿童的兴趣都有所不同，教育者应关注个体差异，根据每个儿童的兴趣特点，提供有针对性的支持和引导，促进他们的兴趣发展。

（三）兴趣对学前儿童学习与发展的重要性

1. 激发学习动机

兴趣是最好的老师。儿童对某一事物或活动感兴趣时，会主动参与，积极探索，表现出强烈的学习动机和持久的注意力。这种内在驱动力大大提高了他们的学习效果和效率。

2. 促进认知发展

兴趣能够激发儿童的好奇心和探索欲望，促使他们积极思考和解决问题。在兴趣驱动下，儿童会主动观察、思考和操作，促进认知能力的发展。

3. 增强情感体验

兴趣活动通常能够带给儿童愉快和满足的情感体验。这种积极的情感体验有助于提升他们的自我效能感和自信心，促进其心理健康发展。

4. 培养社交能力

许多兴趣活动需要与同伴合作或互动。在共同的兴趣基础上，儿童可以建立良好的人际关系，学习社交技能，提升社交能力。

5. 推动个性发展

兴趣的发展有助于儿童形成独特的个性特质和价值观。在探索和体验中，儿童逐渐认识自我，明确自己的兴趣和志向，形成积极的自我认同和个性特征。

6. 持久学习和发展的基础

在学前阶段培养的兴趣，能够为儿童未来的学习和发展打下坚实基础。兴趣不仅有助于当前的学习，还能够持续影响他们的成长和发展，使他们在未来的学习和生活中保持积极的态度和动力。

二、需要

（一）需要的概念与分类

1. 需要的概念

需要是指个体在生理或心理方面感到某种缺乏而产生的内部驱动力。这种驱动力促使个体采取行动，以满足这种缺乏，从而恢复身心的平衡。需要是个体行为的基本动力来源，是驱动人们进行各种活动的重要因素。

2. 需要的分类

（1）生理需要：基本的生存需求，例如，食物、水、空气、睡眠等。

（2）安全需要：保障个体免受危险、威胁和不安定因素的需要，例如，稳定的生活环境和身体安全。

（3）社会需要：与他人建立联系、得到关爱和归属感的需要，例如，友谊、爱和家庭。

（4）尊重需要：得到他人的认可和尊重，获得自我价值感和成就感的需要。

（5）自我实现需要：充分发挥个人潜能，实现自我理想和目标的需要。

> **【知识窗】**
>
> **马斯洛的需要层次理论**
>
> 亚伯拉罕·马斯洛（Abraham Maslow，1908—1970）是美国著名的心理学家和人本主义心理学的创始人之一。他的研究和理论对心理学领域产生了深远的影响，特别是在动机理论和个性发展方面。马斯洛最著名的贡献是他的需要层次理论（Hierarchy of Needs），该理论描述了人类动机的五个层次。马斯洛认为，只有在较低层次的需要得到满足后，个体才会追求更高层次的需要。

（二）学前儿童需要的特点与满足

1. 学前儿童需要的特点

（1）基本生理需要强烈。

学前儿童的生理需要最为强烈，充足的营养、良好的睡眠和健康的生活环境对他们的成长至关重要。

（2）安全感需要突出。

学前儿童对安全感的需要非常突出，他们需要稳定、有规律的生活环境、成人的保护和支持。

（3）社交需要逐渐增加。

随着年龄的增长，学前儿童的社交需要逐渐增加，他们渴望与同伴交往和互动，获得友谊和归属感。

（4）情感需要丰富。

学前儿童对爱的需要非常强烈，他们需要父母和老师的关爱和关注，帮助他们建立安全感和信任感。

（5）探索与自我表达需要。

学前儿童对新奇事物有强烈的好奇心，他们渴望探索周围的世界，并通过各种活动表达自己的想法和情感。

2. 满足学前儿童需要的方法

（1）提供充足的营养和健康环境。

确保儿童得到均衡的营养和良好的卫生条件，满足其基本生理需要。

（2）建立安全感。

创造稳定、有规律的生活环境，给予儿童充足的安全感和信任感。

（3）丰富社交机会。

提供与同伴互动的机会，组织社交活动，帮助儿童建立友谊和归属感。

（4）给予情感支持。

通过关爱和鼓励满足儿童的情感需要，帮助他们形成积极的自我认同和情感体验。

（5）鼓励探索与表达。

提供丰富的活动和游戏机会，鼓励儿童探索新事物，并通过艺术、语言等方式表达自己。

（三）需要对学前儿童个性发展的影响

1. 促进自信心和自主性

满足学前儿童的需要，尤其是尊重和自我实现的需要，有助于提升他们的自信心和自主性。儿童在探索和表达中获得成功和认可，逐渐形成积极的自我评价和独立性。

2. 增强安全感和信任感

通过满足安全和情感需要，儿童能够形成稳定的安全感和信任感。这些情感体验是个性发展中不可或缺的组成部分，有助于儿童建立健康的人际关系和情感纽带。

3. 促进社会性发展

满足社交需要，提供丰富的社交机会，有助于儿童学会与他人互动、合作和解决冲突，促进社会性的发展。这些社交技能和经验对个性的发展具有重要影响，帮助儿童形成友善、合作和开放的个性特质。

4. 激发学习动机和探索欲望

满足学前儿童的探索和自我表达需要，能够激发他们的学习动机和探索欲望。在这种内在驱动力的推动下，儿童积极主动地参与学习和活动，逐渐形成好奇心、创造力和求知欲，这些都是个性发展的重要方面。

第四节　学前儿童自我意识的发展

一、自我意识的概念

自我意识是学前心理学中一个关键的研究领域，是指儿童对自身身心活动的感知与认知，包括对自身生理状况、心理特征及与他人的关系的认知。在当代的婴儿自我意识发展研究中，镜像技术成为一种重要的观察手段，提出了"镜像自我"的概念，将自我指向行为作为判断个体最早出现自我认知的指标。

二、自我意识的萌芽与发展

心理学家哈特的研究将婴儿自我意识分为两个重要阶段：主体我的自我意识和客体我的自我意识。哈特在他的实验中发现，8个月前的婴儿未出现自我意识的明显迹象。然而，1周岁左右的婴儿开始表现出主体我的认知行为，这主要体现在两方面：首先，婴儿将自己视为活动的主体，通过主动引发自身动作与镜像动作相协调，展现出其对自身活动的认知；其次，婴儿能够清晰区分自己与他人的行为，显示出对自我镜像与自身动作关联的明智认知，主体自我意识逐渐确立。

在随后的发展中，儿童在2周岁左右经历了人类个体自我意识发展的第一次显著飞跃的过程，这表现为客体自我意识的初现。这一阶段的儿童主要体现在两方面：首先，儿童开始将自己作为客体进行认知，具备识别自身独特特征的能力，通过观看自己的影像，能够辨认出自己，显现出明确的客体我的自我意识；其次，儿童能够熟练运用人称代词"你、我、他"来区分自己和他人，使用"我"来明确定位自己。这一阶段的研究通过具体案例展示了儿童在两三周岁真正形成自我意识的过程。

自我意识属于一种自我调节系统，被分为三个层次，包括自我认知、自我体验和自我调控，分别对应"知、情、意"三个层次。这一系统的理论框架深刻影响了学前心理学的发展，为我们深入理解儿童个体的情感、社交和认知发展提供了有益的视角。

三、自我意识对个性发展的影响

1. 增强自信与自尊，促进自主性

自我意识的发展帮助儿童认识到自己的独特性，建立积极的自我认同。当儿童能够理解和接受自己的特征、能力和价值时，他们会表现出更强的自信心和自尊心。这种自信和自尊对个性发展至关重要，有助于儿童在面对挑战时表现出积极和勇敢的态度。认识到自己是独立个体的过程，使儿童逐渐学会独立思考和决策，表现出更强的自主性。自主性的增强帮助儿童在日常生活和学习中更主动、更积极地参与各种活动，有助于形成独立和负责的个性特质。

2. 促进良好的情绪调节能力形成

自我意识的发展使儿童能够更好地觉察和表达自己的情感。他们学会辨识自己的情绪状态，例如，快乐、愤怒、悲伤等，并能够通过语言或行为表达出来。这种能力的提升有助于儿童形成良好的情感调节能力和健康的情绪管理方式。随着自我意识的增强，儿童开

始理解他人的情感和需要，发展出共情和同理心。他们能够通过观察和体验他人的情感反应，逐渐学会换位思考和体谅他人。这种能力对个性发展非常重要，有助于培养儿童的友善、合作和关爱他人的个性特质。

3. 促进社会性发展

自我意识的发展使儿童更清楚地认识到自己在社会环境中的角色和地位，促进了人际关系的建立和维护。儿童在与同伴和成人的互动中，逐渐学会遵守社会规则和礼仪，形成良好的社会行为规范。同时，具有自我意识的儿童更容易理解和参与团队活动，表现出良好的合作精神和社交技能。他们能够在集体活动中找到自己的位置，积极参与并贡献力量，这有助于培养开放、合作和具有团队精神的个性特征。

第五节 个性发展的影响因素与教育策略

一、家庭因素

（一）家庭环境对学前儿童个性发展的影响

家庭环境是学前儿童个性发展的重要影响因素之一。家庭作为儿童最初的生活和成长环境，其物质和精神条件、家庭成员间的关系与互动、家庭文化等方面都对儿童个性的形成和发展产生深远影响。

1. 物质环境

家庭的物质环境，包括居住条件、经济状况、物质支持等，直接影响儿童的身心健康和发展机会。良好的物质环境能够为儿童提供丰富的学习和探索资源，促进其认知和个性的发展；而不良的物质环境可能导致儿童缺乏安全感和自信心，进而影响其个性发展。

2. 情感环境

家庭成员间的情感关系和互动质量，对学前儿童的情感发展和个性形成具有重要影响。温暖、和谐的家庭氛围能够为儿童提供安全感和归属感，帮助他们形成积极的自我认同和情感体验；而冷漠、冲突频繁的家庭环境可能导致儿童产生不安全感和情绪问题，进而影响其个性发展。

3. 教育环境

家庭的教育氛围和父母的教育态度，对学前儿童的认知发展和个性培养起着重要作用。

重视教育、鼓励探索的家庭环境，能够激发儿童的好奇心和学习动机，促进其智力和个性的发展；而忽视教育、过度溺爱的家庭环境，可能会导致儿童缺乏独立性和责任感，不利于其个性的健康发展。

4. 家庭文化

家庭的文化背景和价值观念，对学前儿童的行为规范和个性特质产生潜移默化的影响。家庭文化中积极、进取的价值观念，能够帮助儿童形成积极向上、乐观自信的个性；而消极、保守的家庭文化，可能限制儿童的发展和个性表现。

（二）家庭教养方式对学前儿童个性发展的影响

家庭教养方式是指父母在养育子女过程中所采用的态度、方法和策略。不同的教养方式对学前儿童的个性发展有不同的影响。以下是几种常见的家庭教养方式及其对儿童个性发展的影响。

1. 权威型教养方式

权威型教养方式表现为父母对儿童有高期望，同时给予足够的支持和指导。这种教养方式的特点是既有严格的行为规范和纪律要求，又有温暖的情感支持和合理的自由空间。权威型教养方式能促进儿童形成自律、责任感和独立性，帮助儿童建立自信心和自尊心，形成积极的自我认同，培养良好的社交能力和情感管理能力。

2. 专制型教养方式

专制型教养方式表现为父母对儿童有高期望，但缺乏情感支持和沟通。这种教养方式的特点是严格控制和高压管理，缺乏对儿童个性和情感的关注。这可能导致儿童形成胆怯、依赖和缺乏自信的个性特质，增加儿童的焦虑感和叛逆行为，影响其情感健康，也会抑制儿童的创造力和独立思考能力。

3. 放任型教养方式

放任型教养方式表现为父母对儿童的行为缺乏规范和约束，给予过多的自由和宽容。这种教养方式的特点是缺乏有效的纪律和引导。这可能导致儿童缺乏自律和责任感，表现出任性和自我中心的行为，影响儿童的社交能力和适应能力，增加人际关系问题，导致儿童缺乏目标和动力，影响其个性发展和成就动机。

4. 忽视型教养方式

忽视型教养方式表现为父母对儿童缺乏关注和支持，既没有行为规范，也没有情感支持。这种教养方式的特点是父母对儿童的成长漠不关心。这可能导致儿童形成孤僻、冷漠和缺乏安全感的个性特质，增加儿童的情感问题和行为问题，影响其心理健康，影响儿童的认知发展和学业成绩，限制其潜力发挥。

二、学校因素

（一）老师角色对学前儿童个性发展的影响

老师在学前儿童的个性发展过程中扮演着至关重要的角色。作为教育的主要引导者和支持者，老师的行为、态度和教育方法对儿童的个性形成有着深远影响。

1. 榜样作用

老师的行为和态度常常被儿童模仿，老师的积极品质，例如，热情、耐心、责任感和公正性，能够对儿童的个性发展产生积极影响。通过观察和模仿老师的行为，儿童可以学习到如何待人接物，形成积极的社交技能和态度。

2. 情感支持

老师的关爱和支持对于学前儿童的情感安全感和自我认同感的建立具有重要意义。老师的鼓励和肯定能够增强儿童的自信心和自尊心，帮助他们形成积极的自我概念。同时，老师的情感支持可以帮助儿童调节情绪，形成健康的情感管理能力。

3. 教育方式

老师的教育方式对学前儿童的个性发展有直接影响。启发式、鼓励探索和创造的教育方法能够激发儿童的好奇心和求知欲，培养他们的独立思考和创造力；而专制、控制过严的教育方式可能会抑制儿童的自主性和创新能力，导致其产生依赖性和畏惧感。

4. 课堂管理

老师的课堂管理能力直接影响儿童的行为规范和纪律意识。良好的课堂管理可以帮助儿童学会遵守规则、尊重他人，培养责任感和自律性。这些品质对儿童个性的健康发展至关重要。

5. 个性化关注

老师对每个儿童的独特性和个体差异的关注，有助于儿童在个性发展中获得尊重和理解。老师通过了解儿童的兴趣、优势和需要，提供适当的引导和支持，能够促进儿童的全面发展，帮助他们形成积极、健康的个性特质。

（二）同伴关系对学前儿童个性发展的影响

1. 社交技能的学习

通过与同伴的互动，儿童学会了许多重要的社交技能，例如，分享、合作、沟通和解决冲突。这些技能的掌握不仅有助于建立良好的人际关系，还对儿童的个性发展起到积极的作用，帮助他们形成友善、合作和开放的个性特质。

2. 自我认同与同伴影响

同伴关系在儿童的自我认同过程中起着重要作用。儿童通过与同伴的比较和互动，逐渐认识到自己的独特性和优缺点，形成自我概念和自我评价。同时，同伴的认可和接纳对儿童的自尊心和自信心有积极影响，帮助他们形成积极的自我认同。

3. 情感支持与归属感

与同伴的友谊和情感支持能够增强儿童的归属感和安全感。在与同伴的互动中，儿童体验到友谊、支持和关爱，这些积极的情感体验有助于他们形成健康的情感管理能力和情感表达方式，促进个性的健康发展。

4. 角色扮演与社会化

在与同伴的游戏和互动中，儿童通过角色扮演和模仿，学习和体验不同的社会角色和行为规范。这种体验有助于儿童理解和内化社会规则，形成责任感和道德感，促进其社会性的发展。

5. 竞争与合作

同伴关系中既有合作也有竞争，这两者都对儿童的个性发展有积极影响。合作能够培养儿童的团队精神和合作能力，而适度的竞争能够激发儿童的成就动机和努力精神，帮助他们形成积极进取的个性特质。

三、个体因素

个体因素在学前儿童个性发展中起着至关重要的作用，主要包括生理因素和心理因素。这些因素共同作用，影响儿童的行为、情感和社交能力，进而塑造其个性特质。

（一）生理因素对学前儿童个性发展的影响

1. 遗传因素

遗传因素是学前儿童个性发展的基础。基因在很大程度上决定了儿童的气质和行为倾向。例如，一些儿童天生就表现出更多的活泼和外向，而另一些儿童可能更加安静和内向。这些先天的气质特征为个性发展的多样性奠定了基础。

2. 大脑发育

儿童的大脑在学前期快速发育，特别是与情绪调节、决策和社交行为相关的脑区。这一阶段的脑发育不仅影响儿童的认知能力，还对情绪管理和社会互动技能的发展产生重要影响。大脑发育良好的儿童通常表现出更好的情绪控制能力和更积极的社交行为，从而有助于儿童形成健康的个性特质。

3. 生理健康

生理健康状况对学前儿童的个性发展有显著影响。健康的身体能够为儿童提供充沛的精力和良好的情绪状态，支持他们积极参与各种活动和探索新事物；而长期的生理疾病或身体不适可能会导致儿童表现出焦虑、退缩或依赖行为，进而影响其个性发展。

4. 性别差异

性别也是影响学前儿童个性发展的一个重要生理因素。性别差异在某些方面表现为不同的行为和兴趣倾向。例如，男孩可能更倾向参与体力活动和冒险游戏，而女孩可能更喜欢安静的游戏和社交互动。这些差异不仅反映了生理上的差异，也受到社会文化环境的影响。

（二）心理因素对学前儿童个性发展的影响

1. 认知发展

学前儿童的认知发展水平直接影响他们的个性特点。认知能力较强的儿童通常表现出更高的自信心和独立性，能够更好地理解和处理复杂的情境。这有助于他们在面对挑战时表现出积极的态度和解决问题的能力，形成坚韧和自律的个性特质。

2. 情感体验

学前儿童的情感体验对其个性发展有重要影响。积极的情感体验，例如，快乐、满足和爱，能够增强儿童的安全感和幸福感，促进其积极个性特质的形成；而频繁的负面情感体验，例如，恐惧、愤怒和悲伤，可能会导致儿童产生不安全感和消极情绪，影响其个性发展。

3. 自我意识

自我意识的形成是学前儿童个性发展的关键因素之一。随着自我意识的增强，儿童逐渐学会认识和评价自己，形成自尊心和自我概念。自我意识的健康发展能够帮助儿童建立积极的自我认同和自我调节能力，促进其独立性和责任感的形成。

4. 社会认知

社会认知能力，即理解他人和社会环境的能力，对学前儿童的个性发展有重要影响。社会认知能力较强的儿童通常表现出良好的共情能力和社交技能，能够更好地与他人互动和合作。这有助于他们形成开放、友善和合作的个性特质。

四、教育策略

学前儿童个性发展的教育策略应注重创设有利的环境、实施个性化教育方案和加强家校合作。这些策略旨在全面支持儿童个性的健康发展，培养他们的自主性、创造力和社会适应能力。

（一）创设有利于学前儿童个性发展的环境

1. 提供丰富多样的学习空间

提供丰富多样的学习空间可以激发学前儿童的好奇心和探索欲望。教室应设置多个活动区，例如，阅读角、游戏区、艺术区和科学区，让儿童在不同的环境中体验多种活动，发展其兴趣和能力。这样的环境不仅能满足儿童的个性化需求，还能促进他们的全面发展。

2. 营造安全温暖的情感氛围

一个安全温暖的情感氛围对学前儿童个性发展至关重要。老师应营造友好、支持和理解的环境，让儿童感到被尊重和关爱。情感上的安全感能够增强儿童的自信心和安全感，帮助他们形成积极的自我认同和情感体验。

3. 制定自由与规则的平衡

在创设环境时，教育者需要在自由与规则之间找到平衡。适当的自由可以激发儿童的自主性和创造力，但也需要一定的规则和规范来保证活动的有序进行。老师应通过合理的规则引导儿童的行为，让他们在自由探索的同时学会遵守社会规范，形成责任感和自律性。

（二）实施个性化的教育方案

1. 尊重个体差异

学前儿童个体差异显著，包括认知能力、兴趣爱好和性格特点。老师应尊重这些差异，提供个性化的教育方案。老师应通过观察和评估，了解每个儿童的特点和需求，并据此设计和调整教育活动，使每个儿童都能在适合自己的环境中获得最佳的发展。

2. 注重因材施教

因材施教是实施个性化教育的重要策略。老师应根据儿童的兴趣和能力，提供不同层次和难度的学习活动。例如，对于认知能力较强的儿童，可以提供更具挑战性的任务和项目；而对于需要更多支持的儿童，则应提供更具体的指导和帮助。因材施教能够帮助每个儿童在自己的基础上取得进步，形成积极的学习态度和自信心。

3. 关注情感和社会性发展

在个性化教育方案中，除认知发展外，情感和社会性发展也应受到重视。老师应设计和组织有助于儿童情感表达和社会互动的活动，例如，情景剧、合作游戏和情感交流活动。这些活动能够帮助儿童发展共情能力、社交技能和情感管理能力，促进其健康个性的形成。

（三）加强家校合作，共同促进学前儿童个性发展

1. 建立良好的沟通机制

家校合作的基础是良好的沟通机制。学校和老师应与家长保持经常性的沟通，及时分

享儿童在学校的表现和发展情况，了解家长的期望和建议。学校和老师应通过家长会、家庭访问和在线交流平台等方式，建立起有效的沟通渠道，确保信息的互通和理解的增进。

2. 共同制定教育目标

家校合作应围绕共同的教育目标展开。老师和家长应共同探讨和制定适合儿童的教育目标和计划，形成教育合力。通过合作，家长和老师可以为儿童提供一致的教育引导和支持，帮助他们在不同环境中得到全面发展。

3. 家长参与教育活动

鼓励家长参与学校的教育活动，是加强家校合作的重要途径。家长可以通过参与课堂活动、志愿服务和亲子活动，深入了解学校的教育方法和内容，并在家庭中延伸和巩固学校的教育成果。家长的积极参与不仅能增强儿童的学习动力和兴趣，还能促进家庭和学校的紧密联系，形成支持儿童个性发展的合力。

通过创设有利于学前儿童个性发展的环境、实施个性化教育方案及加强家校合作，教育者可以全面支持学前儿童的个性发展。这些教育策略旨在培养学前儿童的自主性、创造力和社会适应能力，帮助他们形成积极、健康的个性特质。教育者和家长应共同努力，通过科学的教育引导和温暖的情感支持，助力学前儿童在安全、丰富的环境中茁壮成长。

【真题演练】

一、选择题

1. 活动区活动结束了，可是曼曼的"游乐园"还没搭完，他跟老师说："老师，我还差一点儿就完成了，再给我 5 分钟，好吗？"老师说："行，我等你。"一边说，一边指导其他幼儿收拾玩具……该老师的做法体现了（　　）。

　　A. 与幼儿积极互动　　　　　　　B. 根据幼儿的活动需要灵活调整

　　C. 按照作息时间按部就班地进行　　D. 随时关注幼儿的活动

2. 老师要依据幼儿的个体差异表现进行教育，下列现象不属于幼儿个体差异表现的是（　　）。

　　A. 某幼儿平常吃饭很慢，今天为了得到老师表扬，吃得很快

　　B. 有的幼儿吃饭快，有的幼儿吃饭慢

　　C. 某幼儿动手能力强，但语言能力弱于同龄儿童

　　D. 男孩通常比女孩表现出更多的身体攻击性行为

3. 初入园的幼儿常常有哭闹、不安等不愉快的情绪，这说明幼儿表现出了（　　）。

　　A. 回避型依恋　　B. 抗拒性格　　C. 分离焦虑　　D. 黏液质气质

4. 在幼儿园环境创设中，使用易于识别的生活行为规则标识图，最主要的目的是（　　）。
   A. 美化环境视频讲解　　　　　　B. 便于幼儿看图说话
   C. 便于幼儿认识各种符号　　　　D. 便于幼儿习得生活技能和行为准则
5. "我跑得快""我是个能干的孩子""我会讲故事""我是个男孩"，这样的语言主要反映了幼儿（　　）方面的发展。
   A. 自我概念　　B. 形象思维　　C. 性别认同　　D. 道德判断

二、简答题

1. 父母陪伴对于幼儿健康成长有何意义？
2. 老师应当如何对待不同气质的幼儿？请举例说明。

三、案例分析题

在一项行为实验中，老师把一个大盒子放在幼儿面前，对幼儿说："这里面有一个很好玩的玩具，一会儿我们一起来玩。现在我要出去一下，你等我回来，我回来前，你不能打开盒子看，好吗？"幼儿回答："好的！"

老师把幼儿单独留在房间里。下面是两名幼儿在接下来的两分钟独处时的不同表现：

幼儿一：眼睛一会儿看墙角，一会儿看地上，尽量让自己不看面前的盒子。小手也一直放在自己的腿上，老师再次进来问："你有没有打开盒子看？"幼儿说："没有。"

幼儿二：忍了一会儿，禁不住打开盒子偷偷看了一眼。老师再次进来问："你有没有打开盒子看？"幼儿说"没有，这个玩具不好玩。"

请分析上述材料中两名幼儿各自表现出的行为特点。

第十一章　学前儿童的社会性

思维导图

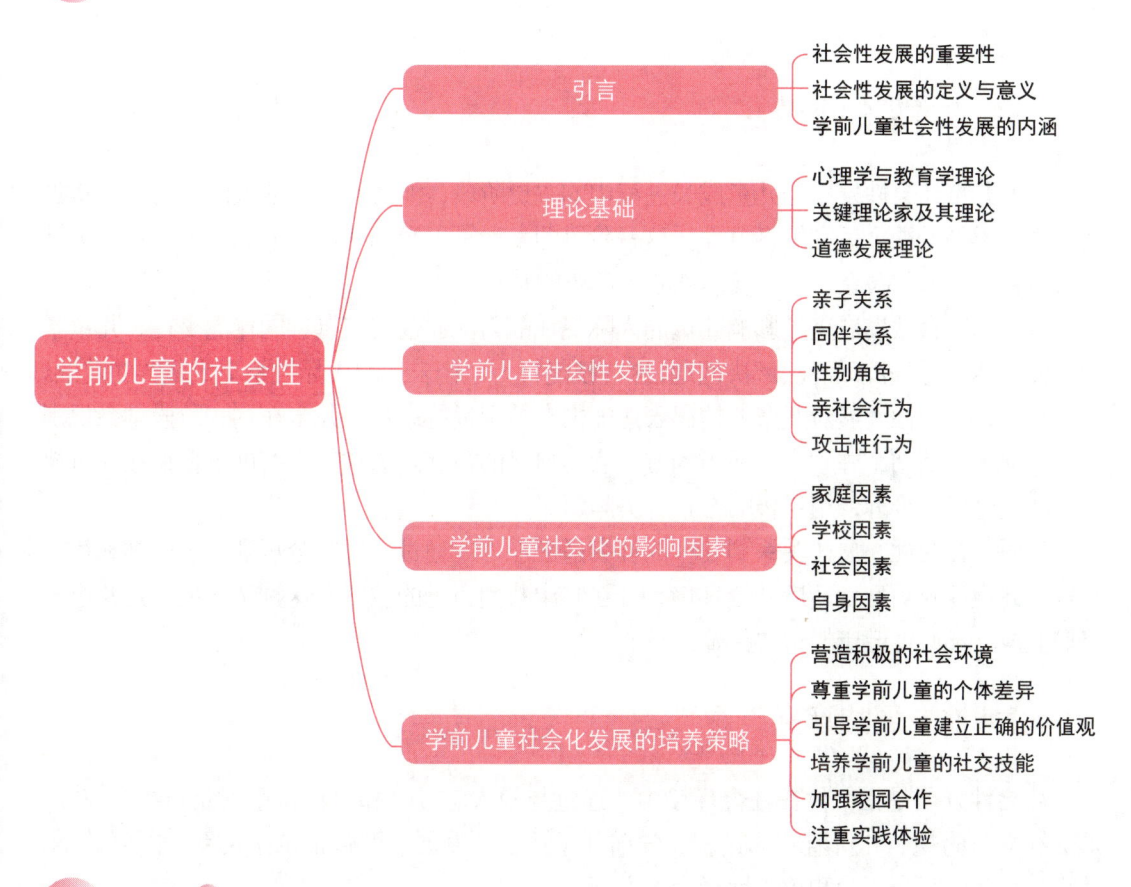

- 学前儿童的社会性
  - 引言
    - 社会性发展的重要性
    - 社会性发展的定义与意义
    - 学前儿童社会性发展的内涵
  - 理论基础
    - 心理学与教育学理论
    - 关键理论家及其理论
    - 道德发展理论
  - 学前儿童社会性发展的内容
    - 亲子关系
    - 同伴关系
    - 性别角色
    - 亲社会行为
    - 攻击性行为
  - 学前儿童社会化的影响因素
    - 家庭因素
    - 学校因素
    - 社会因素
    - 自身因素
  - 学前儿童社会化发展的培养策略
    - 营造积极的社会环境
    - 尊重学前儿童的个体差异
    - 引导学前儿童建立正确的价值观
    - 培养学前儿童的社交技能
    - 加强家园合作
    - 注重实践体验

内容提要

本章介绍了学前儿童社会性发展的概念、内容及相关影响因素，梳理了学前儿童社会性发展的相关理论基础，以及学前儿童社会化行为、社会关系和社会角色的认知。

学习目标

1. 知识目标：了解学前儿童社会性发展的内涵、特点和影响因素。
2. 能力目标：熟悉并掌握皮亚杰、克尔伯格、艾森伯格的社会道德发展阶段理论。
3. 素质目标：了解同伴关系的作用、特点和培养方法，熟悉性别角色意识的认知和学前儿童性别行为的发展。

第一节 引 言

一、社会性发展的重要性

学前儿童社会性发展是儿童成长过程中的关键阶段，涉及儿童与他人的互动、情感表达、规则遵循及社会适应等多方面。这一阶段的发展不仅影响儿童当前的行为模式，更是塑造他们未来人际关系、职业发展和心理健康的基石。

首先，社会性发展直接影响儿童的人际交往能力。通过与父母、同伴的交往，儿童学习如何表达情感、分享经验、解决问题，这些技能将为他们未来的人际关系奠定坚实的基础。

其次，社会性发展对儿童的情感表达能力有着深远的影响。儿童在这一阶段学会识别和理解他人的情绪，并学会用适当的方式表达自己的情感。这种能力有助于他们在面对挫折和冲突时保持冷静，用积极的方式解决问题。

最后，社会性发展还关系到儿童的社会适应能力。通过了解社会规则、价值观和行为规范，儿童能够更好地适应社会环境，并在其中找到自己的位置。这种适应能力是儿童未来职业成功和心理健康的重要保障。

二、社会性发展的定义与意义

社会性发展是指个体在社会环境中，通过与他人的互动和交往，逐渐获得社会技能、形成社会行为规范和价值观的过程。学前儿童社会性发展主要包括亲子关系、同伴关系、性别角色、亲社会行为和攻击性行为等方面。

亲子关系是儿童最早接触的社会关系，它对儿童的情感发展、认知发展和社会性发展都具有深远的影响。良好的亲子关系能够为儿童提供安全感和信任感，促进他们积极探索和学习。

同伴关系是儿童社会性发展的重要方面之一。通过与同龄人的交往，儿童学习如何分享、合作、竞争和解决问题。这些经验有助于他们形成积极的社会行为规范和价值观。

性别角色是儿童社会性发展的另一个重要方面。儿童在这一阶段开始形成对性别角色的认识和理解，并通过模仿和学习来形成自己的性别行为。这种性别角色的形成对儿童未来的性别认同和性别行为具有深远的影响。

亲社会行为和攻击性行为是儿童社会性发展中两种相反的行为模式。亲社会行为包括分享、合作、帮助他人等，这些行为有助于儿童建立积极的人际关系；而攻击性行为包括欺凌、打人、抢东西等，这些行为会对儿童的人际关系和心理健康造成负面影响。因此，培养儿童的亲社会行为，减少攻击性行为，对促进儿童的社会性发展具有重要意义。

三、学前儿童社会性发展的内涵

关于学前儿童社会性的内涵，更多的学者都是从社会关系、社会化行为、性别角色、社会道德认知四方面来展开讨论的。国家在《幼儿园教育指导纲要》等文件中也对幼儿园社会教育的内容做了相应的要求。其涵盖的内容范围较广，其中有几点有别于大多数学者的观点，这些内容包括：引导幼儿感受祖国文化、爱家乡、爱祖国，支持幼儿自主解决问题、克服困难，树立其自尊心和自信心等。综合各方对儿童社会性发展内容的规定，我们将从以下几方面来介绍这些内容。

（一）社会认知

儿童对这个社会的认知，是儿童情感、态度、价值观乃至行为的基础。人的一切活动是基于认识的行动，儿童也不例外。学前儿童的社会认知体现了他对这个世界的解读方式。社会认知主要是指儿童对他人的行为、情绪、关系、能力等做出的判断与思考的过程。儿童社会认知的过程即是基于儿童的经验及相关因素相互作用产生的心理活动，也需要通过儿童的心理活动。如果在社会认知上面没有得到良好的发展，儿童很容易产生认知偏差，这对儿童的发展十分不利。这种偏差会对儿童的心理产生影响，严重了甚至会危害儿童的生理健康。学前儿童的社会认知大概包括以下内容：自我认知、对他人和他人关系的认知、对社会环境的认知、对社会道德规范和环境的认知、对性别角色的认知。

（二）社会情绪情感

社会情绪情感是指儿童在社会化过程中体会到的他人的情绪，并培养出来的与人交往的情感。良好的社会情绪情感能给儿童带来有益的发展，有助于其在社会交往中保持良好的精神和行为状态，促进其社会交往。反之，不良的社会情绪情感，不加以引导和纠正，容易导致更严重的社会危害。学前儿童的社会情绪情感概括起来主要包括以下内容：①随着年龄增长，能识别他人基本的情绪情感，例如，基本的喜怒哀乐等；②随着社会交往的深入，能适当地表达自己的情绪感受，并在家长老师的引导下能合理地控制自己的情绪；③具有基本的同理心，能根据他人的情绪表现做出正确的反应；④喜欢和同伴玩耍，并能与同伴愉快相处；⑤能融入自己的集体和家庭，并且在集体和家庭中有集体荣誉感和组织认同感。

（三）社会行为

社会行为是指人在与人的交互中所产生的种种行为。学前儿童的社会行为主要是指学前儿童在与人的交互中所表现出的种种行为，这些行为既包括亲社会行为，也包括一些问题行为，其中，问题行为属于个别现象，应当加以引导。学前儿童的亲社会行为主要是指对于他人有益或对于社会有积极影响的行为。但儿童的亲社会行为的目的是多种多样的，可能不具备成人那么多的道德性，学前儿童亲社会行为归结起来大概包括以下内容：①愿意分享并且从分享中获得动力，愿意帮助他人；②善于在集体合作中展示自我，配合集体其他成员的活动，不具有独占性；③对他人的安慰与保护，这主要体现在对他人有同情倾向并试图通过语言和行为等方式关注他人的情绪情感；④在社会中遵守社会规则并且能调整自己的行为。

（四）社会关系

社会关系是指在社会环境中人与人的关系。它是人们在共同的物质和精神活动过程中所形成的一种角色联结。学前儿童的社会关系较简单，没有成年人那么复杂，他们处理社会关系的能力也较差。学前儿童的社会关系主要包括儿童与家庭成员的关系、儿童与同伴的关系、儿童与老师的关系、儿童与社会陌生人的关系。其中，学前儿童的社会关系一般指的是学前儿童的同伴关系。儿童的同伴关系是通过相互作用的过程表现出来的。从以往的研究来看，同伴关系的发展是促进幼儿发展的最有利因素。

（五）社会规范和道德

通常意义上的社会规范是指调整人与人之间社会关系的行为规范。以一定的社会关系为内容，目的是维护一定的社会秩序，包括风俗习惯、宗教规范、道德规范、社团章程、法律规范等。社会规范的产生和发展，都源于人们共同生产、生活的需要，也同时是人们共同生产、生活活动的规律性表现。不同种类的社会规范，反映了人们共同生产、生活的不同方面，对调整社会关系所起的作用各不相同。这里所说的社会规范主要是指社会道德规范，它对人的行为起着一定约束能力。学前儿童的社会道德规范包括社会道德认知、社会道德情感、社会道德意志和行为。学前儿童的社会道德规范总结起来大概有以下几点：①具有初步的道德认知，具有基本的是非对错的判断；②能够遵守相应的规则，并在相应的规则下做好已经决定要做的事情；③在与人交往的过程中，能遵守基本的交往礼仪，并且在集体组织活动中具有更多的亲社会行为；④面对具有一定难度的任务和作业，具有克服这些困难的信心和勇气；⑤在公共场合能基本遵守公共场合的秩序，能初步融入社会；⑥能接受自己的错误，并且接受老师和成人对自己的引导。

第二节 理 论 基 础

一、心理学与教育学理论

学前儿童社会性发展的理论基础主要来源于心理学和教育学领域。心理学理论关注学前儿童心理发展的规律和特点，为理解学前儿童社会性发展提供重要的理论支持；而教育学理论则关注学前儿童教育的原则和方法，为学前儿童社会性发展的教育实践提供了指导。

二、关键理论家及其理论

皮亚杰的认知发展理论：皮亚杰认为儿童的认知发展是一个逐步建构的过程，儿童通过与环境和他人的互动来构建自己的知识体系。在社会性发展方面，皮亚杰的理论强调了儿童在认知过程中的主动性和建构性，认为儿童通过社会互动来逐渐理解社会规则和价值观。

霍华德·加德纳的多元智能理论：加德纳认为人类智能是多样化的，包括语言智能、数学逻辑智能、空间智能、身体运动智能、音乐智能、人际智能、自我认知智能和自然观察智能等。在学前儿童社会性发展方面，多元智能理论强调了儿童在不同智能领域的差异性和多样性，为理解儿童社会性发展的多元性提供了理论支持。

依恋理论：依恋理论关注儿童与父母之间的情感联系和互动模式。该理论认为，儿童在成长过程中会形成不同的依恋类型（例如，安全型依恋、回避型依恋、焦虑型依恋等），这些依恋类型会影响儿童未来的社会性发展。在安全型依恋中成长的儿童更容易形成积极的社会行为规范和价值观。

【知识窗】

陌生情境实验

陌生情境实验是由美国心理学家艾恩斯沃斯等设计的一种心理实验，用来研究婴儿在陌生环境并与母亲分离后的行为和情绪表现。实验过程是母亲带婴儿进入实验场所（陌生环境），实验者作为陌生人出现在实验场所里，但不干涉母子的活动，片刻后母亲独自离开，由婴儿单独与实验者相处，由实验者观察婴儿的表现，再片刻后母亲返回。实验者记录这个过程中婴儿从始至终的行为和情绪表现情况。这个实验给婴儿提供了三种潜在的难以适应的情景：陌生环境（实验场所）、与亲人分离和与陌生人相处。通过测验来研究婴儿在这几种不同情境下表现出的探索行为、分离焦虑反应和依恋行为等。陌生情境大体包含8个片段（Episode）。

片段	现有的人	持续时间	情境变化
1	母亲、婴儿和实验者	30秒	实验者向母亲和婴儿做简单介绍
2	母亲、婴儿	3分钟	进入房间
3	母亲、婴儿、生人	3分钟	生人进入房间
4	婴儿、生人	3分钟以下	母亲离去
5	母亲、婴儿	3分钟以上	母亲回来、生人离去
6	婴儿	3分钟以下	母亲再离去
7	婴儿、生人	3分钟以下	母亲回来、生人离去
8	母亲、婴儿	3分钟	母亲回来、生人离去

> 【知识窗】
>
> **亲子关系类型**
>
> 1973年，爱因斯沃斯采用陌生情境（Strange Situation）测验，从婴儿和母亲的研究中界定了亲子关系的三种基本类型。
>
> （1）安全型关系（Securely Attached）。妈妈在这种关系中对孩子关心、负责。体验到这种依恋的婴儿知道妈妈的负责和亲切，甚至妈妈不在时也这样想。安全型婴儿一般比较快乐和自信。
>
> （2）焦虑—矛盾型关系（Insecurely Attached：ambivalent）。妈妈在这种关系中对孩子的需要不是特别关心和敏感。婴儿在妈妈离开后很焦虑，一分离就大哭。别的大人不易让他们安静下来，这些孩子还害怕陌生环境。
>
> （3）回避型关系（Insecurely Attached：Avoidant）。这种关系中的妈妈对孩子也不很负责。孩子则对妈妈疏远、冷漠。妈妈离开时孩子不焦虑，妈妈回来时孩子也不特别高兴。

社会学习理论：社会学习理论强调儿童通过观察他人的行为来学习社会规范和价值观。该理论认为，儿童会模仿他们认为值得学习的对象（例如，父母、老师、同伴等）的行为，并通过强化和惩罚来形成自己的社会行为规范和价值观。社会学习理论为学前儿童社会性发展的教育实践提供了重要的指导。

三、道德发展理论

（一）皮亚杰的道德发展理论

皮亚杰认为，儿童的道德发展是一个由他律逐步向自律、由客观责任感逐步向主观责任感的转化过程。皮亚杰通过观察儿童的活动，用编造的对偶故事同儿童交谈，考查儿童的道德发展问题，得出了三大研究成果，写成《儿童的道德判断》（1932年）一书。

皮亚杰三大研究成果的具体内容如下。

（1）儿童的道德发展既非天赋，也不是社会规则的直接内化，而是受主体与客体相互作用的强度影响。换言之，儿童的道德发展是人的自然天赋与相应的社会因素相互作用的结果。

（2）儿童的道德发展不仅取决于他对道德知识的了解，更重要的是取决于儿童道德思维发展的程度。儿童道德思维的发展是一个自主的理性思维发展过程。儿童是自己道德观点的构造者。

（3）儿童的道德发展是一个有明显阶段特点和顺序性的过程，与儿童逻辑思维的发展具有极大的相关性。

皮亚杰认为，儿童道德发展基础的思维结构有以下四个特点：第一，儿童道德发展的每一阶段都是一个统一的整体，而不是一些与孤立的行为片段相对应的道德观念的总和。

第二，在道德认知发展过程中，前一阶段总是融合到后一阶段，并被后一阶段所取代。第三，每个儿童都为建立他自己的综合体积极努力，而不只是去接受社会文化所规定的现成的模式。第四，道德认知发展的先在阶段是后继阶段的必要组成成分。各阶段的连续顺序是固定不变的，而且是普遍的。

皮亚杰将儿童的道德发展划分为四个阶段。

第一阶段为"自我中心阶段"或前道德阶段（2～5岁），该阶段儿童缺乏按规则来规范行为的自觉性，在亲子关系、同伴关系、价值判断等方面均表现出自我中心倾向。

第二阶段为"权威阶段"或他律道德阶段（6～8岁），该阶段儿童表现出对外在权威绝对尊重和顺从，把权威确定的规则看作绝对的、不可更改的，在评价自己和他人的行为时完全以权威的态度为依据。

第三阶段为"可逆性阶段"或初步自律道德阶段（8～10岁），该阶段儿童的思维具有了守恒性和可逆性，他们已经不把规则看作一成不变的东西，逐渐从他律转入自律。

第四阶段为"公正阶段"或自律道德阶段（10～12岁），该阶段的儿童继可逆性之后，公正观念或正义感得到发展，儿童的道德观念倾向主持公正、平等。

（二）科尔伯格的道德发展理论

道德发展阶段论是由美国心理学家劳伦斯·科尔伯格提出的。柯尔伯格在皮亚杰的道德发展理论的基础上，提出了道德判断能力的发展有三种水平六个阶段的理论。三种水平，即前世俗水平、世俗水平、后世俗水平。其中每种水平又有两个阶段，共六个阶段，即惩罚与服从的定向阶段、手段性的相对主义的定向阶段、人与人之间的定向阶段、维护权威或秩序的道德定向阶段、社会契约的定向阶段、普遍的道德原则的定向阶段。科尔伯格采用了杜威关于道德推理的三种发展水平的分类概念，在皮亚杰关于儿童道德判断发展阶段模式的基础上，经过大量专门研究，使之成为更精致、更全面和逻辑上更一致的道德发展阶段模式。科尔伯格最初用九个道德价值上相互冲突的两难情境故事，研究了75名10岁、13岁和16岁的儿童和青年，随后每隔3年重复一次，直至他们成长到22～28岁。当被试对两难情境做出道德判断后，主试提出一系列问题和他交谈，以查证他选择这个判断的思想基础。科尔伯格从被试的陈述中区分出30个普遍的道德属性，例如，公正、权利、义务、道德责任、道德动机和后果等，然后把儿童在交谈中表述的每个道德观念归属到180项分类表中的一个小项下（30个属性每一属性分为6个等级，合计180项）作为得分。儿童在某一阶段的得分在其全部表述数中所占的百分比，便是儿童在该阶段的判断水平。在对这些道德观念分类的基础上，科尔伯格按照杜威的概念把儿童的道德发展划为三种水平，又把每一水平细分为两个阶段。

1. 前习俗水平

这一水平上的儿童已能辨识有关是非好坏的社会准则和道德要求，但他是从行动的物质后果或是能否引起快乐（例如，奖励、惩罚、博取欢心等）的角度，或是从提出这些要求的人们的权威方面去理解这些要求的。这一水平包括两个阶段。

> **【知识窗】**
>
> 美国发展心理学家柯尔伯格设计了一个道德"两难"故事。要求被试在两难推论中做出是非判断并说明理由。这个故事讲的是：一个名叫海因茨的人，需要一种昂贵的特效药来拯救生命垂危的妻子，他向发明并控制这种药的药剂师提出先付一半的钱，另一半以后再付，却遭到药剂师的拒绝。海因茨为挽救妻子，若偷取药品就违背了社会"不许偷盗"的规则；若遵守社会规则，就只能让妻子等死。柯尔伯格提出了用"道德两难法"对儿童进行思想道德教育，从道德冲突中寻找正确的答案，以有效地发展儿童的道德判断力。

惩罚与服从的定向阶段。行动的物质后果决定这一行动的好坏，不理会这些后果所涉及的人的意义或价值。他们凭自己的水平做出避免惩罚与无条件服从权威的决定，而不考虑惩罚或权威背后的道德准则。在这个阶段，儿童主要关心的是置身于苦恼和避免痛苦、自由限制和忧虑。这个阶段相当于皮亚杰的"客观责任感"。

手段性的相对主义的定向阶段。正当的行动就是满足自己需要的行动，偶尔也包括满足别人需要的行动。人际关系犹如交易场中的关系，他们相互之间也有公正、对等和公平的因素，但往往是从物质的、实用的途径去对待。所谓对等，实际上就是"你对我好，我也就对你好"，谈不上什么忠诚、感恩或公平合理。儿童一心想自己的需要，但体会到别人也有正当的需要，从而他有时愿意为满足各方面的需要以平等的方式去"做出妥协"。

2. 习俗水平

这一水平上的儿童已能理解维护自己的家庭、集体或国家期望的重要性，而不理会那些直接的和表面的后果。儿童的态度不只是遵从个人的期望和社会的要求，而是忠于这种要求，积极地维护和支持这种要求，并为它辩护。对于这种要求有关的个人和集体也一视同仁。这一水平也包括两个阶段。

人与人之间的定向阶段。好的行为就是帮助别人、使别人愉快、受他人赞许的行为。这很大程度上是遵从一种老看法，就是遵从大多数人的或是"惯常如此的"行为。皮亚杰的"主观责任感"是在本阶段出现的。

维护权威或秩序的道德定向阶段。倾向权威、法则来维护社会秩序。正当的行为就是恪尽厥职、尊重权威及维护社会自身的安宁。儿童认识到社会秩序依赖个人乐于去"尽本分"和尊重适当建立的权威。

3. 原则水平

在这一水平上，人们力求对正当而合适的道德价值和道德原则做出自己的解释，而不管当局或权威人士如何支持这些原则，也不管他自己与这些集体的关系。这一水平也分为两个阶段。

社会契约的定向阶段。一般来说，这一阶段带有功利的意义。正当的行为被看作与个人的一般权利有关的行为，被看作曾为全社会所认可、其标准经严格检验过的行为。这里可以清楚地看到个人价值和个人看法的相对性，同时相应地强调为有影响的舆论而规定的那些准则。除按规章和民主商定的准则以外，所谓权利，实际上就是个人的"价值"和"看法"。这样就形成一种倾向"法定的观点"，所不同的是，这里的价值和看法可以根据合理的社会功利的理由改变法律与秩序（不是像阶段四那样固定在法律与秩序上）。在法定范围以外，双方应尽义务的约束因素就是自由协议和口头默契。这就是美国政府和宪法的"官方品德"。

普遍的道德原则的定向阶段。公正被看作与自我选择的道德原则（要求在逻辑上全面、普遍和一致相符的、由良心做出的决断，这些原则是抽象的、伦理的），例如，金箴（基督）、绝对命令（康德的）等。它们不是像圣经上"十诫"那样的具体的道德准则。这些实质上都是普遍的公正原则，人的权利的公平和对等原则，尊重全人类每个人的尊严的原则。

（三）艾森伯格的道德发展理论

艾森伯格的亲社会道德理论是在批判科尔伯格道德发展研究方法的基础上提出的。该理论认为，一个人做出道德判断的实质就是在满足自己的愿望、需要与满足他人的愿望、需要之间进行选择。在此基础上，她提出了儿童亲社会道德判断发展的五阶段理论，并启示我们：在以后的道德教育过程中，要采用与学生实际紧密联系的道德教育内容；采用情境教学，针对不同情境采用不同的教学策略。

艾森伯格及其合作者进行了许多纵向和横向研究，在此基础上归纳、总结出了关于儿童亲社会道德判断的5个阶段。

阶段1：享乐主义的、自我关注的推理。助人与不助人的理由包括个人的直接得益、将来的互惠，或者是由于自己需要或喜欢某人才关心他。

阶段2：需要取向的推理。当他人的需要与自己的需要发生冲突时，儿童对他人的身体的、物质的和心理的需要表示关注。儿童仅仅是对他人的需要表示简单的关注，并没有表现出自我投射性的角色采择、同情的言语等。

阶段3：赞许和人际取向、定型取向的推理。儿童在证明其助人与不助人的行为时所提出的理由是好人或坏人、善行或恶行定型形象，他人的赞许和认可等。

阶段4：分为两个阶段。

阶段4a：自我投射性的移情推理阶段。儿童的判断中出现自我投射性的同情反应或角色采择，他们关注他人的人权，注意到与一个人的行为后果相联系的内疚感或肯定情感。

阶段4b：过渡阶段。儿童选择助人与不助人的理由涉及内化了的价值观、规范、责任和义务，对社会状况的关心，或者提到保护他人权利和尊严的必要性等。但是，儿童并没有清晰而强烈地表述出这些思想来。

阶段5：强有力的内化推理。儿童决定是否助人的主要依据是他们内化了的价值观、规范或责任，尽个人和社会契约性的义务、改善社会状况的愿望等。此外，儿童还提到与实践自己价值观相联系的否定或肯定情感。

艾森伯格对亲社会道德判断的这5个阶段做了比较谨慎的说明，她没有把它们看作具有普遍性的，也没有把它们之间的顺序看作固定不变的。她仅认为自己勾画出了"美国中产阶级儿童发展的（一种）描述性的与年龄有关的顺序"。但是，国外许多心理学工作者利用艾森伯格的亲社会两难故事在德国、以色列、日本和西太平洋的巴布亚新几内亚等地所做的跨文化研究表明，尽管不同文化背景下的儿童的亲社会道德判断存在一定的差异，但他们的亲社会道德判断发展过程与艾森伯格提出的关于儿童亲社会道德判断的发展阶段基本一致。也就是说，艾森伯格的关于儿童亲社会道德判断的理论在很大程度上得到了跨文化研究的支持，具有一定的普遍性。

第三节　学前儿童社会性发展的内容

一、亲子关系

（一）亲子关系的重要性

亲子关系，作为儿童最初、最基本的人际关系，对儿童的社会性发展具有至关重要的影响。它不仅关系儿童的情感安全、心理健康，还直接影响儿童的人格形成和未来的社会适应能力。良好的亲子关系能够为儿童提供一个稳定、温暖的成长环境，有助于培养儿童的自信心、安全感和自尊心，为其未来的社会性发展奠定坚实的基础。

（二）依恋理论与亲子交往

依恋理论是解释亲子关系对儿童社会性发展影响的重要理论之一。根据依恋理论，儿童与主要抚养者（通常是母亲）之间建立的亲密关系，是儿童社会性发展的起点。依恋关系的形成和发展，取决于抚养者的敏感性和反应性。当抚养者能够敏感地察觉并适当地回应儿童的需求时，儿童就会形成安全的依恋关系，这种关系有助于儿童形成积极的自我认知，发展出良好的社会技能和情绪调节能力。

在亲子交往中，抚养者的行为方式和态度对儿童的社会性发展有着深远的影响。例如，抚养者的温暖、关爱和支持能够增强儿童的自信心和自尊心，促进儿童形成积极的社会态度和行为。相反，抚养者的冷漠、忽视或过度控制则可能导致儿童形成消极的社会态度和行为，影响其未来的社会性发展。

二、同伴关系

（一）同伴关系的特点

同伴关系是儿童社会性发展的重要组成部分。与亲子关系相比，同伴关系具有更多的平等性、互惠性和自主性。同伴关系的发展，有助于儿童学习社交技能、建立友谊、培养合作意识和团队精神。在同伴交往中，儿童可以学习如何与他人相处、如何分享、如何协商和妥协等重要的社会技能。

（二）冲突解决与合作

在同伴关系中，冲突和合作是不可避免的。冲突解决与合作能力是儿童社会性发展的重要体现。当儿童面临冲突时，他们需要学习如何控制自己的情绪、如何表达自己的观点、如何倾听他人的意见及如何找到双方都能接受的解决方案。这些能力的发展，不仅有助于儿童解决当前的冲突，还有助于他们形成积极的社会态度和行为习惯，为其未来的社会性发展打下良好的基础。

合作是同伴关系中另一个重要的社会技能。通过合作，儿童可以学会如何与他人共同完成任务、如何分享资源和成果及如何相互支持和帮助。这些能力的发展，有助于儿童形成团队精神、增强集体荣誉感和归属感，为其未来的学习和工作奠定坚实的基础。

三、性别角色

（一）性别角色的定义

性别角色是指个体在社会化过程中形成的与性别相关的行为模式和心理特征。在学前阶段，儿童开始对自己的性别有所认识，并逐渐形成与性别相关的行为模式和心理特征。性别角色的形成和发展，受到多种因素的影响，包括生理因素、社会因素和文化因素等。

（二）学前儿童性别角色发展

在学前阶段，儿童的性别角色发展主要表现为对性别的初步认识和对性别角色的模仿。儿童开始注意到男性和女性在行为、服装和玩具等方面的差异，并逐渐形成与性别相关的行为模式和心理特征。例如，男孩可能更喜欢玩汽车、枪等玩具，而女孩可能更喜欢玩娃娃、过家家等游戏。

在这个阶段，家庭和社会环境对儿童的性别角色发展具有重要影响。家庭是儿童性别角色发展的主要场所之一。父母的行为和态度、家庭氛围及家庭中的性别分工等因素都会对儿童的性别角色发展产生影响。同时，社会环境中的性别刻板印象和性别歧视也会对儿童的性别角色发展产生负面影响。

因此，在家庭和社会教育中，应该注重培养儿童的性别平等意识，尊重儿童的性别选择，避免对儿童进行性别刻板印象的灌输和歧视。同时，还应该为儿童提供多样化的游戏和活动机会，让儿童在自由、平等、尊重的环境中自由探索和发展自己的性别角色。

四、亲社会行为

（一）亲社会行为的定义

亲社会行为是指个体在社会交往中表现出的积极、友善、助人和合作等行为。这些行为有助于维护社会秩序、促进人际关系和谐及推动社会的发展和进步。在学前阶段，培养儿童的亲社会行为对其未来的社会性发展具有重要意义。

（二）学前儿童亲社会行为培养

在学前阶段，培养儿童的亲社会行为需要从多方面入手。首先，家庭是儿童亲社会行为培养的重要场所之一。父母应该以身作则，为儿童树立良好的榜样，表现出友善、助人和合作等亲社会行为。同时，父母还应该关注儿童的情感需求，给予儿童足够的关爱和支持，让儿童在温暖、安全的环境中健康成长。

其次，幼儿园也是培养儿童亲社会行为的重要场所之一。幼儿园应该为儿童提供多样化的游戏和活动机会，让儿童在游戏中学习和体验亲社会行为。同时，幼儿园还应该注重培养儿童的合作意识和团队精神，让儿童在集体活动中学会与他人合作、分享和互助。

最后，社会也应该为儿童提供亲社会行为培养的机会和环境。例如，通过开展志愿者服务、社会公益活动等方式让儿童接触社会、了解社会并为社会作出贡献。这些活动不仅有助于培养儿童的亲社会行为，还有助于增强儿童的社会责任感和公民意识。

五、攻击性行为

（一）攻击性行为的定义

攻击性行为是指个体在社会交往中表现出的伤害他人身体或心理的行为。这些行为可能包括打人、咬人、推人等身体攻击行为及侮辱、嘲笑等心理攻击行为。攻击性行为不仅会对他人造成伤害，还会影响儿童的社会性发展。

（二）攻击性行为的预防和减少

预防和减少儿童的攻击性行为需要从多方面入手。首先，家庭应该为儿童提供一个温暖、安全、稳定的成长环境，让儿童感受到父母的爱和支持。同时，父母还应该关注儿童的情感需要，及时发现并解决儿童的心理问题，避免儿童因为情绪不稳定而产生攻击性行为。

其次，幼儿园应该注重培养儿童的社交技能和情绪调节能力，让儿童学会如何与他人相处、如何表达自己的情感和需要及如何控制自己的情绪。同时，幼儿园还应该为儿童提供多样化的游戏和活动机会，让儿童在游戏中学习和体验合作、分享和互助等亲社会行为，从而减少对攻击性行为的模仿和学习。

最后，社会也应该为儿童提供一个安全、和谐、友善的环境，避免儿童受到不良信息和行为的影响。同时，社会还应该加强对儿童的教育和监管，及时发现和制止儿童的攻击性行为并对其进行适当的引导和教育。

综上所述，学前儿童社会性发展的内容涵盖了亲子关系、同伴关系、性别角色、亲社会行为和攻击性行为等多方面。为了促进学前儿童的社会性发展，我们需要从多方面入手，包括家庭、幼儿园和社会等多层面，共同努力为学前儿童提供一个温暖、安全、稳定、和谐的社会环境，让学前儿童在自由、平等、尊重的氛围中健康成长。

第四节　学前儿童社会性的影响因素

一、家庭因素

在儿童的成长过程中，家庭环境对其社会性发展有着深远的影响。其中，家庭结构和家庭关系是两个至关重要的因素。

在家庭结构方面，核心家庭因其成员单一、人际关系简单，使父母与孩子之间的互动更为频繁和紧密。这种互动模式有助于孩子形成稳定的安全感，但也可能因独生子女家庭中的过度溺爱或物质投入，导致孩子产生依赖性强、自私、难独立等性格。非独生子女家庭则通过子女间的交往，促进了孩子的社会交往技能，但也可能因资源分配不均等问题使孩子心理失衡。

在家庭关系方面，一个和谐和睦的家庭氛围对孩子的社会性发展至关重要。当家庭关系融洽时，孩子会在充满爱的环境中成长，这种环境会让他们更加自信、开朗，并愿意与他人建立良好的社交关系。例如，一个家庭经常组织家庭聚会、旅行等活动，父母与孩子之间、孩子与孩子之间都会频繁交流，这种氛围下，孩子自然学会了如何与人相处、如何分享和合作。

然而，如果家庭关系紧张或存在冲突，孩子可能会感到不安、恐惧或无助，这些负面情绪会阻碍他们的社会性发展。例如，在单亲家庭中，孩子可能因为家庭变故而感到孤独、自卑，甚至对社交产生恐惧。但如果这些孩子能得到老师和家长的正确引导和支持，他们也能逐渐克服这些障碍，走向成功。

因此，为了促进儿童的社会性发展，我们需要关注家庭结构和家庭关系这两方面。对于核心家庭和非独生子女家庭，我们需要引导父母合理分配资源、关注孩子的心理健康；对于单亲家庭和隔代抚养家庭，我们需要提供更多的社会支持和帮助，让孩子在充满爱的环境中健康成长。同时，我们也需要教育孩子学会理解和尊重不同的家庭结构和家庭关系，培养他们的社会适应能力和人际交往能力。

二、学校因素

幼儿园作为学前儿童成长的重要场所，其影响在儿童社会性发展中占据着举足轻重的地位。这种影响不仅来源于幼儿园的物质环境，更来自其内部的人际关系和教育模式。

首先，物质环境对学前儿童的社会性发展有着潜移默化的影响。例如，当儿童在一个宽敞明亮的教室中玩耍，充足的玩具和丰富的活动材料让他们能够自由选择、自由探索，这样的环境往往能培养出儿童友好、分享和合作的行为。相反，如果物质条件匮乏，例如，玩具数量不足，儿童在争夺玩具的过程中可能会出现冲突和攻击性行为，这无疑会对他们的社会性发展造成负面影响。

某幼儿园在物质环境上投入了大量资源，为孩子们提供了宽敞的活动空间和丰富的活动材料。在这样的环境中，孩子们经常自发地组织各种小组活动，例如，合作搭建积木、共同绘制大幅壁画等。这些活动不仅锻炼了孩子们的合作能力，还让他们学会了分享和尊重他人。

其次，幼儿园的人际关系对学前儿童的社会性发展也有着重要影响。其中，师幼关系是最为关键的一环。老师作为儿童在学校中的"重要他人"，他们的言行举止、情感态度都会对儿童产生深远的影响。当老师给予儿童充分的关爱、尊重和信任时，儿童往往会表现出更多亲社会行为，例如，乐于助人、关心他人等。同时，老师也是儿童模仿的重要对象，他们的行为模式、情感态度都会成为儿童学习的榜样。

以一位深受孩子们喜爱的老师为例，她总是以温和的态度对待每个孩子，耐心倾听他们的心声，给予他们充分的支持和鼓励。在她的引导下，孩子不仅学会了如何与他人友好相处，还学会了如何面对挫折和困难。这位老师的言行举止成为孩子学习的榜样，他们纷纷效仿她的行为模式，形成了积极向上的班级氛围。

除师幼关系外，同伴关系也是影响学前儿童社会性发展的重要因素。同伴之间的交往是儿童社会性发展的重要途径之一。在同伴交往中，儿童可以学会如何与他人沟通、协商和合作，同时也可以学会如何处理冲突和矛盾。良好的同伴关系有助于儿童形成积极的自我概念和健康的人格特质。

某幼儿园的两个小朋友一开始因为性格不合而经常发生冲突，在老师的引导下，他们逐渐学会了如何沟通、协商和合作。他们一起参加各种活动，共同完成任务，逐渐建立了深厚的友谊。在这个过程中，他们不仅学会了如何与他人相处，还学会了如何面对挫折和困难。这种良好的同伴关系对他们的社会性发展产生了积极的影响。

综上所述，幼儿园的教育和影响在儿童社会性发展方面起着十分重要的作用。通过优化物质环境、建立良好的人际关系和采用科学的教育方法，我们可以为学前儿童创造一个有利于他们社会性发展的良好环境。

三、社会因素

在探讨社会因素对幼儿成长的影响时，我们不得不认识到，这是一个多维度、复杂交织的过程。社会因素，涵盖了政治、经济、文化及社区环境等多个层面，对幼儿的社会性塑造起着至关重要的作用。

首先，政治和意识形态在塑造幼儿社会性方面起着决定性的作用。一个国家的政治环境和意识形态不仅影响着教育目的和教育方向，更在无形中塑造着幼儿的世界观、价值观及道德观念。因此，在幼儿教育中，我们必须重视政治和意识形态的正面引导，确保幼儿形成正确的社会认知。

其次，文化作为人类文明的重要产物，对幼儿的影响同样深远。不同的文化背景孕育了不同的教育理念和教育方式。例如，中国传统文化强调以礼待人、长幼尊卑，因此，在教育中，我们注重培养幼儿的礼貌和规矩，让他们从小就明白长幼有序的道理。而欧美文化则更加注重培养孩子的自我独立能力，鼓励孩子独立思考、自主行动。这种差异使不同文化背景下的幼儿在性格、行为习惯等方面呈现出不同的特点。

社区环境也是影响幼儿社会性发展的重要因素。社区环境的不同会对幼儿的社会认知、社会交往等方面产生不同的影响。例如，农村孩子由于环境开放，与同伴的关系往往更加亲密；而城市孩子由于居住环境相对封闭，与同伴的交往较少，但在交往方面更为主动和自信。因此，我们应该重视社区环境的建设，为幼儿提供一个良好的成长环境。

此外，社会媒介的发展也对幼儿的社会性发展产生了深远的影响。随着新媒体的普及，幼儿接触到的信息更加丰富、快捷。然而，这也带来了一些问题。例如，网络和手机媒介上的不良内容可能会对幼儿产生负面影响，让他们形成错误的认识和行为。因此，我们应该加强对社会媒介的监管，确保幼儿接触到的是积极、正面的信息。同时，老师和家长也应该引导幼儿正确使用社会媒介，培养他们的自控能力和辨别能力。

综上所述，社会因素对幼儿的成长具有不可忽视的影响。我们应该从多方面入手，为幼儿营造一个良好的成长环境，确保他们能够在健康、积极的环境中茁壮成长。

四、自身因素

无论是社会还是家庭、学校，这些影响儿童社会性发展的因素都是外界的，而外界的环境要作用于孩子，并对孩子的社会性发展产生影响，需要通过儿童心理活动才能起到影响的作用。所以，儿童自身的因素对儿童社会性发展的影响是十分重要的一个因素。

心理学家认为，儿童的社会性发展和儿童的社会认知发展是相辅相成的。儿童的某些社会性行为只有在儿童的社会认知发展到一定水平的基础上才能显现出来。因此，儿童的社会性发展特点都可以从相应的认知阶段中找到根源。例如，只有在孩子认知到与同伴相处交流的相关规则，以及友好相处的意义的基础上，并且知道与同伴相处的各种规则，才能形成良好的亲社会行为。

另外，儿童的气质类型也是儿童心理活动的动力之源。心理学家托马斯等把婴儿的气质类型划分为容易型、困难型、迟缓型三种类型。不同儿童的不同气质类型对儿童的社会认知和行为方式都有影响。例如，多血质的儿童性格较活泼，因此在与他人的交往过程中，也更加积极主动，自然他的社会交往能力也较强。但是，这样的孩子也有缺陷。虽然他的交际能力强，但往往交往对象容易发生变化。因此，多血质类型的儿童兴趣广泛，但同时注意力也容易分散。

第五节　学前儿童社会性发展的培养策略

学前儿童社会化发展是儿童成长过程中的重要阶段，它涉及学前儿童与社会的互动，以及在这一过程中逐渐形成的价值观、行为规范、社交技能等。为了有效地促进学前儿童的社会化发展，我们需要采取一系列的培养策略。以下是对这些策略的详细阐述。

一、营造积极的社会环境

首先，要营造一个充满爱、尊重和接纳的社会环境，让学前儿童感受到安全和自由，愿意与他人互动和分享。在家庭和幼儿园中，父母和老师应该以身作则，树立良好的社交榜样，用积极的语言和行为影响学前儿童。同时，要为学前儿童提供多样化的社交机会，例如，集体游戏、角色扮演等，让他们在实践中学习和成长。

二、尊重学前儿童的个体差异

每个学前儿童都是独一无二的，他们的发展速度和方式各不相同。在培养学前儿童社会化发展的过程中，我们应该尊重学前儿童的个体差异，了解他们的需求和兴趣，提供个性化的教育方案。通过观察和评估，我们可以发现每个学前儿童的长处和短处，从而为他们提供有针对性的支持和指导。

三、引导学前儿童建立正确的价值观

价值观是学前儿童社会化发展的核心要素之一。在培养学前儿童社会化发展的过程中，我们应该注重引导学前儿童建立正确的价值观，例如，尊重他人、关心集体、热爱劳动等。通过故事、游戏等方式，我们让学前儿童了解这些价值观的内涵和意义，并在日常生活中加以实践。同时，我们要及时表扬和奖励学前儿童的积极行为，增强他们的自信心和自尊心。

四、培养学前儿童的社交技能

社交技能是学前儿童社会化发展的重要组成部分。在培养过程中，我们应该注重培养学前儿童的倾听、表达、合作、分享等社交技能。通过角色扮演、情境模拟等方式，我们让学前儿童模拟真实的社交场景，学习如何与他人进行有效的沟通和互动。同时，我们要关注学前儿童的情绪管理能力，帮助他们学会识别自己的情绪，理解他人的情绪，并学会用适当的方式表达自己的情绪。

五、加强家园合作

家庭是学前儿童社会化发展的第一课堂。在培养过程中，我们要加强家园合作，形成教育合力。通过定期的家访、家长会等方式，了解学前儿童在家的表现和家长的教育需求，为家长提供有针对性的指导和支持。同时，我们要鼓励家长积极参与幼儿园的教育活动，与学前儿童一起学习和成长。

六、注重实践体验

学前儿童的社会化发展需要在实践中不断体验和探索。在培养过程中，我们要注重为学前儿童提供实践机会，让他们在实践中学习和成长。例如，可以组织学前儿童参加社区活动、志愿者服务等活动，让他们亲身体验社会生活，了解社会的多样性和复杂性。

综上所述，学前儿童社会化发展的培养策略是一个系统工程，需要我们从多方面入手，营造积极的社会环境、尊重学前儿童的个体差异、引导学前儿童建立正确的价值观、培养学前儿童的社交技能、加强家园合作及注重实践体验等。只有这样，我们才能有效地促进学前儿童的社会化发展，为他们未来的成长打下坚实的基础。

【真题演练】

一、选择题

1. 学前儿童社会化发展的基础是（　　）。
   A. 亲子关系　　B. 身体健康　　C. 学习能力　　D. 遗传因素
2. 在学前儿童社会性发展中，（　　）是同伴关系的特点。
   A. 依赖性　　B. 竞争性　　C. 平等性　　D. 服从性
3. （　　）不是学前儿童性别角色发展的内容。
   A. 性别认同　　B. 性别稳定性　　C. 性别恒常性　　D. 性别优劣性
4. 在学前儿童社会性教育中，（　　）是培养亲社会行为的有效途径。
   A. 惩罚　　B. 榜样示范　　C. 忽视　　D. 过度保护

5. （　　）可以预防学前儿童的攻击性行为。
   A. 增加玩具数量　　　　　　　　B. 严格惩罚
   C. 忽视不理　　　　　　　　　　D. 鼓励儿童竞争
6. （　　）不是影响学前儿童社会性发展的家庭因素。
   A. 家庭氛围　　　　　　　　　　B. 父母的职业
   C. 父母的教养方式　　　　　　　D. 父母的学历
7. 在幼儿园中，（　　）活动最有利于学前儿童社会性发展。
   A. 个人游戏　　B. 集体游戏　　C. 学术课程　　D. 午睡时间
8. 在学前儿童社会性发展的教育原则中，（　　）是首要的。
   A. 尊重个体差异　　　　　　　　B. 强调集体纪律
   C. 追求快速成效　　　　　　　　D. 忽视儿童情感
9. （　　）强调了亲子关系在学前儿童社会性发展中的重要性。
   A. 依恋理论　　　　　　　　　　B. 认知发展理论
   C. 行为主义理论　　　　　　　　D. 人本主义理论
10. （　　）不是学前儿童社会性发展的主要内容。
    A. 亲子关系　　B. 语言表达　　C. 性别角色　　D. 亲社会行为

二、案例分析题

分析题一

材料：在幼儿园的观察中，老师发现小明经常独自一人玩耍，不喜欢与其他小朋友交流，也不愿意参与集体活动。在家庭中，小明的父母工作繁忙，很少有时间陪伴他，多数时间小明都是与爷爷奶奶在一起。请分析小明在社会化发展过程中可能遇到的问题，并提出建议。

分析题二

材料：

小红在幼儿园里非常受欢迎，她总是乐于助人，愿意与其他小朋友分享玩具和食物。然而，最近小红的父母发现她在家里变得有些霸道，不愿意与家人分享自己的东西，甚至对弟弟有些欺负行为。请分析小红在家庭和幼儿园中不同行为表现的原因，并提出解决方案。

篇章五

心理健康发展

第十二章　学前儿童的心理健康

思维导图

- 学前儿童的心理健康
  - 学前儿童心理健康概述
    - 学前儿童心理健康
    - 学前儿童心理健康的标准
  - 影响学前儿童心理健康的因素
    - 生理因素
    - 心理因素
    - 社会因素
  - 学前儿童心理健康的培养策略
    - 学前儿童心理健康教育的基本原则
    - 改善学前儿童心理与行为的基本方法
  - 学前儿童常见心理健康问题的诊断与应对策略
    - 自闭症
    - 攻击性行为
    - 多动症
    - 焦虑症

内容提要

学前儿童这个年龄段的心理健康对其以后一生的发展都有影响，其情绪情感、行为、个性心理品质等方面都将实现长足的发展，这个时期要重视对学前儿童心理健康可能产生影响的各种因素，并且从环境创设、活动开展、家园合作等三方面做出积极努力，给学前儿童打造良好的心理成长环境。同时，我们也需要认识到个别学前儿童的心理健康问题，及早做出应对，从而实现学前儿童心理健康发展。

学习目标

1. 知识目标：了解学前儿童心理健康的标准及必备要素。
2. 能力目标：掌握会对学前儿童心理健康发展产生影响的因素，熟练掌握促进学前儿童心理健康发展的各项策略。
3. 素质目标：关注学前儿童心理健康问题，及早做出诊断及应对。

第一节 学前儿童心理健康概述

心理健康是一个十分复杂的、动态发展的心理状态，涉及医学、心理、社会、教育等方面。一个人的心理状况是动态变化的过程，心理健康代表的是个人心理状态处于平衡状态。

一、学前儿童心理健康

心理健康是一种良好而持续的心理状态与过程，表现为个人具有生命的活力、积极的内心体验、良好的社会适应性，并能有效地发挥个人的身心潜力和积极的社会能力。判断学前儿童的心理是否健康，需要根据具体情况来综合考量。既要考虑学前儿童的个性心理品质和日常行为习惯，又要考虑学前儿童的情绪情感状态、社会适应性和其在生活中是否出现重大事件等方面。因此，判断学前儿童的心理是否健康，往往需要专业人士经过严谨调查后，依据科学的心理学理论，才能得出结论。在教育实践活动中，学前儿童的家长及保教人员如果能及早发现学前儿童的心理或行为异常，并尽早送学前儿童去专业机构接受检查、诊断，则可以最大程度降低其日后的矫正与治疗难度。

二、学前儿童心理健康的标准

学前儿童心理健康标准是学前儿童心理健康概念的具体化。学前儿童心理健康的表现常有以下几种。

1. 智力发育正常

智力是个体观察、领悟、想象、思维、推理等多种心理能力的综合体现，是判断学前儿童心理健康的重要标志之一。正常情况下，智力会随着年龄的增加而提高。正常发育的个体，智力发展水平应与其实际年龄相称。若学前儿童在生活中表现出明显的智力迟钝，则需要借助智力测试判断其是否为智力发育迟缓。智商（IQ）在 80 分以上属智力正常，智商低于 70 分属智力落后。智力发展落后于实际年龄，则属于心理发育异常，是造成儿童学习困难的主要原因之一。另外，少数儿童具有超常的智力或具有特殊才能，这部分儿童如果心理发展不平衡，也可能伴有适应能力缺陷。

2. 稳定的情绪

情绪稳定是学前儿童心理健康的重要表征。健康的情绪有以下特征：

（1）其情绪的变化必然有一定的原因，并随着事件的发展而变化。因成功而高兴、因失败而失落，其表现的强度和时间长短都是适当的。如果学前儿童表现为长时间的高兴或失落，又或者无缘由地出现心情起落现象，都可能是学前儿童心理健康出现问题的征兆。

（2）常处于愉快的心境，良好的情绪情感体验多于不好的情绪情感体验。学前儿童能够调节自己的情绪情感，不轻易发怒或情绪极端激动，情绪情感整体上表现为比较良好的状态。

3、能正确认识自己

正确的自我观念是儿童社会性良好发展的前提。学前儿童的自我意识虽然还不成熟，但对于个体的人格发展和适应能力发展仍起着至关重要的作用。通过与同伴、成人的交往，学前儿童逐渐获得自我认知、自我评价。学前儿童的自我认知、自我评价极不稳定，可能因某个偶然的事件而转变对于自己的评价。如果学前儿童长期处于自我评价过低或过高的状态，不当的自我评价就会逐步稳定下来，成为儿童评价自己的惯常态度。

4、有良好的人际关系

社会性发展是学前儿童心理发展的一项重要内容。心理健康的儿童有积极、良好的人际关系，能够尊重、理解他人，并能用友善、宽容的态度与同伴交往。他们在同伴面前能做到真诚坦率，能够信任对方并得到对方信任，建立起融洽的人际关系。

5、稳定协调的个性

个性是指个体所表现出的比较稳定且与他人相区别的心理特性和行为模式，它是在先天素质的基础上，通过与外部环境长期相互作用而逐渐形成的思维习惯和行为模式。个性系统的心理结构（也称人格结构）由个性倾向性（包括动机、兴趣、理想等）、个性心理特征（包括气质、能力与性格）和"自我"三部分组成。其中，气质、性格和"自我"是人格的重要部分。人格表现为一个人的整个精神面貌。心理健康者的个性系统相对稳定、协调。

6、热爱生活

心理健康者热爱生活，能深切感受生活的美好和生活中的乐趣，积极憧憬美好的未来；能在生活中充分发挥自己各方面的潜力，不因遇到挫折和失败而对生活失去信心；能正确对待现实困难，及时调整自己的思想方法和行为策略以适应各种不同的社会环境。

7、心理活动与心理发展年龄特征相适应

不同年龄阶段应有相应的心理活动特点，例如，儿童、青少年应是朝气蓬勃，而老年人应稳重、老练。心理健康者的心理活动与心理发展年龄特征应是相适应的。

第二节　影响学前儿童心理健康的因素

要想促进学前儿童心理健康发展，我们首先要了解影响学前儿童心理健康发展的因素。这些影响学前儿童心理健康发展的因素包括生理因素、心理因素和社会因素。

一、生理因素

（一）遗传素质

遗传素质是个体发展的物质前提，为个体发展提供了可能性和限制。遗传素质对儿童出现发育迟缓和患精神疾病的概率有着重要的影响，婴儿孤独症、儿童精神分裂症和儿童多动综合症的发生和发展均与遗传素质有关。

（二）孕期状况

孕妇的健康状况和孕期的环境对于胎儿的心理健康存在一定的影响。例如，孕妇患病、用药，情绪不稳定，不健康的生活方式或长时间暴露在对人体有害的环境中，都可能增加婴儿出生后患情绪障碍或心理疾病的概率。

（三）后天生理发育不良、疾病或损伤

生理发展为心理发展提供了基础。学前儿童的生理发展快慢或身体遭受严重损坏甚至残疾，都将对其心理发展产生影响。

一方面，因意外伤害或患病导致的脑损伤可能直接引发学前儿童智力低下、失语、失明、失聪等，从而影响学前儿童心理健康发展。另一方面，因意外伤害或患病导致的身体严重损伤或残疾，如果未得到及时引导，则学前儿童难以对自身形成正确的认识和评价，容易形成自卑、退缩的性格，甚至发展出反社会人格。

二、心理因素

（一）动机

动机是个体为满足自身生理或心理需要而发动和维持行动的心理倾向或内部驱力。需要是个体对生存和发展的一定要求。一方面，如果学前儿童的需要长期得不到满足或动机主导的行为频繁失败，则容易导致学前儿童处于焦虑、紧张、恐惧等情绪中，最终发展出冷漠、孤独的心态。另一方面，如果学前儿童的需要总是被无条件满足，那么学前儿童在

3 岁以后的人格发展可能受到阻碍。由于缺乏处理动机冲突和锻炼心理承受能力的机会，学前儿童的意志力、社会交往能力和自我意识等方面的发展会受到不同程度的影响。

（二）自我意识

学前儿童的自我意识还处于发展阶段，尚不成熟稳定，但对其长期的人格发展仍然起着至关重要的作用。自我意识发展的初期，学前儿童通过与外界互动并获取反馈的方式来认识自己。例如，某动作自己是否能够完成，某任务自己是否胜任，自己是否得到了他人认可。在日常生活中，总是被成人否定或与同伴交往屡屡受挫的学前儿童，一般自尊心较低、沟通协作能力较差，更容易形成执拗、孤僻、退缩甚至是攻击性行为等行为和情绪障碍。

（三）情绪

长期的消极情绪对学前儿童的心理健康有严重的不良影响。例如，长期的焦虑情绪会让学前儿童夸大自己的失败和缺点，甚至是否定自己的各方面能力，最后发展出自卑的人格。长期遭受恐惧袭扰的学前儿童，会对周围环境缺乏安全感，总是小心翼翼不敢尝试和探索。除此之外，慢性恐惧还会使人体免疫力下降，增加感染细菌和病毒的风险。

三、社会因素

（一）家庭

家庭是学前儿童成长的第一环境，学前儿童在家庭中待的时间最长，受到家庭的影响最深刻，包括家庭的成员结构、家庭关系和家庭教养方式等，都会对学前儿童的心理健康产生影响。

1. 成员构成

家庭成员的结构会对学前儿童心理健康成长产生影响，完整和谐的家庭有利于学前儿童的心理健康成长。

一般情况下，多子女家庭中的孩子争取资源的情况会比独生子女家庭更多，而前者往往可以给孩子提供更长时间、更深层次的同伴交往机会；单亲家庭中，监护人往往要独自面对工作和家务压力，导致学前儿童得不到足够的关注；留守儿童一般由祖父母、外祖父母照料，特殊情况下甚至有远房亲戚长期帮忙照顾幼儿的情况。一方面，祖辈教育观念陈旧，可能带有一些与时代脱节的教育理念。另一方面，祖辈精力有限，容易骄纵、放纵学前儿童的不良行为。

2. 家庭关系

和谐的家庭关系能够营造出温馨、安全的心理环境，这种环境下长大的学前儿童心理状态往往比较良好，他们更可能表现出开朗、自信和行动力强的特征。而在关系紧张的家庭中，父母的冲突很可能造成学前儿童心理恐慌，导致学前儿童常常处于精神紧绷状态，缺乏安全感，容易产生孤僻、冷漠、焦虑等不良情绪和攻击性行为。

3. 家庭教养方式

家庭的教养方式是家长的教育观念的具体化。若家长有良好的道德素养和知识水平，则更有可能对学前儿童的各种行为给予理解和支持，让学前儿童在包容、和谐的家庭氛围中成长，充分发挥其好奇心和行动力，开展各类活动，促进其身心健康发展。而教育观念落后或自身性格不稳定的家长，对于养育学前儿童缺乏耐心和科学理论的指导，常常出现放任、溺爱学前儿童，又或者根本不关心的情况。在部分极端的情况下，少数家长甚至会对学前儿童实施殴打、虐待。不良的家庭环境，对学前儿童的心理发展有着极大危害。

（二）幼儿园

幼儿园是幼儿的次级社会化场所，是除家庭外幼儿活动时间最长的场所。并且，幼儿园是幼儿融入集体生活的开端，其中的物质环境、精神环境，都会对幼儿的心理状况产生影响。

1. 物质环境

物质环境包含幼儿园的基础设施、环境布置、玩教具材料等，是幼儿活动接触的物质材料的总和。幼儿园物质环境会影响到幼儿的日常生活、学习和游戏活动，对他们产生潜移默化的教育作用。多项心理学研究表明，环境布置对人的精神状态会产生影响。班级环境布置得过分拥挤，会导致幼儿活动空间受限，引起幼儿的焦虑、恐慌等感受。幼儿在学前时期是感知觉高速发展的时期，幼儿园的环境设计应做到温馨、明亮、宽敞，让幼儿能够在良好的环境中进行生活、学习和游戏活动，保持幼儿轻松愉快的心情。

2. 精神环境

与物质环境对幼儿的影响相比，精神环境往往对幼儿的心理健康会产生比较直接的影响。精神环境主要表现为师幼之间、幼幼之间的关系。当幼儿老师与幼儿处于一种和谐、平等的关系时，幼儿表现出对老师的喜爱，并愿意与老师一起活动、分享趣事；而如果老师本身非常严厉，常常采取责备、怒骂甚至是暴力等方式对待幼儿，会引起幼儿的恐惧、紧张情绪。长时间处于这种师幼关系的幼儿，会容易产生自卑、怯懦等表现。幼幼关系是幼儿融入集体生活的重要内涵，如果幼儿能够在群体之中愉快、安定，会形成自信、分享等良好个性品质；如果幼儿在与其他幼儿接触过程中常常受到排挤，则容易表现出退缩、自卑等心理倾向。

（三）社区

社区是学前儿童成长的重要环境，社区环境、社区活动等内涵都会对学前儿童的心理健康产生影响。

1. 社区环境

社区是共享、共同、共有的环境，主要包含社区中的生活环境、娱乐设施、学习环境等。社区环境是社会环境的缩影，学前儿童能够在社区环境中习得融入社会的各种技能，

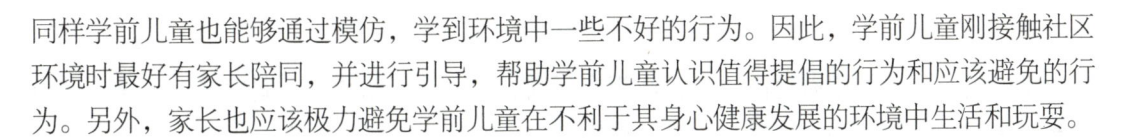

同样学前儿童也能够通过模仿，学到环境中一些不好的行为。因此，学前儿童刚接触社区环境时最好有家长陪同，并进行引导，帮助学前儿童认识值得提倡的行为和应该避免的行为。另外，家长也应该极力避免学前儿童在不利于其身心健康发展的环境中生活和玩耍。

2. 社区活动

社区活动填充了社区居民的业余文化、娱乐生活，参与者和组织者大多是区委会、业主委员会或社区内的长者。这些社区活动能够给幼儿带来良好的示范，让学前儿童在大人的带领下参与多种形式的活动，从而能够丰富学前儿童的活动经历，开发学前儿童的多种兴趣爱好。社区活动的开展让他们能够表达自己的想法、表现自己的能力，从而形成稳定的兴趣爱好，这有助于学前儿童形成稳定的性格特质。

第三节 学前儿童心理健康的培养策略

一、学前儿童心理健康教育的基本原则

学前儿童有着自己的心理发展规律和年龄特点，教育者应根据这些特点有目的、有计划、有组织地开展心理健康教育与辅导。

（一）协同性原则

学前儿童心理健康教育的实施主体应是家庭、幼儿园、社区"三位一体"的。单独依靠家、校、社任何一方面的教育，都是薄弱的、有局限的教育，必将丢失教育要求和反馈上的一惯性和统一性，不利于学前儿童心理健康发展。所以，在教育实践中，我们提倡家庭、幼儿园、社区三者之间积极沟通，树立共同目标，统一教育理念和教育方式，形成教育合力，共同为学前儿童心理健康发展保驾护航。

（二）全体性原则

学前儿童心理健康教育的对象，应是全体学前儿童。在学前儿童心理健康的问题上，教育者应该预防工作和矫正工作两手抓。幼儿园进行的心理健康教育既不能只抓矫正，不抓预防，即只对已经表现出心理或行为问题的儿童进行心理健康教育；也不能只抓预防不抓矫正，即对表现出心理或行为问题的学前儿童直接不管，完全交由家长和医院处理。正确的做法是要让所有学前儿童都参加心理健康教育。一方面，心理健康教育的计划与实施都要着眼全体学前儿童的心理健康发展，考虑绝大多数学前儿童的普遍问题和共同需要；另一方面，对于心理发展迟缓或异常的学前儿童，教育者需要做到及时发现，尽早引起家长关注，在保教活动中配合专业机构和家长的矫正和治疗工作，进行有针对性的保育和教育。

（三）全面性原则

学前儿童心理健康教育的目标，应指向学前儿童心理素质的全方面发展：既重视智力因素，又重视非智力因素；既注重不良行为的矫正，又注重良好品质的养成。

（四）发展性原则

学前儿童心理健康教育的内容，应根据学前儿童的年龄特点和身心发展规律来安排。对于现在不严重但任其发展会造成不良后果的因素，教育者应及时干预；对于现在来说虽不太好但会随着年龄增长而自然消退或回归正常的行为，教育者需要有一定的预见性和判断力。实施心理健康教育，教育者要考虑到学前儿童的发展规律、年龄特点及学前儿童成长环境等多方面因素。

（五）活动性原则

学前儿童心理健康教育的形式，应符合学前儿童的兴趣和天性。学前儿童心理健康教育不能简单照搬对于青少年和成人的心理健康教育或心理辅导，应把教育、干预和治疗辅助融入游戏活动中，或让学前儿童在生活化的场景中改变心理和行为模式。总之，对于学前儿童进行的心理健康教育要符合学前儿童的心理特点，利用各种各样的游戏帮助学前儿童心理健康发展。

二、改善学前儿童心理与行为的基本方法

（一）阳性强化法

根据行为主义学习原理，一个行为发生后，如果紧跟一个强化刺激，这个行为再次发生的可能性就会增加。阳性强化法即只奖励不惩罚的行为矫治方法。在行为矫正的教育实践中，当孩子无意间或在成人的引导下做出了目标行为，及时予以奖励，通常是行之有效的手段。值得注意的是，奖励可以是物质奖励，也可以是精神奖励。采用物质奖励来强化幼儿行为，简单易行，操作难度低，见效快。但仅凭物质奖励塑造起来的行为，消退速度快，甚至出现学前儿童无奖励就不行动的情况。

采用精神奖励来强化学前儿童行为，可以是直接夸奖学前儿童，对其表达喜爱，或使其获得一定的自主权利、同伴地位，还可以使用其他令学前儿童感到舒适的方法。相比物质奖励，采用精神奖励更能使学前儿童理解目标行为的内在意义，并使学前儿童发自内心地认同目标行为，进而培养学前儿童的内部动机。所以，通过精神奖励培养出来的行为消退速度更慢、持续时间更久，且学前儿童更有可能脱离外部激励（包括精神奖励和物质奖励）自发做出目标行为。在实际应用时，有两方面需要教育者注意：一方面，采用精神奖励更考验教育者对时机契机的把握。因为由内部驱动的行为有可能受到外部激励的负面影响。例如，一个小男孩自发地踢球时，他会感觉轻松、快乐。因为该行为完全是由他自己决定的。倘若有人花钱雇他踢球，那么踢球就变成了小男孩为得到钱财而顺从他人意志的

行为。踢球的动机构成也由以内部激励为主变成了以外部激励为主。若长此以往，雇佣关系一旦结束，小男孩的踢球行为也很有可能随之停止。另一方面，精神奖励的强化方式只能在学前儿童对教育者有一定认同感或亲密度的基础上进行。如果学前儿童对教育者没有好感，那么精神奖励对提高学前儿童目标行为发生概率的作用将微乎其微，甚至会起到负面作用。

总之，不管是物质奖励还是精神奖励，都属于外部奖励。过度或不当的外部奖励会对学前儿童的内部动机产生不良影响。此外，外部奖励使用过程中要注意避免"饱足"现象的出现，教育者应确保强化物对于学前儿童来说是被需要的或稀缺的。

（二）处罚法和消退法

处罚法和消退法都是降低学前儿童目标行为出现概率的方法。

1. 处罚法

处罚法有两种具体操作方式：一是在不良行为出现后，呈现一个厌恶刺激。例如，给孩子处分、批评。二是在不良行为出现后，撤销愉快刺激。例如，取消或减少看电视时间、零花钱等。

处罚法虽然看似操作简单，但十分考验教育者对于时机和力度的把握。如果处罚不能让孩子发自内心地认同，很可能激发孩子的逆反心理。甚至孩子会出于挑战权威或提高自己威望等原因，故意犯错，把处罚规则当作与教育者博弈的棋盘。

另外，相较于奖励，处罚法可以在短时间内更有效地改变孩子的行为模式，但这种改变通常不会持续太长时间，因为处罚只能抑制孩子的特定行为，并不能消除或转变孩子不良行为的动机。一味的处罚，很可能导致孩子的需要被长期压制，或者以其他更糟糕的方式发泄出来。所以，处罚法一般用于不良行为发生后的紧急处理，或作为心理疏导和强化训练的辅助方式使用。

2. 消退法

消退法，指的是通过撤销促使某些不良行为的强化因素，从而减少这些行为发生的行为矫正方法。简单地说，就是我们对不良行为不予关注、不予理睬，那么，这种行为发生的频率就会下降，甚至消失。在消退法中，教育者不直接干预孩子的活动，而仅仅是撤销孩子行为所能得到的反馈。消退法不会像处罚法那样在孩子意识中标记错误行为，也不容易引起逆反情绪，但见效慢，适用范围有限，尤其不适用于矫正那些孩子有浓烈兴趣的行为和带有危险性的行为。例如，某幼儿园，有一个孩子习惯性地哄闹吸引注意，教育者采取消退法策略，避免对其哄闹行为做出反应，逐渐发现其哄闹行为频率减少。然而，如果孩子涉及危险性较高的行为，例如，攀爬高台或搬动重物，单纯的消退法可能不足以阻止其危险行为，需要更有针对性的干预措施和安全监控。

（三）代币法

代币法是强化法和处罚法两种方式的结合。所谓"代币"，是一种象征性强化物，也是由教育者信誉做背书的在家庭或班级范围内发行和流通的一般等价物。孩子可以用代币兑换有实际价值的奖励或活动。筹码、小红花、卡片、塑料瓶盖都可以被当作代币来使用。当孩子做出良好行为后，教育者给予一定数量的代币作为强化物。孩子做出不良行为后，教育者则没收孩子已有代币作为处罚。使用代币法可以使奖励数量与孩子良好行为的数量和质量相适应。而且，代币法不会像原始强化物那样产生"饱足"现象而使强化失效。在班级环境中，代币法相较于一般的强化法也更高效、更省力。

（四）示范法

示范法又称模仿法，是教育者通过向幼儿呈现榜样行为，让幼儿观察示范者的行为及其行为结果，以引导幼儿行为发生转变的矫正方法。模仿，是儿童的本能。示范法旨在让孩子通过模仿获得一个新行为，以应对原来不能完成的任务，或用新行为替换掉原来的不良行为。孩子模仿的对象可以是老师、家长或同伴，甚至可以是电视、录影、有关读物中提供的示范角色。

（五）全身松弛训练

全身松弛训练是通过改变肌肉紧张状态，以缓解紧张、不安或焦虑等消极情绪。训练时，孩子要先学会感知自己身体的生理状态，辨认肌肉是紧张还是放松，进而对肌肉做"紧张—坚持—放松"的练习。在紧张与放松的对比中，幼儿学会放松肌肉，并对全身各处肌肉按固定顺序进行练习。

（六）系统脱敏法

系统脱敏法是当个体对某种事物、环境产生敏感反应（例如，恐惧、焦虑、不安）时，我们可以有计划地让当事人慢慢接触引起敏感反应的事物或环境，最终使当事人对其不再产生敏感反应。例如，有一名幼儿十分害怕狗，我们可以先给幼儿看狗的照片、视频；再让他从远处看狗或观察笼中的狗；最后让他近距离接触狗，以此来降低幼儿对狗的恐惧。

（七）角色扮演法

角色扮演法是指让孩子在游戏或活动中扮演某角色，以体验、学习所扮演角色的心理活动和角色经验。角色扮演法主要用于培养孩子的社会适应力。

第四节　学前儿童常见心理健康问题的诊断与应对策略

虽然一般老师无法做到心理医生那种程度的精确诊断，但对学前儿童异常行为表现可以予以特别关注，并且结合医疗机构专业医生的指导，尽可能地配合学前儿童家庭将有可能导致学前儿童心理疾病的倾向扼杀在萌芽状态，防患于未然。

一、自闭症

（一）诊断

自闭症也称孤独症，是幼儿感知觉、情感、语言、思维和动作等多方面发展障碍。患有自闭症的学前儿童往往存在语言障碍、社交障碍和重复刻板行为，在日常生活中缺乏分享行为，人际关系冷淡，大多数时间主动选择单独活动，沉浸在自己的内心世界，对周围事物不闻不问，少有积极的情绪情感体验。

人发展的本质是通过与外部环境互动，获取外部刺激，不断改造、重组自己的认知结构，是主观意识与客观现实达成动态平衡的过程。患有自闭症的学前儿童在本应该积极探索、充满好奇的时期封闭自己，对其情感、认知、行为、语言、社交等各方面的发展都将产生严重的负面影响。

（二）应对

自闭症的学前儿童往往伴随自卑，家长和老师可以主动创造与学前儿童积极交流与沟通的契机。交流的话题可以是学前儿童手中的玩具，可以是学前儿童正在做或将要做的事情，可以是睡前小故事，也可以是学前儿童对某事物的感受。总之，教育者和监护人要尽量多地创造与学前儿童进行沟通的机会，才能获取他们的信任与亲近。

在沟通过程中，成人还可以主动与学前儿童分享情绪、物品，使学前儿童学会沟通交流和分享物品，促进学前儿童的社会性行为的发展。

【知识窗】

2008年的4月2日，是第一个"世界自闭症日"

联合国大会决议将每年的4月2日定为"世界自闭症日"，希望提高人们对自闭症诊断与治疗的重视，以及提高对自闭症患者的关爱。自闭症患者，可以说是一个非常特殊的群体，他们"沉浸"在自己的世界里，似乎对外界的人和物没有丝毫兴趣。因此，自闭症儿童又被称为"星星的孩子"，就好像他们不属于地球一样，总是孤零零的一个人。还有人称他们是冰箱里走出来的孩子，冷冰冰的，不愿与他人交往。

不得不说，"自闭症"这个词，经常遭到大众的误解。很多人把性格内向、不爱讲话的孩子，看作自闭症患者，这是不正确的，对他们也是不公平的。给他们贴上这样一个标签，会对他们的健康成长造成很不良的影响。还有，就是把一些自闭症诊断为智力发育迟缓或其他病症，这样也是极其危险的，可能会延误自闭症患者的最佳治疗时期，其后的治疗与教育就往往要事倍功半了！

【知识窗】

对于自闭症的诊断，其实最重要的有三条标准。

一是社会交往障碍，他们基本不会主动和人们交往，别人接近他们时，也可能会让他们有强烈的不安全感。

二是语言或非语言交流障碍，他们经常会有反射性的语言或者人称代词混乱，还有他们的想象活动也很缺乏，很难揣摩别人话语或行为背后的意思。因此，自闭症患者往往都是非常单纯的。

三是活动和兴趣范围显著狭窄，他们可能只对某一种活动特别地感兴趣，会长时间机械地重复某一动作。

尽管如此，对于自闭症的诊断还是有很多困难，因为它虽然基本上是生来就有的障碍，但在孩子还小的时候，许多异常往往是一过性的，随着以后的发育，障碍就会逐渐消除，所以对于自闭症的确诊，往往要等到两三岁时才能进行。

至于自闭症的真正病因，我们现在仍然没有完全探明。其中可能有基因的影响，例如，儿童 X 染色体脆弱或发育不健全，造成注意力缺陷及典型的自闭症所具有的社交和语言方面的障碍。还有小脑功能障碍，损伤、细胞发育不全或细胞增生，造成自闭症患者在语言发展、社会交往、动作模仿、注意转移、联想学习等方面产生障碍。还可能存在大脑发育异常，通过解剖发现，自闭症患者的大脑边缘系统结构大大小于常人，似乎发育不够成熟。此外，自闭症的产生还可能存在一些药物或其他疾病的影响。至今，自闭症的病因还是一个谜，如果某一天有人攻破了这一科学之谜，他就应该获得诺贝尔生理学或医学奖了。

正因为对于自闭症的病因仍未探明，所以目前没有什么特效药来治疗它，只能通过心理和教育的方法来对患者进行训练。现在对于自闭症的治疗方法，大概有行为疗法、感觉统合训练、生活和社会技能训练、游戏疗法、音乐疗法、饮食疗法、宠物疗法等，其中有些已经得到科学的验证，有些疗法还存在着争议。当然，最重要的还是治疗师和家长们的爱心和耐心，让自闭症患儿学会生活自理的基本技能，若能再根据孩子的特点培养一技之长那就最好了。此外，国家对于自闭症的相关政策和福利机构要尽快建立和完善起来。

——摘自壹心理网《世界和我爱着你》

二、攻击性行为

（一）诊断

学前儿童的攻击性行为是指个体故意地伤害别人或破坏物体的行为。

具体表现有三种形式：一是利用肢体或器具对他人或物品造成伤害的物理性攻击。二是对他人进行辱骂、嘲笑等言语性攻击。三是通过造谣、诽谤、揭露和孤立等手段对他人进行社会性攻击。攻击性行为是由生理本能、社会文化和情绪状态共同引发的。从经验上看，一般在 12～16 个月的婴儿中，大约有一半的行为都是在攻击和对抗，这种行为会随着年龄增加而减少。2 岁半时，儿童与同伴之间的冲突行为会下降到最初的 20% 左右。

如果在幼儿期和儿童期，学前儿童多次、频繁地出现故意伤害别人、破坏物品，或单次故意对他人造成严重伤害的行为，那么很有可能存在攻击性行为问题。攻击性行为问题往往存在频发性和持续性。学前儿童的攻击性行为对于他们的社会交往非常不利，他们与其他小朋友之间难以进行良好的集体活动，容易起冲突，演变成打架行为。学前儿童的攻击性行为除病理性原因外，家庭的教养方式占有极大的因素，家长的吵架、打架等行为会引起学前儿童的模仿。有些溺爱型的家长，没能及时发现并纠正学前儿童的这一行为，从而学前儿童通过攻击性行为获得奖励或者想要的物品的时候，就会不断强化自己的攻击性行为，使之变成自己的固有行为模式。

（二）应对

在影响学前儿童攻击性行为的诸多变量中，家庭因素是最大的可控变量。如果发现学前儿童出现明显的攻击性行为倾向，应该立即制止，并告诉学前儿童这种行为是错误的。例如，学前儿童事后表现出分享、合作等良好行为，教育者应及时给予强化。我们还可以通过指导学前儿童的沟通技巧、发展学前儿童的合作能力来减少学前儿童之间爆发冲突的可能性、降低冲突烈度。处理学前儿童攻击性行为时，切忌以暴制暴。学前儿童一旦认为"只要有合适的理由，暴力就是正当的"，日后爆发肢体冲突的强度会明显增加。

【知识窗】

一位妈妈带着孩子到玩具店。他们要为朋友选择生日礼物。没多久，孩子就迷上一个玩具，当妈妈要离开玩具店时，孩子紧抓着玩具不放说："我的！"妈妈想要说服他把玩具放回去，但却是徒劳无功。最后妈妈只好硬生生地从他手中把玩具抢走，这时他觉得身边好多双眼睛正盯着他们看。对孩子来说，这简直是世界末日。他生气地尖叫，尖叫声贯穿整间玩具店。孩子不愿听从母亲的话乖乖坐回婴儿车，他缩着背又溜下婴儿车，当妈妈把婴儿车推出店门口时，他还把一双脚伸到轮子底下。他不断地想挣脱婴儿车的带子，还一直尖叫，妈妈说当她最后终于走出店门口时，整个人都在发抖。

——摘自壹心理网《世界和我爱着你》

案例分析：这位妈妈做法的错误在于没有充分考虑幼儿的自尊心，让幼儿感受到来自周围异样的眼光，因此他为了回击采取了大声尖叫的行为，并且这位妈妈做了非常不好的示范，直接抢走了孩子手中的玩具，通过行动来达到自己的目的，那幼儿也回馈给她行动以表达自己的不满。

三、多动症

（一）诊断

多动症又称注意缺陷多动障碍，是以注意力缺陷为主要症状的一种心理障碍，多发于学龄前儿童，症状可持续到青少年时期。其主要表现为注意力缺陷，活动过多，行为冲动、任性等。多动症患儿在各类活动中注意力集中困难，注意时间短暂，容易因外界刺激而分心，并且伴有各种小动作，在座位上扭动难以安静，或者有较多的冲动行为，因而多动症的学前儿童常常学习效率低下，难以在接收知识的过程中表现出该有的学习速度和质量。

（二）应对

如果学前儿童有比较明显的多动症行为倾向，家长应该及时带学前儿童到心理卫生中心就诊。若学前儿童确定了病症，家长应该调整心态，积极配合医嘱，开展治疗。学前时期的儿童多动症治疗主要从行为管理和引导等途径着手，可以通过高频率的奖励、信息反馈，使学前儿童专注于当前任务；也可以通过惩罚来消除学前儿童"动来动去"的做法；还可以直接要求他们管理自己的行为，或让学前儿童从事自己感兴趣的活动，促进其专注性的发展。

【知识窗】

善待多动的孩子

1. 陪伴孩子

多动症孩子做事常常三心二意，在最初进行自控力训练时需要以成人的行为影响孩子。例如，孩子在安静的环境中画画或做作业，爸爸或妈妈最好能陪伴在身边，父母的主要任务不是辅导也不是批评，而是督促他专心致志，防止边干边玩，以便提升孩子注意力集中的质量，逐步改善做事拖拖拉拉的状况。

2. 安排时间

多动症儿童做事没有头绪，父母每天要帮助孩子安排游戏、活动和学习的内容，合理分配好时间，使孩子意识到每天该做的事一件也不能少。

3. 注意力延长训练

多动症孩子不能有效地控制自己的行为，做事持续时间短。父母最好依据孩子的情况，制定一对一的时间表，并随着其症状的改善做相应的调整。例如，孩子不到6岁，集中于某一件事上的时间最多能维持5分钟，父母不妨给他拟定一个"10分钟计划"，告诉孩子：无论是搭积木、画画还是看故事书，都必须坚持10分钟；如果孩子6岁上小学一年级了，看书写字能坚持10分钟，父母就给他定个"15分钟计划"。设定时间段的长度应比孩子能保持的"最高水平"长几分钟，使他稍稍努力就能达到。目标定得过高，急于求成，会让孩子看不到希望，对训练不利。

当然要说话算数，别临时延长时间，不让他感到这一训练计划对自己有太大的压力。为了避免孩子不停地看表，父母可借助定时器：设定好相应的时间长度，定时器一响，孩子就可以自由活动了。

> 【知识窗】
>
> 4. 为孩子立规矩
>
> 父母给孩子制定一些在家里和在幼儿园、学校的行为准则，让他明白哪些事情是该做的、哪些事情是不该做的，哪些是对的、哪些是错的。一旦向孩子提出这些规则，就要坚持到底，任何时候都不能破坏。需要说明的是，规则定得越细致具体越好。培养规则意识，有助于"多动"孩子症状的逐步改善。
>
> 规矩是立了，但提醒还需坚持到底。多动症儿童的自觉性比较差，提醒可以是直接的，也可以是暗示的，例如，在客厅或孩子房间的醒目位置立一块小黑板、留言板，将孩子在某一段时间内该做的事情或画或写在上面；也可干脆将一天的计划写在一张纸上，并将这张纸贴在冰箱或柜子上，使孩子能多次看到，以此督促自己。
>
> ——摘自中国儿童与青少年心理健康网

四、焦虑症

（一）诊断

焦虑症是儿童常见的情绪障碍，是一组以与客观威胁不相适应的焦虑反应为特征的神经症。另外，焦虑情绪是焦虑症、抑郁症、强迫症等神经症的共同特征。正常人在面临压力时也会产生焦虑情绪。但正常的焦虑情绪通常与客观情景的威胁程度相适应，并随着威胁解除而消散。

学前儿童焦虑主要有分离性焦虑、过度焦虑反应和社交性焦虑。其中，分离焦虑、社交焦虑在幼儿这一时期表现得较为突出。学前儿童焦虑在行为上常表现为惶恐不安、不愿离开父母、哭泣、辗转不宁，可伴食欲不振、呕吐、睡眠障碍及尿床等；在情绪上表现为惊慌、恐惧、紧张、烦躁等。

（二）应对

当学前儿童出现焦虑倾向时，家长和老师可以在了解其焦虑原因后，根据学前儿童焦虑的具体原因有针对性地应对，改善家庭与学校环境，创造有利于学前儿童情绪安定、快乐游戏的环境，减轻学前儿童的压力，让他们尽快适应新环境或实现交往，从而解决学前儿童焦虑的问题。在这期间，家长和老师也可以采用肌肉放松训练、系统脱敏、暗示和正向激励等方法缓解和改善学前儿童的焦虑情绪。当学前儿童的焦虑威胁到他们的身体健康状况时，需要及时就医。

> 【知识窗】
>
> 　　Anita Iacaruso 的 4 岁女儿 Ashley 患有严重的焦虑症状。当 Iacaruso 送 Ashley 到学校时，她哭个不停并紧紧拉着 Iacaruso 不放。Iacaruso（高中时代曾被认为是全校"最害羞"的学生）说："必须有个人帮助我，我才能把女儿从我身上拽下来，看着她那么痛苦、那么害怕，我很难受，我经常在上班时坐在我的办公桌前哭。"
>
> 　　当她们一家周日去教堂时，Ashley 拒绝和其他同龄人玩耍，除非 Ashley 的爸爸陪着她；当她们去饭店时，Ashley 拒绝与服务生交谈。Iacaruso（在华盛顿市的一个政府机构上班）说她自己（在教堂与饭店）一开始会鼓励 Ashley 独自与其他同龄儿童玩耍，但 Ashley 哭个不停，于是就放弃了，她们也很沮丧难过。
>
> 　　　　　　　　　　　　　　　　　　——摘自壹心理网《世界和我爱着你》
>
> 　　案例分析：文中的 Ashley 已经表现出比较明显的焦虑症状，她不愿离开父母，有严重的哭泣、惊慌等表现，父母还没有意识到幼儿已经陷入焦虑的状态，对此手足无措，并且表现出放弃引导的行为，这样的做法是非常不可取的。Ashley 的焦虑症状已经严重影响到了她的人际交往和健康状况，作为父母，如果在无法分辨幼儿是否存在心理健康问题时应首先求助医生，在医生的建议下引导幼儿的行为。

【真题演练】

一、选择题

1. （　　）是个体发展的物质前提，为个体发展提供了可能性和限制。
   A. 遗传素质　　B. 气质类型　　C. 心理特点　　D. 成长环境
2. 幼儿园是幼儿的（　　）社会化场所，是除家庭外幼儿活动时间最长的场所。
   A. 一级　　　　B. 次级　　　　C. 前置　　　　D. 后置
3. （　　）是幼儿成长的第一环境，幼儿在家庭中待的时间最长，受到家庭的影响最深刻，家庭的成员结构、家庭内部关系和家庭的教养方式等，都会对幼儿的心理健康产生影响。
   A. 家庭　　　　B. 社区　　　　C. 幼儿园　　　D. 社会

二、简答题

1. 简述心理健康的含义。
2. 简述心理健康的标准。

参 考 文 献

[1] 王振宇. 儿童心理发展理论 [M]. 上海：华东师范大学出版社，2000.

[2] 周念丽. 学前儿童发展心理学（修订版）[M]. 上海：华东师范大学出版社，2006.

[3] 沈雪梅. 学前儿童心理发展分析与指导 [M]. 上海：复旦大学出版社，2014.

[4] 莫秀锋，郭敏. 学前儿童发展心理学 [M]. 南京：东南大学出版社，2016.

[5] 刘学新. 学前心理学 [M]. 北京：北京师范大学出版社，2015.

[6] 成丹丹. 学前心理学 [M]. 北京：清华大学出版社，2016.

[7] 胥兴春. 学前心理学 [M]. 重庆：西南师范大学出版社，2016.

[8] 刘吉祥，刘慕霞. 学前儿童发展心理学 [M]. 长沙：湖南大学出版社，2016.

[9] 陈帼眉，冯晓霞. 学前心理学参考资料 [M]. 北京：人民教育出版社，1992.

[10] 彭聃龄. 普通心理学 [M]. 北京：北京师范大学出版社，2001.

[11] 林崇德. 发展心理学 [M]. 北京：人民教育出版社，1995.

[12] 许政援，等. 儿童发展心理学 [M]. 长春：吉林教育出版社，1992.

[13] 钱峰，汪乃铭. 学前心理学 [M]. 上海：复旦大学出版社，2012.

[14] 陈帼眉，冯晓霞，庞丽娟. 学前儿童发展心理学 [M]. 北京：北京师范大学出版，2013.

[15] 赵洪. 学前儿童社会教育 [M]. 武汉：华中师范大学出版社，2013.

[16] 周世华，耿志涛. 学前儿童社会教育 [M]. 北京：高等教育出版社，2011.

[17] 李焕稳. 学前儿童社会教育 [M]. 北京：北京师范大学出版社，2016.

[18] 张大钧. 教育心理学（第三版）[M]. 北京：人民教育出版社，2015.

[19] 陈琦，刘儒德. 教育心理学（第三版）[M]. 北京：北京师范大学出版社，2019.

[20] 洪文元. 思维导图在《学前心理学》课程教学中的应用 [J]. 新智慧，2020.

[21] 张雪梅，阳照. 心理学在学前教育中的运用：评《学前教育心理学》[J]. 学前教育研究，2020.

[22] 廖学霏. "金课"理念下的高职生"学前心理学"课程建设与实践 [J]. 新课程研究，2022.

[23] 陈晓红，王伟. 情绪调节与容纳之窗：理论与应用 [J]. 心理学报，2022.

[24] 赵凤欣. 学前教育中的心理健康教育探索：评《学前心理学》[J]. 中国学校卫生，2023.

[25] 刘永华. 学前心理学课程思政教学改革及实践研究 [J]. 大学，2023.

[26] 刘淼. "课岗证赛"背景下学前心理学课程改革实践路径研究[J]. 中国多媒体与网络教学学报(下旬刊)，2024.

[27] 张琬婧. 改革开放以来幼师学前心理学教材发展演变历程：基于33部教材的内容分析 [J]. 科教导刊（上旬刊），2016.

[28] 中国儿童与青少年心理健康网.

[29] 壹心理网.